高等数学中的若干问题与方法

SOME PROBLEMS AND METHODS OF HIGHER MATHEMATICS

苏化明 著

哈尔滨工业大学出版社
HARBIN INSTITUTE OF TECHNOLOGY PRESS

内 容 简 介

本书主要包含两部分内容,即与高等数学有关的问题和某些解题方法,其中问题部分有与高等数学内容相关的专题讨论,也有对若干数学竞赛试题或数学试题的探究或推广;而方法部分是对高等数学中某一类问题从新的视角给出的解题策略.本书题材新颖且具有启发性,对高等数学教学研究和开展数学竞赛活动都有参考价值.

本书可作为高等数学的教学参考书,也可作为高等理工科学生的课外读物.

图书在版编目(CIP)数据

高等数学中的若干问题与方法/苏化明著. —哈尔滨:哈尔滨工业大学出版社,2015.5
ISBN 978 - 7 - 5603 - 5369 - 2

Ⅰ.①高… Ⅱ.①苏… Ⅲ.①高等数学 – 高等学校 –
教学参考资料Ⅳ.①O13

中国版本图书馆 CIP 数据核字(2015)第 093844 号

策划编辑　刘培杰　张永芹
责任编辑　张永芹　刘家琳
封面设计　孙茵艾
出版发行　哈尔滨工业大学出版社
社　　址　哈尔滨市南岗区复华四道街 10 号　邮编150006
传　　真　0451 - 86414749
网　　址　http://hitpress.hit.edu.cn
印　　刷　哈尔滨市石桥印务有限公司
开　　本　787mm×960mm　1/16　印张 14　字数 265 千字
版　　次　2015 年 5 月第 1 版　2015 年 5 月第 1 次印刷
书　　号　ISBN 978 - 7 - 5603 - 5369 - 2
定　　价　28.00 元

前　　言

　　高等数学是高等学校特别是高等理工科院校的一门重要基础课程,高等数学一般包括一元函数微积分、多元函数微积分、级数及空间解析几何等内容.现行高等数学教材所介绍的基本上是这些内容中的经典部分.这些经典内容经过千锤百炼在理论上已经相当完善.但作者认为,其中的任何一部分通过深入探索都可以发掘出新的结果或方法,这也是本书产生的背景.本书的大部分内容都是作者多年从事高等数学教学研究的心得体会,其中很多内容已发表在《数学研究与评论》《数学的实践与认识》《数学传播》(台湾出版)《大学数学》《高等数学研究》等刊物上.

　　本书主要包含两部分内容,即与高等数学有关的问题和某些解题方法.其中问题部分有与高等数学内容相关的专题讨论,也有对若干数学竞赛试题或数学考研试题的探究或推广;而方法部分是对高等数学中某一类问题从新的视角给出的解题策略.由于论述问题时要涉及解决问题的方法,而表述方法时也必须关联到问题,因而问题和方法之间是密不可分的,它们之间没有严格的界限,只是侧重点不同罢了.

　　纵览全书,作者认为,本书的特色之一是题材的新颖性.因为书中的问题及方法在高等数学教材及课外读物中基本上未出现过.本书的另一特色是具有启发性,无论是所述问题的提法还是方法的介绍,都能引导读者思考如何通过类比与归纳去联想、猜测和发现,如何通过对问题的一般化去对问题作出推广,以此进一步提高大家的创新意识.

　　本书每章都涉及一定数量的数学问题,其中包含历年研究生入学考试试题或高等数学竞赛试题,凡书中引用的考研试题或竞赛题,均在题后标出其来源.为了尊重历史,仍沿用该试题使用时相关学校当年的名称,例如,若试题为北京邮电学院 1981 年的考研试题,则该题后面用"北京邮电学院,1981"标出,而该学校后来的名称为北京邮电大学.

本书可作为高等数学的教学参考书,也可作为高等理工科学生的课外读物.

本书的编写得到了合肥工业大学数学学院的领导及同事们的支持和帮助,潘杰教授和程海来副教授为本书的编写提供了他们的部分教学研究论文. 本书最后一章还收录了合肥工业大学部分本科学生发表的论文,作者向所有为本书编写提供方便的教师和学生表示衷心地感谢.

作者衷心地感谢哈尔滨工业大学出版社的领导及工作人员,特别感谢刘培杰先生为本书的出版所付出的辛勤劳动.

受水平限制,书中肯定有不足和疏漏之处,恳请读者批评指正,以便今后通过修订而进一步完善.

编　者

2013 年 10 月 22 日

目　录

第 1 章　平均值函数与形心函数 ……………………………………………… 1

第 2 章　一类递推数列的收敛速度 …………………………………………… 13

第 3 章　两类方程根的极限 …………………………………………………… 19

第 4 章　与微分中值定理相关的几个问题 …………………………………… 27

第 5 章　几个初等函数的不等式 ……………………………………………… 45

第 6 章　关于刘徽不等式与祖冲之不等式 …………………………………… 58

第 7 章　Lagrange 线性插值公式与梯形公式 ……………………………… 66

第 8 章　中矩形公式 …………………………………………………………… 75

第 9 章　Simpson 公式 ………………………………………………………… 83

第 10 章　一个积分不等式及其应用 ………………………………………… 90

第 11 章　一类几何最值问题 ………………………………………………… 95

第 12 章　微元法 ……………………………………………………………… 106

第 13 章　不等式证明的求商比较法、积分方法与幂级数法 ……………… 125

第 14 章　某些数列极限的级数解法与矩阵解法 …………………………… 142

第 15 章　齐次线性方程组有非零解条件的应用 …………………………… 154

第 16 章　高等数学中涉及无关性的一类问题与函数归零问题 …………… 164

第 17 章　若干数学竞赛试题的注记 ………………………………………… 174

参考文献 ……………………………………………………………………… 218

第1章　平均值函数与形心函数

一、平均值函数

设函数 $f(x)$ 在 $(-\infty, +\infty)$ 上连续,当 $x \neq 0$ 时,我们称 $F(x) = \dfrac{1}{x} \displaystyle\int_0^x f(t) \mathrm{d}t$ 为 $f(x)$ 在 $[0, x]$ 上的平均值函数. 下面介绍平均值函数 $F(x)$ 的性质及某些应用.

1. $F(x)$ 的性质

性质 1　若 $f(x)$ 是 $[0, x]([x, 0])$ 上的有界函数,则 $F(x)$ 也是 $[0, x]([x, 0])$ 上的有界函数.

性质 2　若 $f(x)$ 为奇(偶)函数,则 $F(x)$ 也为奇(偶)函数.

性质 3　若 $f(x)$ 是周期为 $T(T > 0)$ 的周期函数,则

$$\lim_{x \to +\infty} F(x) = \lim_{x \to +\infty} \frac{1}{x} \int_0^x f(t) \mathrm{d}t = \frac{1}{T} \int_0^T f(t) \mathrm{d}t \tag{1}$$

性质 4　若 $\lim\limits_{x \to +\infty} f(x) = A$,则

$$\lim_{x \to +\infty} F(x) = \lim_{x \to +\infty} \frac{1}{x} \int_0^x f(t) \mathrm{d}t = A \tag{2}$$

性质 5　若 $f(x)$ 为单调递增(减)函数,则 $F(x)$ 也为单调递增(减)函数.

性质 6　若对任意的 $a, b > 0, f(x)$ 满足

$$f\left(\frac{a+b}{2}\right) \leqslant \frac{1}{2}[f(a) + f(b)] \tag{3}$$

即曲线 $y = f(x)$ 在 $(0, +\infty)$ 内是向上凹的,则有

$$F\left(\frac{a+b}{2}\right) \leqslant \frac{1}{2}[F(a) + F(b)] \tag{4}$$

即曲线 $y = F(x)$ 也在 $(0, +\infty)$ 内是向上凹的,且有

$$f\left(\frac{x}{2}\right) \leqslant F(x) \leqslant \frac{1}{2}[f(0) + f(x)] \tag{5}$$

利用有界函数的定义、奇(偶)函数的定义及定积分的性质很容易证明性质 1

和性质 2, 故这里略去其证明.

性质 3 的证明

因为对任意的 $x > 0$, 总存在非负整数 n, 使

$$nT \leqslant x < (n+1)T$$

所以当 $f(x)$ 为非负连续函数时, 有

$$\frac{1}{(n+1)T} \int_0^{nT} f(t)\,\mathrm{d}t \leqslant \frac{1}{x} \int_0^x f(t)\,\mathrm{d}t \leqslant \frac{1}{nT} \int_0^{(n+1)T} f(t)\,\mathrm{d}t$$

利用 $f(x)$ 的周期性, 上面的不等式可写为

$$\frac{n}{(n+1)T} \int_0^T f(t)\,\mathrm{d}t \leqslant \frac{1}{x} \int_0^x f(t)\,\mathrm{d}t \leqslant \frac{n+1}{nT} \int_0^T f(t)\,\mathrm{d}t$$

由于

$$\lim_{n \to \infty} \frac{n}{(n+1)T} \int_0^T f(t)\,\mathrm{d}t = \frac{1}{T} \int_0^T f(t)\,\mathrm{d}t$$

$$\lim_{n \to \infty} \frac{n+1}{nT} \int_0^T f(t)\,\mathrm{d}t = \frac{1}{T} \int_0^T f(t)\,\mathrm{d}t$$

故由求极限的夹逼原则, 得

$$\lim_{x \to +\infty} \frac{1}{x} \int_0^x f(t)\,\mathrm{d}t = \frac{1}{T} \int_0^T f(t)\,\mathrm{d}t$$

当 $f(x)$ 为任一连续函数时, 若令 $M = \max\limits_{t \in [0,T]} f(t)$, $\varphi(t) = M - f(t)$, 则 $\varphi(t)$ 是以 T 为周期的非负连续函数, 对 $\varphi(t)$ 运用前面已证的结果, 有

$$\lim_{x \to +\infty} \frac{1}{x} \int_0^x [M - f(t)]\,\mathrm{d}t = \frac{1}{T} \int_0^T [M - f(t)]\,\mathrm{d}t$$

由此得

$$\lim_{x \to +\infty} \frac{1}{x} \int_0^x f(t)\,\mathrm{d}t = \frac{1}{T} \int_0^T f(t)\,\mathrm{d}t$$

因此对任意的连续函数 $f(x)$, 都有

$$\lim_{x \to +\infty} \frac{1}{x} \int_0^x f(t)\,\mathrm{d}t = \frac{1}{T} \int_0^T f(t)\,\mathrm{d}t$$

性质 4 的证明

因为 $\lim\limits_{x \to +\infty} f(x) = A$, 所以对 $\forall \varepsilon > 0$, $\exists C_0 > 0$, 当 $x > C_0$ 时, 有 $|f(x) - A| < \dfrac{\varepsilon}{2}$. 而

$$\frac{1}{x} \int_0^x |f(t) - A|\,\mathrm{d}t = \frac{1}{x} \int_0^{C_0} |f(x) - A|\,\mathrm{d}x + \frac{1}{x} \int_{C_0}^x |f(t) - A|\,\mathrm{d}t$$

$$< \frac{1}{x} \int_x^{C_0} |f(x) - A|\,\mathrm{d}x + \frac{\varepsilon}{2}\left(1 - \frac{C_0}{x}\right)$$

$$< \frac{1}{x} \int_x^{C_0} |f(x) - A| \, dx + \frac{\varepsilon}{2}$$

又 $f(x)$ 在 $[0, C_0]$ 上可积,故 $|f(x) - A|$ 在 $[0, C_0]$ 上可积,记 $\int_x^{C_0} |f(x) - A| \, dx = M$,

则对上述的 $\varepsilon > 0$,$\exists C_1 > 0$,当 $x > C_1$ 时,$\frac{1}{x} \int_x^{C_0} |f(x) - A| \, dx < \frac{\varepsilon}{2}$.

取 $C = \max\{C_0, C_1\}$,,则对 $\forall x > C$,有

$$\left| \frac{1}{x} \int_0^x f(t) \, dt - A \right| \leqslant \frac{1}{x} \int_0^x |f(t) - A| \, dt < \frac{\varepsilon}{2} + \frac{\varepsilon}{2} = \varepsilon$$

故 $\lim\limits_{x \to +\infty} \frac{1}{x} \int_0^x f(t) \, dt = A$.

注 从上面的证明可以看出,函数 $f(x)$ 连续的条件可减弱为 $f(x)$ 在任意有限区间 $[0, L]$ $(L > 0)$ 上可积.

性质 5 的证明

显然 $F(x)$ 可导,且

$$F'(x) = \frac{1}{x^2} \left[xf(x) - \int_0^x f(t) \, dt \right]$$

由积分中值定理知

$$\int_0^x f(t) \, dt = xf(\xi) \qquad (0 < \xi < x)$$

故 $F'(x) = \frac{1}{x} [f(x) - f(\xi)]$.

若 $f(x)$ 为单调递增(减)函数,则 $F'(x) > 0 (< 0)$,从而 $F(x)$ 为单调递增(减)函数.

性质 6 的证明

由 $F(x)$ 的定义知 $F\left(\dfrac{a+b}{2}\right) = \dfrac{2}{a+b} \displaystyle\int_0^{\frac{a+b}{2}} f(t) \, dt$,作变量代换 $t = \dfrac{a+b}{2} u$,并利用已知条件(3),知

$$F\left(\frac{a+b}{2}\right) = \int_0^1 f\left(\frac{a+b}{2} u\right) du \leqslant \frac{1}{2} \int_0^1 [f(au) + f(bu)] \, du$$

在 $\displaystyle\int_0^1 f(au) \, du$ 中令 $au = v$,则

$$\int_0^1 f(au) \, du = \frac{1}{a} \int_0^a f(v) \, dv = \frac{1}{a} \int_0^a f(t) \, dt = F(a)$$

同理可知

$$\int_0^1 f(bu)\,\mathrm{d}u = \frac{1}{b}\int_0^b f(t)\,\mathrm{d}t = F(b)$$

因此

$$F\left(\frac{a+b}{2}\right) \leqslant \frac{1}{2}\big[F(a) + F(b)\big]$$

则式(4)成立.

曲线 $y = f(t)$ 上过点 $(0, f(0))$，$(x, f(x))$ 的直线方程为

$$y = f(0) + \frac{f(x) - f(0)}{x}t$$

由于 $y = f(t)$ 在 $(0, +\infty)$ 内是上凹(下凸)的,故当 $t \in [0, x]$ 时

$$f(t) \leqslant f(0) + \frac{f(x) - f(0)}{x}t$$

上式两边对 t 从 0 到 x 积分,可得

$$\int_0^x f(t)\,\mathrm{d}t \leqslant xf(0) + \frac{x}{2}\big[f(x) - f(0)\big] = \frac{x}{2}\big[f(0) + f(x)\big]$$

从而

$$\frac{1}{x}\int_0^x f(t)\,\mathrm{d}t \leqslant \frac{1}{2}\big[f(0) + f(x)\big] \tag{6}$$

对 $\int_0^x f(t)\,\mathrm{d}t$,令 $t = \frac{x}{2} + v$,则

$$\int_0^x f(t)\,\mathrm{d}t = \int_{-\frac{x}{2}}^{\frac{x}{2}} f\left(\frac{x}{2} + v\right)\mathrm{d}v = \int_0^{\frac{x}{2}}\Big[f\Big(\frac{x}{2} + v\Big) + f\Big(\frac{x}{2} - v\Big)\Big]\mathrm{d}v$$

运用不等式(3),有

$$\int_0^x f(t)\,\mathrm{d}t \geqslant 2\int_0^{\frac{x}{2}} f\left(\frac{x}{2}\right)\mathrm{d}v = xf\left(\frac{x}{2}\right)$$

从而

$$\frac{1}{x}\int_0^x f(t)\,\mathrm{d}t \geqslant f\left(\frac{x}{2}\right) \tag{7}$$

由不等式(6),(7)知不等式(5)成立.

2. 应用举例

例1　求极限 $\displaystyle\lim_{x \to +\infty} \frac{1}{x}\int_0^x |\sin t|\,\mathrm{d}t$.

解　$f(x) = |\sin x|$ 是周期为 π 的周期函数,故由性质 3 知

$$\lim_{x \to +\infty} \frac{1}{x}\int_0^x |\sin t|\,\mathrm{d}t = \frac{1}{\pi}\int_0^\pi |\sin t|\,\mathrm{d}t = \frac{1}{\pi}\int_0^\pi \sin t\,\mathrm{d}t = \frac{2}{\pi}$$

注　2000 年全国硕士研究生入学考试数学(简称"全国")第六大题为:

设函数 $S(x) = \int_0^x |\cos t| \mathrm{d}t$.

(i)当 n 为正整数且 $n\pi \leqslant x < (n+1)\pi$ 时,证明: $2n \leqslant S(x) < 2(n+1)$;

(ii)求 $\lim\limits_{x \to +\infty} \dfrac{S(x)}{x}$.

由性质 3 的证明,我们很容易求解这道试题(过程这里略去).

例 2　设 $f(x)$ 在 $[0,1]$ 上连续且递减,证明:当 $0 < \lambda < 1$ 时

$$\int_0^\lambda f(x) \mathrm{d}x \geqslant \lambda \int_0^1 f(x) \mathrm{d}x$$

(全国,1994)

证　因为 $f(x)$ 为 $[0,1]$ 上的递减函数,又 $0 < \lambda < 1$,故由性质 5 知

$$\frac{1}{\lambda} \int_0^\lambda f(x) \mathrm{d}x \geqslant \int_0^1 f(x) \mathrm{d}x$$

即

$$\int_0^\lambda f(x) \mathrm{d}x \geqslant \lambda \int_0^1 f(x) \mathrm{d}x$$

例 3　设 $0 \leqslant x \leqslant \pi, 0 \leqslant \lambda \leqslant 1$,证明

$$\sin \lambda x \geqslant \lambda \sin x$$

证　当 $x = 0, \pi$ 或 $\lambda = 0, 1$ 时,不等式显然成立.以下仅证 $0 < x < \pi, 0 < \lambda < 1$ 时的情形.

因为 $\cos x$ 在 $(0, \pi)$ 内单调递减,故由性质 5 知,当 $0 < x < \pi$ 时

$$F(x) = \frac{1}{x} \int_0^x \cos t \mathrm{d}t = \frac{\sin x}{x}$$

单调递减,由于 $\lambda x < x$,所以

$$\frac{\sin \lambda x}{\lambda x} \geqslant \frac{\sin x}{x}$$

从而 $\sin \lambda x \geqslant \lambda \sin x$.

例 4　设 $0 < \alpha < \beta < \dfrac{\pi}{2}$,证明

$$\frac{\cos \alpha}{\alpha} - \frac{\cos \beta}{\beta} > \frac{1}{\alpha} - \frac{1}{\beta}$$

证　因为 $\sin x$ 在 $\left(0, \dfrac{\pi}{2}\right)$ 内单调递增,故由性质 5 知,当 $0 < x < \dfrac{\pi}{2}$ 时

$$F(x) = \frac{1}{x} \int_0^x \sin t \mathrm{d}t = \frac{1 - \cos x}{x}$$

单调递增. 又 $0 < \alpha < \beta < \dfrac{\pi}{2}$, 所以

$$\frac{1 - \cos \alpha}{\alpha} < \frac{1 - \cos \beta}{\beta}$$

此即

$$\frac{\cos \alpha}{\alpha} - \frac{\cos \beta}{\beta} > \frac{1}{\alpha} - \frac{1}{\beta}$$

利用性质 5 还可以证明:

设 $b > a > 0$, 则有:

(i) $\dfrac{e^a}{a} - \dfrac{e^b}{b} < \dfrac{1}{a} - \dfrac{1}{b}$;

(ii) $\ln(1 + b) + \dfrac{\ln(1 + b)}{b} > \ln(1 + a) + \dfrac{\ln(1 + a)}{a}$.

例 5 设 a, b 为实数, 证明

$$\frac{e^{2a} - 1}{a} + \frac{e^{2b} - 1}{b} \geqslant \frac{4}{a + b}(e^{a+b} - 1)$$

证 易知 $f(x) = e^{2x}$ 为向上凹的, 故由性质 6 知

$$F(x) = \frac{1}{x} \int_0^x e^{2t} dt = \frac{1}{2x}(e^{2x} - 1)$$

也为向上凹的, 而

$$F\left(\frac{a + b}{2}\right) = \frac{1}{a + b}(e^{a+b} - 1)$$

$$\frac{1}{2}\left[F(a) + F(b)\right] = \frac{1}{4}\left[\frac{1}{a}(e^{2a} - 1) + \frac{1}{b}(e^{2b} - 1)\right]$$

因此

$$\frac{1}{a}(e^{2a} - 1) + \frac{1}{b}(e^{2b} - 1) \geqslant \frac{4}{a + b}(e^{a+b} - 1)$$

二、形心函数

平面区域 $D: \{(x, y) \mid a \leqslant x \leqslant b, 0 \leqslant y \leqslant f(x)\}$ 的形心坐标为

$$\bar{x} = \frac{\displaystyle\int_a^b x f(x) \, dx}{\displaystyle\int_a^b f(x) \, dx}, \quad \bar{y} = \frac{\displaystyle\int_a^b f^2(x) \, dx}{2 \displaystyle\int_a^b f(x) \, dx}$$

设 $f(x)$ 为 $(-\infty, +\infty)$ 上的连续函数, 当 $x > 0$, $\displaystyle\int_0^x f(t) \, dt \neq 0$ 时, 我们称

$$\varphi(x) = \frac{\int_0^x tf(t)\,dt}{\int_0^x f(t)\,dt}, \Phi(x) = \frac{\int_0^x f^2(t)\,dt}{2\int_0^x f(t)\,dt}$$

分别为函数 $f(x)$ 的形心 φ – 函数与形心 Φ – 函数. 下面介绍形心 φ – 函数与形心 Φ – 函数的若干性质及其应用

1. φ – 函数与 Φ – 函数的性质

性质 1 若 $f(x)$ 为奇函数或偶函数, 则 $\varphi(x)$ 为奇函数; 若 $f(x)$ 为奇函数, 则 $\Phi(x)$ 为奇函数; 若 $f(x)$ 为偶函数, 则 $\Phi(x)$ 为偶函数.

证 利用奇 (偶) 函数的定义即可证明, 过程从略.

性质 2 若 $f(x)$ 是周期为 $T(T>0)$ 的周期函数, 且 $f(x) > 0$, 则

$$\lim_{x \to +\infty} \Phi(x) = \lim_{x \to +\infty} \frac{\int_0^x f^2(t)\,dt}{2\int_0^x f(t)\,dt} = \frac{\int_0^T f^2(t)\,dt}{2\int_0^T f(t)\,dt} \tag{8}$$

证 对任意的 $x > 0$, 总存在非负整数 n, 使 $nT \leqslant x < (n+1)T$, 故当 $f(x) > 0$ 时

$$\int_0^{nT} f^2(t)\,dt \leqslant \int_0^x f^2(t)\,dt \leqslant \int_0^{(n+1)T} f^2(t)\,dt$$

$$\int_0^{(n+1)T} f(t)\,dt \geqslant \int_0^x f(t)\,dt \geqslant \int_0^{nT} f(t)\,dt$$

从而

$$\frac{\int_0^{nT} f^2(t)\,dt}{\int_0^{(n+1)T} f(t)\,dt} \leqslant \frac{\int_0^x f^2(t)\,dt}{\int_0^x f(t)\,dt} \leqslant \frac{\int_0^{(n+1)T} f^2(t)\,dt}{\int_0^{nT} f(t)\,dt}$$

利用 $f(x)$ 的周期性知上面的不等式即

$$\frac{n\int_0^T f^2(t)\,dt}{(n+1)\int_0^T f(t)\,dt} \leqslant \frac{\int_0^x f^2(t)\,dt}{\int_0^x f(t)\,dt} \leqslant \frac{(n+1)\int_0^T f^2(t)\,dt}{n\int_0^T f(t)\,dt}$$

故

$$\lim_{x \to +\infty} \Phi(x) = \lim_{x \to +\infty} \frac{\int_0^x f^2(t)\,dt}{2\int_0^x f(t)\,dt} = \frac{\int_0^T f^2(t)\,dt}{2\int_0^T f(t)\,dt}$$

注 在相同条件下可知

$$\lim_{x \to +\infty} \varphi(x) = \lim_{x \to +\infty} \frac{\int_0^x tf(t)\,dt}{\int_0^x f(t)\,dt} = +\infty$$

性质3 在 $(0, +\infty)$ 内,若 $f(x) > 0$,则 $\varphi(x)$ 为 x 的增函数;在 $(0, +\infty)$ 内,若 $f(x) > 0$,且 $f(x)$ 单调递增,则 $\Phi(x)$ 为 x 的增函数.

证 因为 $f(x)$ 为连续函数,所以 $\int_0^x f(t)\,dt$,$\int_0^x tf(t)\,dt$ 均可导. 由于

$$\varphi'(x) = \frac{1}{\left[\int_0^x f(t)\,dt\right]^2}\left[xf(x)\int_0^x f(t)\,dt - f(x)\int_0^x tf(t)\,dt\right]$$

$$= \frac{f(x)}{\left[\int_0^x f(t)\,dt\right]^2}\int_0^x (x-t)f(t)\,dt > 0$$

因此 $\varphi(x)$ 是 x 的增函数.

类似的方法可证性质3的后半部分.

性质4 若 $\lim\limits_{x \to +\infty} f(x) = \lambda > 0$($\lambda$ 为常数),则

$$\lim_{x \to +\infty} \Phi(x) = \lim_{x \to +\infty} \frac{\int_0^x f^2(t)\,dt}{2\int_0^x f(t)\,dt} = \frac{\lambda}{2}$$

证 利用 L'Hospital 法则即可证明,从几何直观上也易知此性质成立.

性质5 (i)若 $f(x) > 0$,则

$$0 < \varphi(x) < x \tag{9}$$

(ii)若 $f(x) > 0$ 且 $f(x)$ 单调递增,则

$$\varphi(x) \geqslant \frac{x}{2} \tag{10}$$

$$\frac{1}{2}f(0) < \Phi(x) \leqslant \frac{1}{2}f(x) \tag{11}$$

式(10),(11)中等号当且仅当 $f(x)$ 为常数时成立.

(iii)若 $f(x)$ 二阶可导,$f(x) > 0$ 且 $f''(x) \leqslant 0$,则

$$\Phi(x) \geqslant \frac{1}{3}f(x) \tag{12}$$

其中等号当且仅当 $f(x) = kx$($k > 0$ 为常数,$x > 0$)时成立.

证 (i)由于 $f(x)$ 在 $[0, x]$ 上不变号,故由积分第一中值定理即可得到式(9).

式(9)右边不等式也可简单证明如下:

因为 $f(x) > 0$,所以

$$x \int_0^x f(t)\,dt - \int_0^x tf(t)\,dt = \int_0^x (x-t)f(t)\,dt > 0$$

又 $\int_0^x f(t)\,dt > 0$,所以

$$\varphi(x) = \frac{\int_0^x tf(t)\,dt}{\int_0^x f(t)\,dt} < x$$

(ii)令 $F(x) = 2\int_0^x tf(t)\,dt - x\int_0^x f(t)\,dt \,(x \geqslant 0)$,则

$$F'(x) = xf(x) - \int_0^x f(t)\,dt = \int_0^x [f(x) - f(t)]\,dt$$

由于 $f(x)$ 单调递增,所以 $F'(x) > 0$,从而 $F(x)$ 当 $x > 0$ 时单调递增,又 $F(0) = 0$,故 $F(x) \geqslant 0$. 又当 $x > 0$ 时,$\int_0^x f(t)\,dt > 0$,所以

$$\varphi(x) = \frac{\int_0^x tf(t)\,dt}{\int_0^x f(t)\,dt} \geqslant \frac{x}{2}$$

所以式(10)等号成立时,即 $2\int_0^x tf(t)\,dt = x\int_0^x f(t)\,dt$,两边对 x 求导数,有 $xf(x) = \int_0^x f(t)\,dt$. 由于 $\int_0^x f(t)\,dt$ 可导,故 $f(x)$ 可导,上式两边再对 x 求导数,得 $f'(x) = 0$,故 $f(x)$ 为常数.

又当 $f(x)$ 为常数时,式(10)等号成立,故式(10)等号当且仅当 $f(x)$ 为常数时成立.

由 $\Phi(x)$ 的定义及 $f(x)$ 的单调性即知式(11)成立.

当式(11)右端等号成立时,有

$$\int_0^x f^2(t)\,dt = f(x)\int_0^x f(t)\,dt$$

由于 $\int_0^x f^2(t)\,dt$,$\int_0^x f(t)\,dt$ 可导,故 $f(x)$ 可导,上式两边对 x 求导数,得 $f'(x)\int_0^x f(t)\,dt = 0$. 由于 $\int_0^x f(t)\,dt > 0$,故 $f'(x) = 0$,即 $f(x)$ 为常数.

又当 $f(x)$ 为常数时,式(11)右端等号成立,故式(11)中等号当且仅当 $f(x)$ 为常数时成立.

（iii）令 $G(x) = 3\int_0^x f^2(t)\,dt - 2f(x)\int_0^x f(t)\,dt\,(x \geqslant 0)$，则

$$G'(x) = f^2(x) - 2f'(x)\int_0^x f(t)\,dt$$

$$G''(x) = -2f''(x)\int_0^x f(t)\,dt$$

由 $\int_0^x f(t)\,dt > 0$，$f''(x) \leqslant 0$ 知 $G''(x) \geqslant 0$，从而 $G'(x)$ 单调递增. 又 $G'(0) = f^2(0) \geqslant 0$，故 $G'(x) \geqslant 0$，从而 $G(x)$ 单调递增，再由 $G(0) = 0$ 知 $G(x) \geqslant 0$. 又 $\int_0^x f(t)\,dt > 0$，所以

$$\frac{\int_0^x f^2(t)\,dt}{2\int_0^x f(t)\,dt} \geqslant \frac{1}{3}f(x)$$

此即 $\Phi(x) \geqslant \frac{1}{3}f(x)$.

由前证明知，当式（12）等号成立时，$f''(x) = 0$，故 $f(x) = kx + m(k, m$ 为常数）.

将 $f(x) = kx + m$ 代入 $\Phi(x) = \frac{1}{3}f(x)$ 可知 $m = 0$，从而 $f(x) = kx$. 再由 $x > 0$，$f(x) > 0$ 知 $k > 0$. 故式（12）中等号当且仅当 $f(x) = kx(k > 0$ 为常数，$x > 0$）时成立.

形心函数还有其他性质，例如：

（i）若 $f(0) \neq 0$，则 $\lim\limits_{x \to 0} \dfrac{\varphi(x)}{x} = \dfrac{1}{2}$；

（ii）若 $f(0) = 0$，$f'(0) \neq 0$，则 $\lim\limits_{x \to 0} \dfrac{\Phi(x)}{f(x)} = \dfrac{1}{3}$；

（iii）若 $\int_0^{+\infty} f(x)\,dx$ 收敛，$f(x) > 0$，则 $\lim\limits_{x \to +\infty} \dfrac{\varphi(x)}{x} = 0$；

（iv）若 $\lim\limits_{x \to +\infty} f(x) = \lambda > 0$，则 $\lim\limits_{x \to +\infty} \dfrac{\varphi(x)}{x} = \dfrac{1}{2}$；

（v）若 $\lim\limits_{x \to +\infty} f(x) = +\infty$，$\lim\limits_{x \to +\infty} f'(x) = A \neq 0$，则 $\lim\limits_{x \to +\infty} \dfrac{\Phi(x)}{f(x)} = \dfrac{1}{3}$；等等.

这些性质及其证明可见：周本虎，时统业，形心函数的性质，阜阳师范学院学报（自然科学版），2006 年第 2 期.

2. 应用举例

例 6　求极限 $\lim\limits_{x \to +\infty} \dfrac{\int_0^x \sin^2 t \, \mathrm{d}t}{\int_0^x |\sin t| \, \mathrm{d}t}$.

解　由于 $|\sin t|$ 是周期为 π 的周期函数, 故由式(8)知

$$原极限 = \frac{\int_0^\pi \sin^2 x \, \mathrm{d}x}{\int_0^\pi \sin x \, \mathrm{d}x} = \frac{\pi}{4}$$

例 7　设 $0 < x < \dfrac{\pi}{2}$, 证明: $\dfrac{\sin x}{x} > \cos^2 \dfrac{x}{2}$.

证　当 $0 < x < \dfrac{\pi}{2}$ 时, $\sin x > 0$ 且 $\sin x$ 单调递增, 故由不等式(10)知

$$2 \int_0^x t \sin t \, \mathrm{d}t > x \int_0^x \sin t \, \mathrm{d}t$$

积分并整理得

$$2 \sin x > x(1 + \cos x)$$

或

$$\frac{\sin x}{x} > \cos^2 \frac{x}{2}$$

例 8　设 $0 < x < \pi$, 证明不等式

$$6x + \sin 2x > 8 \sin x$$

证　当 $0 < x < \pi$ 时, $\sin x > 0$, $(\sin x)'' = -\sin x < 0$, 故由不等式(12)知

$$3 \int_0^x \sin^2 t \, \mathrm{d}t > 2 \sin x \int_0^x \sin t \, \mathrm{d}t$$

积分并整理, 即得

$$6x + \sin 2x > 8 \sin x$$

例 9　设 $b > a > 0$, 证明

$$\frac{\mathrm{e}^a - 1}{a \mathrm{e}^a} > \frac{\mathrm{e}^b - 1}{b \mathrm{e}^b}$$

证　取 $f(x) = \mathrm{e}^x > 0$, 则由性质 3 知 $\dfrac{\int_0^x t \mathrm{e}^t \, \mathrm{d}t}{\int_0^x \mathrm{e}^t \, \mathrm{d}t}$ 为 x 的增函数, 故当 $b > a > 0$ 时

$$\frac{\int_0^b t e^t \, dt}{\int_0^b e^t \, dt} > \frac{\int_0^a t e^t \, dt}{\int_0^a e^t \, dt}$$

经计算知

$$\frac{b e^b - e^b + 1}{e^b - 1} > \frac{a e^a - e^a + 1}{e^a - 1}$$

上式整理后即得所要证明的不等式.

第2章 一类递推数列的收敛速度

第二十七届(1966年)美国大学生数学竞赛(The William Lowell Putnam Mathematical Competition)A-3题为:

设$0 < x_1 < 1$,而$x_{n+1} = x_n(1 - x_n)$,$n = 1, 2, \cdots$,求证:$\lim\limits_{n \to \infty} nx_n = 1$.

此题也曾作为北京师范大学1996年数学专业硕士研究生入学考试试题.

由试题的结论$\lim\limits_{n \to \infty} nx_n = 1$知$\lim\limits_{n \to \infty} \dfrac{x_n}{\dfrac{1}{n}} = 1$,这说明数列$\{x_n\}$不仅收敛于零,而且

收敛于零的速度和数列$\left\{\dfrac{1}{n}\right\}$收敛于零的速度是相同的. 下面我们将介绍一个一般性的结论,由此结论不仅可以求出一类递推数列的极限而且可以知道这些数列收敛于其极限的速度.

定理　设函数$f(x)$在$[0, +\infty)$上连续,且$0 \leqslant f(x) < x$,$x \in (0, +\infty)$. 对任意的$a_1 \geqslant 0$,定义数列:$a_{n+1} = f(a_n)$,$n = 1, 2, \cdots$. 若存在正数$m > 0$,使

$$\lim_{x \to 0^+} \frac{[xf(x)]^m}{x^m - [f(x)]^m} = l \quad (l \text{ 为常数})$$

成立,则$\lim\limits_{n \to \infty} na_n^m = l$.

证　因为$0 \leqslant f(x) < x$,所以$0 \leqslant a_{n+1} < a_n$,故数列$\{a_n\}$单调递减且有下界,从而数列$\{a_n\}$收敛. 令$\lim\limits_{n \to \infty} a_n = \lambda$,则$\lambda \geqslant 0$. 由函数$f(x)$的连续性知$\lim\limits_{n \to \infty} a_{n+1} = \lim\limits_{n \to \infty} f(a_n) = f(\lim\limits_{n \to \infty} a_n)$,即$\lambda = f(\lambda)$.

又因为$f(\lambda) < \lambda$,所以$\lambda = 0$,从而数列单调递减趋于零.

利用数学分析中著名的Stolz(施笃茨)定理,有

$$\lim_{n \to \infty} na_n^m = \lim_{n \to \infty} \frac{n}{\dfrac{1}{a_n^m}} = \lim_{n \to \infty} \frac{n + 1 - n}{\dfrac{1}{a_{n+1}^m} - \dfrac{1}{a_n^m}} = \lim_{n \to \infty} \frac{a_n^m \cdot a_{n+1}^m}{a_n^m - a_{n+1}^m}$$

由$\lim\limits_{n \to \infty} a_n = 0$,$\lim\limits_{n \to \infty} a_{n+1}^m = \lim\limits_{n \to \infty} [f(a_n)]^m$,故

$$\lim_{n \to \infty} na_n^m = \lim_{n \to \infty} \frac{a_n^m \cdot a_{n+1}^m}{a_n^m - a_{n+1}^m} = \lim_{x \to 0^+} \frac{[xf(x)]^m}{x^m - [f(x)]^m} = l$$

注 此定理与文献:Jolene Harris and Bogdam Suceavǎ,Iterational rate of convergence,The Amer. Math. Monthly 115,No. 2,173,2008 所得结论类似,但这里所需条件较弱,证明方法也与之不同.

利用此定理很容易证明前述试题. 事实上,我们还可以考虑更一般的结果.

设 $0 < x_1 < \dfrac{1}{q}$,其中 $0 < q \leqslant 1$,并且 $x_{n+1} = x_n(1 - qx_n)$,$n = 1,2,\cdots$,证明:$\lim\limits_{n \to \infty} nx_n = \dfrac{1}{q}$.

在已证的定理中取 $m = 1$,$f(x) = x - qx^2$,因为

$$\lim_{x \to 0^+} \frac{xf(x)}{x - f(x)} = \lim_{x \to 0^+} \frac{x^2 - qx^3}{qx^2} = \frac{1}{q}$$

所以 $\lim\limits_{x \to \infty} nx_n = \dfrac{1}{q}$.

特别取 $q = 1$,则有 $\lim\limits_{n \to \infty} nx_n = 1$.

下面我们进一步通过实例说明前述定理的应用.

例 1 设数列 $\{a_n\}$ 满足条件

$$(2 - a_n)a_{n+1} = 1 \quad (n \geqslant 1)$$

试证:当 $n \to \infty$ 时,$\lim\limits_{n \to \infty} a_n$ 存在且等于 1. [第七届美国大学生数学竞赛试题(A $-$ 1 题),1947]

证 由题设知 $a_n \neq 0,2$,$n = 2,3,\cdots$,所以不妨设 $a_n \neq 0,2$,$n = 1,2,3,\cdots$.

令 $b_n = 1 - a_n$,$n = 1,2,\cdots$,则 $b_n \neq \pm 1$,且由已知关系式,有

$$(1 + b_n)(1 + b_{n+1}) = 1 \quad \text{或} \quad b_{n+1} = \frac{b_n}{1 + b_n}$$

若有某个 $b_k = 0$,则 $b_{k+1} = 0$,由此知,当 $n \geqslant k$ 时,$b_n = 0$,从而 $\lim\limits_{n \to \infty} b_n = 0$,$\lim\limits_{n \to \infty} a_n = 1$,此时结论成立.

以下设 $b_n \neq 0$,$n = 1,2,\cdots$.

若对一切自然数 n 有 $-1 < b_n < 0$,则由

$$b_{n+1} - b_n = \frac{b_n}{1 + b_n} - b_n = -\frac{b_n^2}{1 + b_n}$$

及 $1 + b_n > 0$,$-b_n^2 < 0$ 知 $b_{n+1} - b_n < 0$,从而数列 $\{b_n\}$ 单调递减且有下界 -1,从而 $\lim\limits_{n \to \infty} b_n$ 存在. 设 $\lim\limits_{n \to \infty} b_n = b$,则由 $b_{n+1} = \dfrac{b_n}{1 + b_n}$ 知 $b = 0$. 而 $b \leqslant \cdots \leqslant b_{n+1} < b_n < \cdots < b_2 < b_1 < 0$,由此得出矛盾. 因此存在自然数 k,使得 $b_k > 0$ 或 $b_k < -1$.

若 $b_k < -1$, 则由 $b_k + 1 < 0, b_k < 0$ 知 $b_{k+1} = \dfrac{b_k}{1 + b_k} > 0$, 故对于数列 $\{b_n\}$, 必有自

然数 k, 使 $b_k > 0$, 再由 $b_{k+1} = \dfrac{b_k}{1 + b_k} > 0$, 故当 $n \geqslant k$ 时, $b_n > 0$.

由以上分析, 不妨可设 $b_n > 0, n = 1, 2, \cdots$.

在已证定理中取 $m = 1, f(x) = \dfrac{x}{1 + x} = x(1 + x)^{-1}$, 因为

$$\lim_{x \to 0^+} \frac{xf(x)}{x - f(x)} = \lim_{x \to 0^+} \frac{x^2(1+x)^{-1}}{x - x(1+x)^{-1}} = \lim_{x \to 0^+} \frac{x(1 - x + o(x))}{1 - (1 - x + o(x))} = 1$$

所以 $\lim\limits_{n \to \infty} nb_n = 1$, 从而 $\lim\limits_{n \to \infty} b_n = \lim\limits_{n \to \infty} \dfrac{1}{n} = 0$, 由此知 $\lim\limits_{n \to \infty} a_n = 1$.

由前证明可知, 当 $a_n \neq 1$ 时, $1 - a_n \sim \dfrac{1}{n}$ $(n \to \infty)$, 即数列 $\{a_n\}$ 收敛于 1 的速度

与数列 $\left\{\dfrac{1}{n}\right\}$ 收敛于零的速度相同.

例 2　设 k 为大于 1 的整数, 若 $a_0 > 0$ 且定义

$$a_{n+1} = a_n + \frac{1}{\sqrt[k]{a_n}} \quad (n = 0, 1, 2, \cdots) \tag{1}$$

求 $\lim\limits_{n \to \infty} \dfrac{a_n^{k+1}}{n^k}$. [第六十七届美国大学生数学竞赛试题(B – 6 题), 2006]

证　令 $x_n = \dfrac{1}{\sqrt[k]{a_n}}$, 则 $x_n^k = \dfrac{1}{a_n}, a_n = \dfrac{1}{x_n^k}, a_{n+1} = \dfrac{1}{x_{n+1}^k}, n = 0, 1, 2, \cdots$, 故由题设 $a_{n+1} =$

$a_n + \dfrac{1}{\sqrt[k]{a_n}}$ 知

$$x_{n+1} = \frac{x_n}{(1 + x_n^{k+1})^{\frac{1}{k}}} \quad (n = 0, 1, 2, \cdots)$$

在已证的定理中取 $m = k + 1, f(x) = x(1 + x^{k+1})^{-\frac{1}{k}}$, 因为

$$\lim_{x \to 0^+} \frac{[xf(x)]^{k+1}}{x^{k+1} - [f(x)]^{k+1}} = \lim_{x \to 0^+} \frac{x^{k+1}(x - \frac{1}{k}x^{k+2} + o(x^{k+2}))^{k+1}}{x^{k+1} - (x - \frac{1}{k}x^{k+2} + o(x^{k+2}))^{k+1}} = \frac{k}{k+1}$$

所以

$$\lim_{n \to \infty} nx_n^{k+1} = \frac{k}{k+1}$$

于是

$$\lim_{n \to \infty} n^{-k}x_n^{-k(k+1)} = \left(1 + \frac{1}{k}\right)^k$$

从而 $\qquad \lim\limits_{n \to \infty} \dfrac{a_n^{k+1}}{n^k} = (1 + \dfrac{1}{k})^k$

注 （ⅰ）从解题过程可知,试题中 k 为大于 1 的整数这一条件可减弱为 $k > 0$.

（ⅱ）特别在本例中取 $k = 1$,可得：

设 $a_1 > 0, a_{n+1} = a_n + \dfrac{1}{a_n}, n = 1, 2, \cdots$,则有 $\lim\limits_{n \to \infty} \dfrac{a_n}{\sqrt{2n}} = 1$.

例 3 设 $0 < x_1 < \dfrac{\pi}{2}, x_{n+1} = \sin x_n, n = 1, 2, \cdots$,证明：$\lim\limits_{n \to \infty} \sqrt{\dfrac{n}{3}} x_n = 1$.（复旦大学,1984；中国人民大学,1999）

证 在本章定理中取 $m = 2, f(x) = \sin x = x - \dfrac{x^3}{6} + o(x^3)$,因为

$$\lim\limits_{x \to 0^+} \frac{[xf(x)]^2}{x^2 - [f(x)]^2} = \lim\limits_{x \to 0^+} \frac{x^2 (x - \dfrac{x^3}{6} + o(x^3))^2}{x^2 - (x - \dfrac{x^3}{6} + o(x^3))^2} = 3$$

所以 $\lim\limits_{n \to \infty} n x_n^2 = 3$,从而 $\lim\limits_{n \to \infty} \sqrt{\dfrac{n}{3}} x_n = 1$,亦即 $x_n \sim \sqrt{\dfrac{3}{n}} \ (n \to \infty)$.

例 4 设 $x_1 > 0, x_{n+1} = \ln(1 + x_n), n = 1, 2, \cdots$,证明：$\lim\limits_{n \to \infty} n x_n = 2$.

证 在已证的定理中取 $m = 1, f(x) = \ln(1 + x)$,因为

$$\lim\limits_{x \to 0^+} \frac{xf(x)}{x - f(x)} = \lim\limits_{x \to 0^+} \frac{x(x - \dfrac{x^2}{2} + o(x^2))}{x - (x - \dfrac{x^2}{2} + o(x^2))} = 2$$

所以 $\lim\limits_{n \to \infty} n x_n = 2$,从而 $x_n \sim \dfrac{2}{n} \ (n \to \infty)$.

例 5 设 $x_1 > 0, x_{n+1} = \arctan x_n, n = 1, 2, \cdots$,证明：$\lim\limits_{n \to \infty} \sqrt{\dfrac{2n}{3}} x_n = 1$.

证 在已证的定理中取 $m = 2, f(x) = \arctan x$,因为

$$\lim\limits_{x \to 0^+} \frac{[xf(x)]^2}{x^2 - [f(x)]^2} = \lim\limits_{x \to 0^+} \frac{x^2 (x - \dfrac{x^3}{3} + o(x^3))^2}{x^2 - (x - \dfrac{x^3}{3} + o(x^3))^2} = \frac{3}{2}$$

所以 $\lim\limits_{n \to \infty} n x_n^2 = \dfrac{3}{2}$,从而 $\lim\limits_{n \to \infty} \sqrt{\dfrac{2n}{3}} x_n = 1$. 亦即 $x_n \sim \sqrt{\dfrac{3}{2n}} \ (n \to \infty)$.

例6 设 $x_1 > 0, x_{n+1} = x_n + \sqrt{x_n}, n = 1, 2, \cdots$,证明: $\lim\limits_{n \to \infty} \dfrac{\sqrt{x_n}}{n} = \dfrac{1}{2}$.

证 令 $\sqrt{x_n} = \dfrac{1}{y_n}$,则由题设 $x_{n+1} = x_n + \sqrt{x_n}$ 知 $y_{n+1}^2 = \dfrac{y_n^2}{1 + y_n}$. 由于 $y_n > 0$,故

$$y_{n+1} = \frac{y_n}{\sqrt{1 + y_n}} \quad (n = 1, 2, \cdots)$$

在已证的定理中取 $m = 1, f(x) = \dfrac{x}{\sqrt{1+x}} = x(1+x)^{-\frac{1}{2}}$,因为

$$\lim_{x \to 0^+} \frac{xf(x)}{x - f(x)} = \lim_{x \to 0^+} \frac{x^2\left(1 - \frac{1}{2}x + o(x)\right)}{x - x\left(1 - \frac{1}{2}x + o(x)\right)} = 2$$

所以 $\lim\limits_{n \to \infty} ny_n = 2$,此即 $\lim\limits_{n \to \infty} \dfrac{n}{\sqrt{x_n}} = 2$,从而 $\lim\limits_{n \to \infty} \dfrac{\sqrt{x_n}}{n} = \dfrac{1}{2}$.

注 (i)所证极限说明了数列 $\{x_n\}$ 发散到 $+\infty$ 的速度与数列 $\left\{\dfrac{n^2}{4}\right\}$ 发散到 $+\infty (n \to \infty)$ 的速度是相同的.

(ii)本例更一般的情形:设 $k > 1$,若 $x_1 > 0, x_{n+1} = x_n + x_n^{\frac{1}{k}}, n = 1, 2, \cdots$,则有

$$\lim_{n \to \infty} \frac{x^{k-1}}{n^k} = \left(1 - \frac{1}{k}\right)^k$$

例7 设正数列 $\{a_n\}$ 满足: $a_{n+1} \sum\limits_{k=1}^{n} a_k^2 = 1, n = 1, 2, \cdots$,证明: $\lim\limits_{n \to \infty} \sqrt[3]{3n} \, a_n = 1$.

证 设 $x_n = \sum\limits_{k=1}^{n} a_k^2, n = 1, 2, \cdots$,由题设知 $a_{n+1}^2 \left(\sum\limits_{k=1}^{n} a_k^2\right)^2 = 1$,故有 $(x_{n+1} - x_n) \cdot x_n^2 = 1$,由此得

$$x_{n+1} = x_n + \frac{1}{x_n^2} \quad (n = 1, 2, \cdots)$$

再令 $y_n = \dfrac{1}{x_n}$,则由 $a_{n+1} \sum\limits_{k=1}^{n} a_k^2 = 1$ 及 $x_n = \sum\limits_{k=1}^{n} a_k^2$ 知 $x_n = \dfrac{1}{a_{n+1}}$,从而 $y_n = a_{n+1}$, $n = 1, 2, \cdots$,且有

$$\frac{1}{y_{n+1}} = \frac{1}{y_n} + y_n^2 = \frac{1 + y_n^3}{y_n}$$

从而

$$y_{n+1} = \frac{y_n}{1 + y_n^3} \quad (n = 1, 2, \cdots)$$

在已证的定理中取 $m = 3$，$f(x) = \dfrac{x}{1 + x^3} = x(1 + x^3)^{-1}$，因为

$$\lim_{x \to 0^+} \frac{[xf(x)]^3}{x^3 - [f(x)]^3} = \lim_{x \to 0^+} \frac{x^6(1 - x^3 + o(x^3))^3}{x^3 - x^3(1 - x^3 + o(x^3))^3} = \lim_{x \to 0^+} \frac{x^3(1 - x^3 + o(x^3))^3}{1 - (1 - x^3 + o(x^3))^3} = \frac{1}{3}$$

所以 $\lim\limits_{n \to \infty} n y_n^3 = \dfrac{1}{3}$，即有 $\lim\limits_{n \to \infty}(3na_{n+1}^3) = 1$，由此可得 $\lim\limits_{n \to \infty} \sqrt[3]{3n}\, a_n = 1$，亦即 $a_n \sim \dfrac{1}{\sqrt[3]{3n}}$

$(n \to \infty)$.

以下问题均可利用前述定理去证明.

1. 设 $0 < x_1 < 1$，$x_{n+1} = 1 - e^{-x_n}$，$n = 1, 2, \cdots$，证明：$\lim\limits_{n \to \infty} n x_n = 2$.

2. 设 $a_1 > 0$，$m > 1$ 为正整数，$a_{n+1} = \dfrac{a_n}{\sqrt[m]{1 + a_n^m}}$，$n = 1, 2, \cdots$，证明：$\lim\limits_{n \to \infty} \sqrt[m]{n}\, a_n = 1$.

3. 设 $0 < x_1 < \dfrac{\pi}{2}$，$x_{n+1} = \dfrac{2}{x_n}(1 - \cos x_n)$，$n = 1, 2, \cdots$，证明：$\lim\limits_{n \to \infty} n x_n^2 = 6$.

第3章 两类方程根的极限

第六届北京市大学生(非数学专业)数学竞赛(1994年)有这样一道试题：

设 $f_n(x) = x + x^2 + \cdots + x^n(n = 2,3,\cdots)$，证明：

（ⅰ）方程 $f_n(x) = 1$ 在 $[0, +\infty)$ 内有唯一实根 x_n；

（ⅱ）求 $\lim\limits_{n\to\infty} x_n$.

2012年全国硕士研究生入学统一考试数学(二)中也有同类试题：

（Ⅰ）证明方程 $x^n + x^{n-1} + \cdots + x = 1$（$n$ 为大于1的整数）在区间 $\left(\dfrac{1}{2}, 1\right)$ 内有且仅有一个实根；

（Ⅱ）记（Ⅰ）中的实根为 x_n，证明 $\lim\limits_{n\to\infty} x_n$ 存在，并求出极限.

另外，后一试题还曾作为北京师范大学1997年及苏州大学2004年数学专业硕士研究生入学考试试题，由此可见这些试题被关注的程度. 下面我们将对这些试题作出探讨，给出此类试题两个一般性结论，然后举例说明其应用.

定理1 设函数 $f(x)$ 在区间 $[\alpha, \beta](\alpha < \beta)$ 上连续，在 (α, β) 内可导，当 $x \in (\alpha, \beta)$ 时，$0 < f(x) < 1$ 且 $f'(x) > 0$（或 $f'(x) < 0$）. 令

$$F_n(x) = f(x) + f^2(x) + \cdots + f^n(x) - 1$$

其中 n 为大于1的整数. 若 $F_n(\alpha)$，$F_n(\beta)$ 异号，则方程 $F_n(x) = 0$ 在 (α, β) 内有唯一实根 x_n，且 $\lim\limits_{n\to\infty} x_n = f^{-1}\left(\dfrac{1}{2}\right)$，这里 $f^{-1}(x)$ 表示 $f(x)$ 的反函数.

证 易知 $F_n(x)$ 在区间 $[\alpha, \beta]$ 上连续，又 $F_n(\alpha)$，$F_n(\beta)$ 异号，故由闭区间上连续函数的性质知方程 $F_n(x) = 0$ 在 (α, β) 内至少有一个实根. 由于

$$F_n'(x) = f'(x) + 2f'(x)f(x) + \cdots + nf'(x)f^{n-1}(x)$$
$$= f'(x)[1 + 2f(x) + \cdots + nf^{n-1}(x)]$$

故由 $0 < f(x) < 1$ 及 $f'(x) > 0$（$f'(x) < 0$）知，当 $x \in (\alpha, \beta)$ 时 $F_n'(x) > 0$（$F_n'(x) < 0$），从而 $F_n(x)$ 在 (α, β) 内严格单调递增（递减），因此方程 $F_n(x) = 0$ 在 (α, β) 内有且仅有一个根.

设 $F_n(x) = 0$ 在 (α, β) 内的唯一实根为 x_n，则 $F_n(x_n) = 0(n = 2,3,\cdots)$. 由于

$$F_n(x_{n-1}) = f(x_{n-1}) + f^2(x_{n-1}) + \cdots + f^{n-1}(x_{n-1}) + f^n(x_{n-1}) - 1$$

$$= F_{n-1}(x_{n-1}) + f^n(x_{n-1}) = f^n(x_{n-1}) > 0 = F_n(x_n)$$

又 $F_n(x)$ 在 (α,β) 内严格单调递增（递减），所以

$$x_{n-1} > x_n (x_{n-1} < x_n) \quad (n = 2,3,\cdots)$$

即数列 $\{x_n\}$ 单调递减（递增）.

又 $x_n > \alpha (x_n < \beta)(n = 2,3,\cdots)$，即数列 $\{x_n\}$ 有下界（上界），由单调有界数列必有极限知 $\lim\limits_{n\to\infty} x_n$ 存在，设其值为 l，由于

$$F_n(x_n) = \frac{f(x_n)[1 - f^n(x_n)]}{1 - f(x_n)} - 1 = 0$$

令 $n \to \infty$，注意到 $\lim\limits_{n\to\infty} f^n(x_n) = 0$ 及 $f(x)$ 的连续性，所以

$$\frac{f(l)}{1 - f(l)} - 1 = 0$$

解得 $f(l) = \frac{1}{2}$，$l = f^{-1}\left(\frac{1}{2}\right)$.

特别在定理 1 中取 $f(x) = x$，$\alpha = \frac{1}{2}$，$\beta = 1$，则当 $x \in \left(\frac{1}{2},1\right)$ 时，$0 < \frac{1}{2} < f(x) < 1$，$f'(x) = 1 > 0$. 由于

$$F_n(x) = x + x^2 + \cdots + x^n - 1$$

$$F\left(\frac{1}{2}\right) = \frac{1}{2} + \frac{1}{2^2} + \cdots + \frac{1}{2^n} - 1 = -\frac{1}{2^n} < 0, F(1) = n - 1 > 0 \quad (n \geq 2)$$

故方程 $x + x^2 + \cdots + x^n - 1 = 0$ 在 $\left(\frac{1}{2},1\right)$ 内有唯一实根 x_n，且 $\lim\limits_{n\to\infty} x_n = f^{-1}\left(\frac{1}{2}\right) = \frac{1}{2}$.

这也就是前面的竞赛题及考研试题的解答.

定理 2 设函数 $f(x)$ 的 Maclaurin 展开式的收敛域为 D，实数 α,β 满足 $\alpha < \beta$ 且 $[\alpha,\beta] \subset D$. 令 $P_n(x) = \sum\limits_{k=0}^{n} \frac{f^{(k)}(0)}{k!} x^k$，若 $f(x)$ 及 $P_n(x)$ 在 (α,β) 内为严格单调函数，且对于给定的实数 λ，$P_n(\alpha) - \lambda$ 与 $P_n(\beta) - \lambda$ 异号，则有：

（ⅰ）方程 $P_n(x) = \lambda$ 在 (α,β) 内有唯一实根 x_n；

（ⅱ）$\lim\limits_{n\to\infty} x_n = f^{-1}(\lambda)$，其中 $f^{-1}(x)$ 表示 $f(x)$ 的反函数.

为了证明定理 2，我们首先介绍如下的：

引理（Abel 第二定理）：设幂级数 $\sum\limits_{n=0}^{\infty} a_n x^n$ 的收敛半径为 R，则：

（ⅰ）$\sum\limits_{n=0}^{\infty} a_n x^n$ 在 $(-R,R)$ 内内闭一致收敛，即在任意闭区间 $[a,b] \subset (-R,R)$ 上一致收敛；

（ⅱ）若 $\sum\limits_{n=0}^{\infty} a_n x^n$ 在 $x = R$ 收敛,则它在任意闭区间 $[a,R] \subset (-R,R)$ 上一致收敛.

此引理的证明可见《数学分析》教材,例如,陈纪修,于崇华,金路. 数学分析（第二版,下册）. 高等教育出版社,2004.

定理 2 的证明

（ⅰ）因为 $P_n(\alpha) - \lambda, P_n(\beta) - \lambda$ 异号,又显然 $P_n(x) - \lambda$ 为 $[\alpha,\beta]$ 上的连续函数,故由闭区间上连续函数的性质知方程 $P_n(x) = \lambda$ 在 (α,β) 内至少有一个实根. 又 $P_n(x)$ 在 (α,β) 内为严格单调函数,所以方程 $P_n(x) = \lambda$ 在 (α,β) 内有且仅有一个实根 x_n.

（ⅱ）令 $f(x) - P_n(x) = R_n(x)$,由 $x_n \in (\alpha,\beta)$ 知 $f(x_n) - R_n(x_n) = P_n(x_n) = \lambda$.

由前面的引理知 $\{P_n(x)\}$ 在 $[\alpha,\beta]$ 上一致收敛于 $f(x)$,从而在 $[\alpha,\beta]$ 上 $\{R_n(x)\}$ 一致收敛于 0. 由于 $|R_n(x_n)| \leqslant \sup\limits_{x \in [\alpha,\beta]} |R_n(x)|$,且 $\lim\limits_{n \to \infty} \sup\limits_{x \in [\alpha,\beta]} |R_n(x)| = 0$,故 $\lim\limits_{n \to \infty} R_n(x_n) = 0$,所以 $\lim\limits_{n \to \infty} f(x_n) = \lambda$. 又因为 $f(x)$ 是 (α,β) 内严格单调的连续函数,故 $f^{-1}(x)$ 也是连续函数,所以

$$\lim_{n \to \infty} x_n = \lim_{n \to \infty} f^{-1}[f(x_n)] = f^{-1}[\lim_{n \to \infty} f(x_n)] = f^{-1}(\lambda)$$

特别在定理 2 中取 $f(x) = \dfrac{1}{1-x} = \sum\limits_{k=0}^{\infty} x^k (-1 < x < 1), P_n(x) = \sum\limits_{k=0}^{n} x^k = f_n(x) + 1, \lambda = 2, \alpha = \dfrac{1}{2}, \beta = \dfrac{9}{10}, [\alpha,\beta] \subset (-1,1)$,当 $n \geqslant 2$ 时

$$P_n\left(\frac{1}{2}\right) - 2 = \frac{1}{2} + \frac{1}{2^2} + \cdots + \frac{1}{2^n} - 1 < 0$$

$$P_n\left(\frac{9}{10}\right) - 2 = \frac{9}{10} + \left(\frac{9}{10}\right)^2 + \left(\frac{9}{10}\right)^3 + \cdots + \left(\frac{9}{10}\right)^n - 1 > 0$$

又当 $x \in \left(\dfrac{1}{2}, \dfrac{9}{10}\right)$ 时,$f'(x) = \dfrac{1}{(1-x)^2} > 0, P_n'(x) = \sum\limits_{k=1}^{n} kx^{k-1} > 0$,从而 $f(x), P_n(x)$ 在 $\left(\dfrac{1}{2}, \dfrac{9}{10}\right)$ 内严格单调递增,所以 $P_n(x) = 2$,即 $f_n(x) = 1$ 在 $\left(\dfrac{1}{2}, \dfrac{9}{10}\right)$ 内有唯一实根 x_n.

又 $f^{-1}(x) = \dfrac{x-1}{x}, f^{-1}(2) = \dfrac{1}{2}$,所以 $\lim\limits_{n \to \infty} x_n = \dfrac{1}{2}$.

由于 $\left(\dfrac{1}{2}, \dfrac{9}{10}\right) \subset \left(\dfrac{1}{2}, 1\right) \subset [0, +\infty)$,因此我们利用定理 2 又给出前面的竞赛题及考研试题的另一解答.

下面举例说明定理 1 及定理 2 的应用.

例 1 设 $f_n(x) = \sin x + \sin^2 x + \cdots + \sin^n x$，试证：

（ⅰ）对任意自然数 n，方程 $f_n(x) = 1$ 在 $\left(\dfrac{\pi}{6}, \dfrac{\pi}{2}\right]$ 内有且仅有一个根；

（ⅱ）设 $x \in \left(\dfrac{\pi}{6}, \dfrac{\pi}{2}\right]$ 是 $f_n(x) = 1$ 的根，则 $\lim\limits_{n \to \infty} x_n = \dfrac{\pi}{6}$. （北京师范大学，1999）

证 $n = 1$ 时，方程 $f_n(x) = 1$ 即 $\sin x = 1$ 在 $\left(\dfrac{\pi}{6}, \dfrac{\pi}{2}\right)$ 内有唯一实根 $x = \dfrac{\pi}{2}$. 当 $n \geqslant 2$ 时，$x = \dfrac{\pi}{2}$ 不是方程 $f_n(x) = 1$ 的根，这时可在定理 1 中取 $\alpha = \dfrac{\pi}{6}, \beta = \dfrac{\pi}{2}, f(x) = \sin x$，则当 $x \in \left(\dfrac{\pi}{6}, \dfrac{\pi}{2}\right)$ 时，$0 < \dfrac{1}{2} < f(x) < 1, f'(x) = \cos x > 0$，由于

$$F_n(x) = \sin x + \sin^2 x + \cdots + \sin^n x - 1$$

$$F_n\left(\dfrac{\pi}{6}\right) = \dfrac{1}{2} + \dfrac{1}{2^2} + \cdots + \dfrac{1}{2^n} - 1 = -\dfrac{1}{2^n} < 0, \quad F_n\left(\dfrac{\pi}{2}\right) = n - 1 > 0 \quad (n \geqslant 2)$$

故方程 $F_n(x) = 0$，即 $f_n(x) = 1$ 在 $\left(\dfrac{\pi}{6}, \dfrac{\pi}{2}\right)$ 内有唯一实根 x_n，且有

$$\lim_{n \to \infty} x_n = f^{-1}\left(\dfrac{1}{2}\right) = \arcsin \dfrac{1}{2} = \dfrac{\pi}{6}$$

例 2 设 $f_n(x) = e^{-x} + e^{-2x} + \cdots + e^{-nx}$，求证：

（ⅰ）对任意自然数 n，方程 $f_n(x) = 1$ 在 $[0, 1]$ 内有且仅有一个根；

（ⅱ）设 $x_n \in [0, 1]$ 是 $f_n(x) = 1$ 的根，则 $\lim\limits_{n \to \infty} x_n = \ln 2$.

证 $n = 1$ 时，方程 $f_n(x) = 1$ 即 $e^{-x} = 1$ 在 $[0, 1)$ 内有唯一实根 $x = 0$. 当 $n \geqslant 2$ 时，$x = 0$ 不是 $f_n(x) = 1$ 的根，这时可在定理 1 中取 $\alpha = 0, \beta = 1, f(x) = e^{-x}$，则当 $x \in (0, 1)$ 时，$0 < e^{-1} < f(x) < 1, f'(x) = -e^{-x} < 0$. 由于

$$F_n(x) = e^{-x} + e^{-2x} + \cdots + e^{-nx} - 1$$

$$F_n(0) = n - 1 \quad (n \geqslant 2)$$

$$F_n(1) = e^{-1} + e^{-2} + \cdots + e^{-n} - 1 = \dfrac{1 - e^{-n}}{e - 1} - 1 = \dfrac{2 - e - e^{-n}}{e - 1} < 0$$

故方程 $F_n(x) = 0$，即 $f_n(x) = 1$ 在 $(0, 1)$ 内有唯一实根 x_n，且

$$\lim_{n \to \infty} x_n = f^{-1}\left(\dfrac{1}{2}\right) = \ln 2$$

例 3 设 $f_n(x) = \ln(1 + x) + \ln^2(1 + x) + \cdots + \ln^n(1 + x)$，求证：

（ⅰ）对任意自然数 n，方程 $f_n(x) = 1$ 在 $(0, e - 1]$ 内有且仅有一个根；

（ⅱ）设 $x_n \in (0, e - 1]$ 是 $f_n(x) = 1$ 的根，则 $\lim\limits_{n \to \infty} x_n = \sqrt{e} - 1$.

证　$n=1$ 时,方程 $f_n(x)=1$ 即 $\ln(1+x)=1$ 在 $(0,e-1]$ 内有唯一实根 $x=e-1$. 当 $n\geqslant2$ 时,$x=e-1$ 不是 $f_n(x)=1$ 的根,这时可在定理 1 中取 $\alpha=0,\beta=e-1$,$f(x)=\ln(1+x)$,则当 $x\in(0,e-1]$ 时,$0<f(x)<1$,$f'(x)=\dfrac{1}{1+x}>0$. 由于

$$F_n(x)=\ln(1+x)+\ln^2(1+x)+\cdots+\ln^n(1+x)-1$$
$$F_n(0)=-1<0,\quad F_n(e-1)=n-1>0\quad(n\geqslant2)$$

故方程 $F_n(x)=0$ 即 $f_n(x)=1$ 在 $(0,e-1]$ 内有唯一实根 x_n,且

$$\lim_{n\to\infty}x_n=f^{-1}\left(\frac{1}{2}\right)=\sqrt{e}-1$$

例 4　设 $f_n(x)=\arctan x+(\arctan x)^2+\cdots+(\arctan x)^n$,求证:

(i)对任意自然数 n,方程 $f_n(x)=1$ 在 $(0,\tan1]$ 内有且仅有一个根;

(ii)设 $x_n\in(0,\tan1]$ 是 $f_n(x)=1$ 的根,则 $\lim\limits_{n\to\infty}x_n=\tan\dfrac{1}{2}$.

证　$n=1$ 时,方程 $f_n(x)=1$ 即 $\arctan x=1$ 在 $(0,\tan1]$ 内有唯一实根 $x=\tan1$. 当 $n\geqslant2$ 时,$x=\tan1$ 不是 $f_n(x)=1$ 的根,这时可在定理 1 中取 $\alpha=0,\beta=\tan1$,$f(x)=\arctan x$,则当 $x\in(0,\tan1)$ 时,$0<f(x)<1$,$f'(x)=\dfrac{1}{1+x^2}>0$. 由于

$$F_n(x)=\arctan x+(\arctan x)^2+\cdots+(\arctan x)^n-1$$
$$F_n(0)=-1<0,\quad F_n(\tan1)=n-1>0\quad(n\geqslant2)$$

故方程 $F_n(x)=0$ 即 $f_n(x)=1$ 在 $(0,\tan1)$ 内有唯一实根 x_n,且

$$\lim_{n\to\infty}x_n=f^{-1}\left(\frac{1}{2}\right)=\tan\frac{1}{2}$$

例 5　设 $f_n(x)=x+\dfrac{x^2}{2!}+\dfrac{x^3}{3!}+\cdots+\dfrac{x^n}{x!}(n=2,3,\cdots)$,求证:方程 $f_n(x)=1$ 在 $(0,1)$ 内有唯一实根,且 $\lim\limits_{n\to\infty}x_n=\ln2$.

证　在定理 2 中取 $f(x)=e^x=\sum\limits_{k=0}^{\infty}\dfrac{x^k}{k!}(-\infty<x<+\infty)$,$P_n(x)=\sum\limits_{k=0}^{n}\dfrac{x^k}{k!}=f_n(x)+1,\lambda=2,\alpha=0,\beta=1$.

因为 $P_n(0)-2=-1<0$,$P_n(1)-2=\dfrac{1}{2!}+\dfrac{1}{3!}+\cdots+\dfrac{1}{n!}>0$,又当 $x\in(0,1)$ 时,$f'(x)=e^x>0$,$P'_n(x)=\sum\limits_{k=0}^{n-1}\dfrac{x^k}{k!}>0$,从而 $f(x),P_n(x)$ 在 $(0,1)$ 内严格单调递增,所以 $P_n(x)=2$,即 $f_n(x)=1$ 在 $(0,1)$ 内有唯一实根 x_n.

由于 $f^{-1}(x)=\ln x$,$f^{-1}(2)=\ln2$,所以 $\lim\limits_{n\to\infty}x_n=\ln2$.

例6 设 $f_n(x) = x + \dfrac{x^3}{3} + \dfrac{x^5}{5} + \cdots + \dfrac{x^{2n+1}}{2n+1}(n = 1, 2, \cdots)$，求证：方程 $f_n(x) = \dfrac{1}{2}$ 在 $\left(0, \dfrac{1}{2}\right)$ 内有唯一实根 x_n，且 $\lim\limits_{n \to \infty} x_n = \dfrac{\mathrm{e} - 1}{\mathrm{e} + 1}$.

证 在定理2中取 $f(x) = \dfrac{1}{2} \ln \dfrac{1+x}{1-x} = \sum\limits_{k=0}^{\infty} \dfrac{x^{2k+1}}{2k+1}(-1 < x < 1)$，$P_n(x) = \sum\limits_{k=0}^{n} \dfrac{x^{2k+1}}{2k+1} = f_n(x)$，$\lambda = \dfrac{1}{2}$，$\alpha = 0$，$\beta = \dfrac{1}{2}$.

因为 $P_n(0) - \dfrac{1}{2} = -\dfrac{1}{2} < 0$，$P_n\left(\dfrac{1}{2}\right) - \dfrac{1}{2} = \dfrac{1}{3} \times \dfrac{1}{2^3} + \dfrac{1}{5} \times \dfrac{1}{2^5} + \cdots + \dfrac{1}{2n+1} \times \dfrac{1}{2^{2n+1}} > 0$，又当 $x \in \left(0, \dfrac{1}{2}\right)$ 时，$f'(x) = \dfrac{1}{1-x^2} > 0$，$P_n'(x) = \sum\limits_{k=0}^{n} x^{2k} > 0$，从而 $f(x)$，$P_n(x)$ 在 $\left(0, \dfrac{1}{2}\right)$ 内严格单调递增，所以 $f_n(x) = P_n(x) = \dfrac{1}{2}$ 在 $\left(0, \dfrac{1}{2}\right)$ 内有唯一实根 x_n.

又 $f^{-1}(x) = \dfrac{\mathrm{e}^{2x} - 1}{\mathrm{e}^{2x} + 1}$，$f^{-1}\left(\dfrac{1}{2}\right) = \dfrac{\mathrm{e} - 1}{\mathrm{e} + 1}$，所以 $\lim\limits_{n \to \infty} x_n = \dfrac{\mathrm{e} - 1}{\mathrm{e} + 1}$.

例7 设 $f_n(x) = x + 2x^2 + 3x^3 + \cdots + nx^n(n = 2, 3, \cdots)$，求证：方程 $f_n(x) = \dfrac{1}{2}$ 在 $\left(0, \dfrac{1}{2}\right)$ 内有唯一实根 x_n，且 $\lim\limits_{n \to \infty} x_n = 2 - \sqrt{3}$.

证 在定理2中取 $f(x) = \dfrac{x}{(1-x)^2} = \sum\limits_{k=1}^{\infty} kx^k(-1 < x < 1)$，$P_n(x) = \sum\limits_{k=1}^{n} kx^k = f_n(x)$，$\lambda = \dfrac{1}{2}$，$\alpha = 0$，$\beta = \dfrac{1}{2}$.

因为 $P_n(0) - \dfrac{1}{2} = -\dfrac{1}{2} < 0$，$P_n\left(\dfrac{1}{2}\right) - \dfrac{1}{2} = 2 \times \dfrac{1}{2^2} + 3 \times \dfrac{1}{2^3} + \cdots + n \times \dfrac{1}{2^n} > 0$，又当 $x \in \left(0, \dfrac{1}{2}\right)$ 时，$f'(x) = \dfrac{1+x}{(1-x)^3} > 0$，$P_n'(x) = \sum\limits_{k=1}^{n} k^2 x^{k-1} > 0$，从而 $f(x)$，$P_n(x)$ 在 $\left(0, \dfrac{1}{2}\right)$ 内严格单调递增. 所以 $f_n(x) = P_n(x) = \dfrac{1}{2}$ 在 $\left(0, \dfrac{1}{2}\right)$ 内有唯一实根 x_n.

又 $f^{-1}(x) = \dfrac{1}{2x}(2x + 1 - \sqrt{4x + 1})$，$f^{-1}\left(\dfrac{1}{2}\right) = 2 - \sqrt{3}$，所以 $\lim\limits_{n \to \infty} x_n = 2 - \sqrt{3}$.

例8 设 $f_n(x) = x - \dfrac{x^3}{3!} + \dfrac{x^5}{5!} - \cdots + (-1)^{n+1} \dfrac{x^{2n-1}}{(2n-1)!}(n = 2, 3, \cdots)$，求证：方

程 $f_n(x) = \dfrac{1}{2}$ 在 $\left(0, \dfrac{3}{4}\right)$ 内有唯一实根 x_n，且 $\lim\limits_{n \to \infty} x_n = \dfrac{\pi}{6}$.

证 在定理 2 中取 $f(x) = \sin x = \sum\limits_{k=1}^{\infty} (-1)^{k+1} \dfrac{x^{2k-1}}{(2k-1)!}$ ($-\infty < x < +\infty$)，

$P_n(x) = \sum\limits_{k=1}^{n} (-1)^{k+1} \dfrac{x^{2k-1}}{(2k-1)!} = f_n(x)$，$\lambda = \dfrac{1}{2}$，$\alpha = 0$，$\beta = \dfrac{3}{4}$.

因为 $P_n(0) - \dfrac{1}{2} = -\dfrac{1}{2} < 0$，$P_n\left(\dfrac{3}{4}\right) - \dfrac{1}{2} = \dfrac{1}{4} - \dfrac{1}{3!}\left(\dfrac{3}{4}\right)^3 + \dfrac{1}{5!}\left(\dfrac{3}{4}\right)^5 + \cdots +$

$(-1)^{n+1} \dfrac{1}{(2n-1)!}\left(\dfrac{3}{4}\right)^{2n-1} > 0$，又当 $x \in \left(0, \dfrac{3}{4}\right)$ 时，$f'(x) = \cos x > 0$

$$P_n'(x) = 1 - \dfrac{x^2}{2!} + \dfrac{x^4}{4!} - \cdots + (-1)^{n+1} \dfrac{x^{2n-2}}{(2n-2)!} > 0$$

从而 $f(x)$，$P_n(x)$ 在 $\left(0, \dfrac{3}{4}\right)$ 内严格单调递增，所以 $f_n(x) = P_n(x) = \dfrac{1}{2}$ 在 $\left(0, \dfrac{3}{4}\right)$ 内有唯一实根.

又 $f^{-1}(x) = \arcsin x$，$\arcsin \dfrac{1}{2} = \dfrac{\pi}{6}$，所以 $\lim\limits_{n \to \infty} x_n = \dfrac{\pi}{6}$.

例 9 设 $f_n(x) = x - \dfrac{x^2}{2} + \dfrac{x^3}{3} - \cdots + (-1)^{n-1} \dfrac{x^n}{n}$ ($n = 2, 3, \cdots$)，求证：方程

$f_n(x) = \dfrac{1}{3}$ 在 $\left(0, \dfrac{1}{2}\right)$ 内有唯一实根 x_n，且 $\lim\limits_{n \to \infty} x_n = \mathrm{e}^{\frac{1}{3}} - 1$.

证 在定理 2 中取 $f(x) = \ln(1+x) = \sum\limits_{k=1}^{\infty} (-1)^{k-1} \dfrac{x^k}{k}$ ($-1 < x \leqslant 1$)，$P_n(x) =$

$\sum\limits_{k=1}^{n} (-1)^{k-1} \dfrac{x^k}{k} = f_n(x)$，$\lambda = \dfrac{1}{3}$，$\alpha = 0$，$\beta = \dfrac{1}{2}$.

因为 $P_n(0) - \dfrac{1}{3} = -\dfrac{1}{3} < 0$，$P_n\left(\dfrac{1}{2}\right) - \dfrac{1}{3} = \dfrac{1}{6} - \dfrac{1}{2} \times \dfrac{1}{2^2} + \dfrac{1}{3} \times \dfrac{1}{2^3} - \cdots +$

$(-1)^{n-1} \dfrac{1}{n} \times \dfrac{1}{2^n} > 0$，又当 $x \in \left(0, \dfrac{1}{2}\right)$ 时

$$f'(x) = \dfrac{1}{1+x} > 0$$

$$P_n'(x) = 1 - x + x^2 + \cdots + (-1)^{n-1} x^{n-1} = \dfrac{1 - (-1)^n x^n}{1+x} > 0$$

从而 $f(x)$，$P_n(x)$ 在 $\left(0, \dfrac{1}{2}\right)$ 内严格单调递增，所以 $f_n(x) = P_n(x) = \dfrac{1}{3}$ 在 $\left(0, \dfrac{1}{3}\right)$ 内有唯一实根.

又 $f^{-1}(x) = \mathrm{e}^x - 1, f^{-1}\left(\dfrac{1}{3}\right) = \mathrm{e}^{\frac{1}{3}} - 1$,所以 $\lim\limits_{n\to\infty} x_n = \mathrm{e}^{\frac{1}{3}} - 1.$

下面的 1~4 题可利用定理 1 解答,5~7 题可利用定理 2 解答.

1. 设 $f_n(x) = \cos x + \cos^2 x + \cdots + \cos^n x$,求证:

（ⅰ）对任意自然数 n,方程 $f_n(x) = 1$ 在 $\left[0, \dfrac{\pi}{3}\right)$ 内有且仅有一个根;

（ⅱ）设 $x_n \in \left[0, \dfrac{\pi}{3}\right)$ 是 $f_n(x) = 1$ 的根,则 $\lim\limits_{n\to\infty} x_n = \dfrac{\pi}{3}.$（浙江大学,2002）

2. 设 $f_n(x) = \tan x + \tan^2 x + \cdots + \tan^n x$,求证:

（ⅰ）对任意自然数 n,方程 $f_n(x) = 1$ 在 $\left(0, \dfrac{\pi}{4}\right]$ 内有且仅有一个根;

（ⅱ）设 $x_n \in \left(0, \dfrac{\pi}{4}\right]$ 是 $f_n(x) = 1$ 的根,则 $\lim\limits_{n\to\infty} x_n = \arctan \dfrac{1}{2}.$

3. 设 $f_n(x) = \arcsin x + (\arcsin x)^2 + \cdots + (\arcsin x)^n$,求证:

（ⅰ）对任意自然数 n,方程 $f_n(x) = 1$ 在 $(0, \sin 1]$ 内有且仅有一个根;

（ⅱ）设 $x_n \in (0, \sin 1]$ 是 $f_n(x) = 1$ 的根,则 $\lim\limits_{n\to\infty} x_n = \sin \dfrac{1}{2}.$

4. 设 $f_n(x) = \mathrm{sh}\, x + \mathrm{sh}^2 x + \cdots + \mathrm{sh}^n x$,求证:

（ⅰ）对任意自然数 n,方程 $f_n(x) = 1$ 在 $(0, \ln(1+\sqrt{2})]$ 内有且仅有一个根;

（ⅱ）设 $x_n \in (0, \ln(1+\sqrt{2})]$ 是 $f_n(x) = 1$ 的根,则 $\lim\limits_{n\to\infty} x_n = \ln \dfrac{\sqrt{5}+1}{2}.$

注:这里 $\mathrm{sh}\, x$ 为双曲正弦函数:$\mathrm{sh}\, x = \dfrac{1}{2}(\mathrm{e}^x - \mathrm{e}^{-x}).$

5. 设 $f_n(x) = x + \dfrac{x^2}{2} + \cdots + \dfrac{x^n}{n}\,(n = 2, 3, \cdots)$,求证:方程 $f_n(x) = 1$ 在 $\left(\dfrac{1}{2}, \dfrac{3}{4}\right)$ 内有唯一实根 x_n,且 $\lim\limits_{n\to\infty} x_n = 1 - \mathrm{e}^{-1}.$

6. 设 $f_n(x) = x + \dfrac{x^3}{3!} + \cdots + \dfrac{x^{2n+1}}{(2n+1)!}\,(n = 2, 3, \cdots)$,求证:方程 $f_n(x) = 1$ 在 $(0, 1)$ 内有唯一实根 x_n,且 $\lim\limits_{n\to\infty} x_n = \ln(1+\sqrt{2}).$

7. 设 $f_n(x) = x - \dfrac{x^3}{3} + \dfrac{x^5}{5} - \cdots + (-1)^n \dfrac{x^{2n+1}}{2n+1}\,(n = 2, 3, \cdots)$,求证:方程 $f_n(x) = \dfrac{\pi}{6}$ 在 $(0, 1)$ 内有唯一实根 x_n,且 $\lim\limits_{n\to\infty} x_n = \dfrac{\sqrt{3}}{3}.$

第4章 与微分中值定理相关的几个问题

微分中值定理是微分学的重要内容和理论基础,这些内容包括 Rolle 中值定理,Lagrange 中值定理,Cauchy 中值定理,Taylor 中值定理等. 对这些定理及其应用进行深入研究可以丰富和完善微分学的理论和方法. 我们在这一节主要从 Cauchy 中值定理的推广等方面论述与微分中值定理相关的几个问题.

一、Cauchy 中值定理的推广

甘小冰、陈之兵在《数学的实践与认识》2005 年第 5 期"Cauchy 微分中值定理的推广"一文中给出了一个高阶微分中值定理,亦即:

定理 1 设 $[a,b]$ 是一个有限的闭区间,$\triangle_n : a = x_0 < x_1 < \cdots < x_n = b$ 是 $[a,b]$ 的一个分割,若函数 $f(x),g(x)$ 在 $[a,b]$ 上连续,在 (a,b) 内 n 次可导,且当 $x \in (a,b)$ 时,$g^{(n)}(x) \neq 0$,则存在 $\xi \in (a,b)$,使得

$$\frac{f^{(n)}(\xi)}{g^{(n)}(\xi)} = \begin{vmatrix} 1 & 1 & \cdots & 1 \\ x_0 & x_1 & \cdots & x_n \\ x_0^2 & x_1^2 & \cdots & x_n^2 \\ \vdots & \vdots & & \vdots \\ x_0^{n-1} & x_1^{n-1} & \cdots & x_n^{n-1} \\ f(x_0) & f(x_1) & \cdots & f(x_n) \end{vmatrix} \Bigg/ \begin{vmatrix} 1 & 1 & \cdots & 1 \\ x_0 & x_1 & \cdots & x_n \\ x_0^2 & x_1^2 & \cdots & x_n^2 \\ \vdots & \vdots & & \vdots \\ x_0^{n-1} & x_1^{n-1} & \cdots & x_n^{n-1} \\ g(x_0) & g(x_1) & \cdots & g(x_n) \end{vmatrix} \tag{1}$$

下面介绍定理 1 的一个相对简洁的证明,是程海来在《数学的实践与认识》2007 年第 7 期"Cauchy 微分中值定理的推广的一个简单证明"一文中给出的.

首先证明式(1)右端分母 $\neq 0$.

由数值分析的相关结论可知(可参阅:王仁宏,数值逼近,高等教育出版社,1999,p. 70)$g(x)$ 关于节点 $x_0, x_1, \cdots, x_n$ 的差商 $g(x_0, x_1, \cdots, x_n)$ 可表示为

$$g(x_0,x_1,\cdots,x_n) = \begin{vmatrix} 1 & 1 & \cdots & 1 \\ x_0 & x_1 & \cdots & x_n \\ x_0^2 & x_1^2 & \cdots & x_n^2 \\ \vdots & \vdots & & \vdots \\ x_0^{n-1} & x_1^{n-1} & \cdots & x_n^{n-1} \\ g(x_0) & g(x_1) & \cdots & g(x_n) \end{vmatrix} \Bigg/ \begin{vmatrix} 1 & 1 & \cdots & 1 \\ x_0 & x_1 & \cdots & x_n \\ x_0^2 & x_1^2 & \cdots & x_n^2 \\ \vdots & \vdots & & \vdots \\ x_0^{n-1} & x_1^{n-1} & \cdots & x_n^{n-1} \\ x_0^n & x_1^n & \cdots & x_n^n \end{vmatrix} \tag{2}$$

再由函数差商与导数的关系知(可参阅前述同一书 p.70)

$$g(x_0,x_1,\cdots,x_n) = \frac{g^{(n)}(\eta)}{n!} \tag{3}$$

其中 η 位于由 $x_0,x_1,\cdots,x_n$ 所界定的范围内. 又 $x_0,x_1,\cdots,x_n$ 互异,从而 Vandermonde 行列式

$$\begin{vmatrix} 1 & 1 & \cdots & 1 \\ x_0 & x_1 & \cdots & x_n \\ x_0^2 & x_1^2 & \cdots & x_n^2 \\ \vdots & \vdots & & \vdots \\ x_0^n & x_1^n & \cdots & x_n^n \end{vmatrix} = \prod_{0 \leqslant i < j \leqslant n} (x_j - x_i) \neq 0 \tag{4}$$

故由式(2),(3),(4)及定理条件 $g^{(n)}(x) \neq 0$ 知

$$\begin{vmatrix} 1 & 1 & \cdots & 1 \\ x_0 & x_1 & \cdots & x_n \\ x_0^2 & x_1^2 & \cdots & x_n^2 \\ \vdots & \vdots & & \vdots \\ g(x_0) & g(x_1) & \cdots & g(x_n) \end{vmatrix} \neq 0 \tag{5}$$

下面证明式(1)成立.

令式(1)右端 $=\lambda$,则有

$$\begin{vmatrix} 1 & 1 & \cdots & 1 \\ x_0 & x_1 & \cdots & x_n \\ x_0^2 & x_1^2 & \cdots & x_n^2 \\ \vdots & \vdots & & \vdots \\ x_0^{n-1} & x_1^{n-1} & \cdots & x_n^{n-1} \\ f(x_0) & f(x_1) & \cdots & f(x_n) \end{vmatrix} - \lambda \begin{vmatrix} 1 & 1 & \cdots & 1 \\ x_0 & x_1 & \cdots & x_n \\ x_0^2 & x_1^2 & \cdots & x_n^2 \\ \vdots & \vdots & & \vdots \\ x_0^{n-1} & x_1^{n-1} & \cdots & x_n^{n-1} \\ g(x_0) & g(x_1) & \cdots & g(x_n) \end{vmatrix} = 0 \tag{6}$$

作辅助函数

$$\Phi(x) = \begin{vmatrix} 1 & 1 & \cdots & 1 & 1 \\ x_0 & x_1 & \cdots & x_{n-1} & x \\ x_0^2 & x_1^2 & \cdots & x_{n-1}^2 & x^2 \\ \vdots & \vdots & & \vdots & \vdots \\ x_0^{n-1} & x_1^{n-1} & \cdots & x_{n-1}^{n-1} & x^{n-1} \\ f(x_0) & f(x_1) & \cdots & f(x_{n-1}) & f(x) \end{vmatrix} - \lambda \begin{vmatrix} 1 & 1 & \cdots & 1 & 1 \\ x_0 & x_1 & \cdots & x_{n-1} & x \\ x_0^2 & x_1^2 & \cdots & x_{n-1}^2 & x^2 \\ \vdots & \vdots & & \vdots & \vdots \\ x_0^{n-1} & x_1^{n-1} & \cdots & x_{n-1}^{n-1} & x^{n-1} \\ g(x_0) & g(x_1) & \cdots & g(x_{n-1}) & g(x) \end{vmatrix}$$

其中 $x \in [a,b]$，则易知 $\Phi(x)$ 在 $[a,b]$ 上连续，在 (a,b) 内 n 次可导，由式(6)及行列式的性质知

$$\Phi(x_0) = \Phi(x_1) = \cdots = \Phi(x_{n-1}) = \Phi(x_n) = 0$$

故由 Rolle 定理知，存在 $\xi_i \in (x_{i-1}, x_i)$，使

$$\Phi'(\xi_i) = 0 \quad (i = 1, 2, \cdots, n)$$

反复运用 Rolle 定理知，存在 $\xi \in (a,b)$，使 $\Phi^{(n)}(\xi) = 0$. （7）

由于

$$\Phi^{(n)}(x) = \begin{vmatrix} 1 & 1 & \cdots & 1 & 0 \\ x_0 & x_1 & \cdots & x_{n-1} & 0 \\ x_0^2 & x_1^2 & \cdots & x_{n-1}^2 & 0 \\ \vdots & \vdots & & \vdots & \vdots \\ x_0^{n-1} & x_1^{n-1} & \cdots & x_{n-1}^{n-1} & 0 \\ f(x_0) & f(x_1) & \cdots & f(x_{n-1}) & f^{(n)}(x) \end{vmatrix} - \lambda \begin{vmatrix} 1 & 1 & \cdots & 1 & 0 \\ x_0 & x_1 & \cdots & x_{n-1} & 0 \\ x_0^2 & x_1^2 & \cdots & x_{n-1}^2 & 0 \\ \vdots & \vdots & & \vdots & \vdots \\ x_0^{n-1} & x_1^{n-1} & \cdots & x_{n-1}^{n-1} & 0 \\ g(x_0) & g(x_1) & \cdots & g(x_{n-1}) & g^{(n)}(x) \end{vmatrix}$$

$$= [f^{(n)}(x) - \lambda g^{(n)}(x)] \begin{vmatrix} 1 & 1 & \cdots & 1 \\ x_0 & x_1 & \cdots & x_{n-1} \\ x_0^2 & x_1^2 & \cdots & x_{n-1}^2 \\ \vdots & \vdots & & \vdots \\ x_0^{n-1} & x_1^{n-1} & \cdots & x_{n-1}^{n-1} \end{vmatrix}$$

$$= [f^{(n)}(x) - \lambda g^{(n)}(x)] \prod_{0 \leqslant i < j \leqslant n} (x_j - x_i)$$

又 $\prod\limits_{0 \leqslant i < j \leqslant n} (x_j - x_i) \neq 0$，故由式(7)知，$f^{(n)}(\xi) - \lambda g^{(n)}(\xi) = 0$ 或 $\lambda = \dfrac{f^{(n)}(\xi)}{g^{(n)}(\xi)}$，从而式(1)成立.

特别在式(1)中取 $n = 1, x_0 = a, x_1 = b$，则有

$$\frac{f(b) - f(a)}{g(b) - g(a)} = \frac{f'(\xi)}{g'(\xi)} \quad (a < \xi < b) \tag{8}$$

此即微积分教材中的 Cauchy 中值定理.

下面再给出一个例子说明式(1)的应用.

例 1 设函数 $f(x)$ 在 $[-1,1]$ 上连续,在 $(-1,1)$ 内二阶可导,$f(-1)=2$,$f(0)=f(1)=1$,证明:存在 $\xi \in (-1,1)$,使 $f''(\xi) > \dfrac{1}{(e-1)^2}$.

证 取 $g(x)=e^x, x_0=-1, x_1=0, x_2=1$,则由式(1)知

$$\frac{f''(\xi)}{g''(\xi)} = \begin{vmatrix} 1 & 1 & 1 \\ -1 & 0 & 1 \\ f(-1) & f(0) & f(1) \end{vmatrix} \Bigg/ \begin{vmatrix} 1 & 1 & 1 \\ -1 & 0 & 1 \\ g(-1) & g(0) & g(1) \end{vmatrix}$$

即

$$\frac{f''(\xi)}{e^\xi} = \begin{vmatrix} 1 & 1 & 1 \\ -1 & 0 & 1 \\ 2 & 1 & 1 \end{vmatrix} \Bigg/ \begin{vmatrix} 1 & 1 & 1 \\ -1 & 0 & 1 \\ e^{-1} & 1 & e \end{vmatrix}$$

从而

$$f''(\xi) = \frac{e^\xi}{e+e^{-1}-2}$$

由于 $-1<\xi<1$,所以

$$f''(\xi) > \frac{e^{-1}}{e+e^{-1}-2} = \frac{1}{(e-1)^2} \quad (-1<\xi<1)$$

二、Taylor 中值定理的推广

关于 Taylor 中值定理的推广,已有不少文献进行过研究,在马保国所著的《微积分学中值定理研究》(中国教育文化出版社,2006)一书中有比较详尽地论述,下面我们仅介绍 Taylor 中值定理推广的一种情形.

定理 2 设 $n \geq 1$ 为自然数,函数 $f(x), g(x)$ 在 $[a,b]$ 上有 n 阶连续导数,在 (a,b) 内有 $n+1$ 阶导数且 $g^{(n+1)}(x) \neq 0$,记

$$(T_n, af)(x) = f(a) + f'(a)(x-a) + \cdots + \frac{f^{(n)}(a)}{n!}(x-a)^n \tag{9}$$

则对任意的 $x \in (a,b)$,存在 $\xi \in (a,x)$,使

$$\frac{f(x)-(T_n, af)(x)}{g(x)-(T_n, ag)(x)} = \frac{f^{(n+1)}(\xi)}{g^{(n+1)}(\xi)} \tag{10}$$

证 利用数学归纳法可证,当 $n \geq 0$ 为整数时,$(T_n, af)(x), f(x)-(T_n, af)(x)$ 均可由 $n+2$ 阶行列式表示为(证明过程这里略去)

$$(T_n, af)(x) = \frac{(-1)^n}{0!\ 1!\ 2!\ \cdots n!} \begin{vmatrix} f^{(n)}(a) & n! & 0 & \cdots & 0 & 0 \\ f^{(n-1)}(a) & n \cdot (n-1) \cdot \cdots \cdot 3 \cdot 2 \cdot a & (n-1)! & \cdots & 0 & 0 \\ \vdots & \vdots & \vdots & & \vdots & \vdots \\ f'(a) & na^{n-1} & (n-1)a^{n-2} & \cdots & 1 & 0 \\ f(a) & a^n & a^{n-1} & \cdots & a & 1 \\ 0 & x^n & x^{n-1} & \cdots & x & 1 \end{vmatrix}$$

$$(11)$$

$$f(x) - (T_n, af)(x)$$

$$= \frac{(-1)^{n+1}}{0!\ 1!\ 2!\ \cdots n!} \begin{vmatrix} f^{(n)}(a) & n! & 0 & \cdots & 0 & 0 \\ f^{(n-1)}(a) & n \cdot (n-1) \cdot \cdots \cdot 3 \cdot 2 \cdot a & (n-1)! & \cdots & 0 & 0 \\ \vdots & \vdots & \vdots & & \vdots & \vdots \\ f'(a) & na^{n-1} & (n-1)a^{n-2} & \cdots & 1 & 0 \\ f(a) & a^n & a^{n-1} & \cdots & a & 1 \\ f(x) & x^n & x^{n-1} & \cdots & x & 1 \end{vmatrix}$$

$$(12)$$

作辅助函数

$$F(t) = f(t) - (T_n, af)(t) - \frac{f(x) - (T_n, af)(x)}{g(x) - (T_n, ag)(x)} [g(t) - (T_n, ag)(t)] \quad (13)$$

其中 $a \leqslant t \leqslant b$.

由式(13)及(12)知, $F(x) = F(a) = F'(a) = \cdots = F^{(n)}(a) = 0$. 对 $F(t)$ 反复运用 Rolle 定理 $n+1$ 次知, 存在 $\xi \in (a, x)$, 使 $F^{(n+1)}(\xi) = 0$. 由于

$$F^{(n+1)}(t) = f^{(n+1)}(t) - \frac{f(x) - (T_n, af)(x)}{g(x) - (T_n, ag)(x)} g^{(n+1)}(t)$$

所以式(10)成立.

　　注　(ⅰ)定理 2 中的 $n \geqslant 1$ 可改为 $n \geqslant 0$, 当 $n = 0$ 时, 式(10)即为 Cauchy 中值定理.

　　(ⅱ)在式(10)中特别取 $g(x) = x^{n+1}$, 则由式(10)可得 Taylor 中值定理

$$f(x) - (T_n, af)(x) = \frac{f^{(n+1)}(\xi)}{(n+1)!}(x-a)^{n+1} \quad (a < \xi < x) \quad (14)$$

故定理 2 为 Taylor 中值定理的推广.

三、中值定理的几个反问题

　　微分中值定理中的中间值 ξ 不仅与自变量 x 所在的区间有关而且还与函数有

关,因而中间值 ξ 一般是不能确定的. 而下面要讨论的则是相反的问题,即若 ξ 取到某些特殊值的时候,函数所具有的某种性质. 这一类问题我们称其为微分中值定理的反问题.

问题 1　设函数 $f(x)$ 在 $(-\infty,+\infty)$ 上有连续的 3 阶导数,且对任意的 a,b $(a\neq b)$,有

$$\frac{f(a)-f(b)}{a-b}=f'\left(\frac{a+b}{2}\right) \tag{15}$$

求 $f(x)$.

解　由式(15)知

$$f(a)-f(b)=(a-b)f'\left(\frac{a+b}{2}\right) \tag{16}$$

上式两边对 a 求导数,得

$$f'(a)=f'\left(\frac{a+b}{2}\right)+\frac{1}{2}(a-b)f''\left(\frac{a+b}{2}\right)$$

两边再对 b 求导数,得

$$0=\frac{1}{2}f''\left(\frac{a+b}{2}\right)-\frac{1}{2}f''\left(\frac{a+b}{2}\right)+\frac{1}{4}(a-b)f'''\left(\frac{a+b}{2}\right)$$

由于 $a\neq b$,所以

$$f'''\left(\frac{a+b}{2}\right)=0$$

由 a,b 的任意性,故对 $\forall x\in(-\infty,+\infty)$,$f'''(x)=0$,从而 $f(x)=a_0+a_1x+a_2x^2$,其中 a_0,a_1,a_2 为实常数.

注　(i)问题 1 中的条件 $f(x)$ 有连续的三阶导数可改成 $f(x)$ 可导,这是因为 $f(x)$ 可导及 a,b 的任意性,由式(16)可知 $f'(x)$ 可导,进而 $f''(x)$ 可导,……,从而 $f(x)$ 无穷阶可导.

(ii)问题 1 的一般地提法是:

设 $f(x)$ 在 $(-\infty,+\infty)$ 上可导.若存在正数 p,q 满足 $p+q=1$,且对任意的 u,v $(u\neq v)$,有

$$\frac{f(u)-f(v)}{u-v}=f'(pu+qv) \tag{17}$$

求 $f(x)$.(前苏联大学生数学竞赛题,1976)

在式(17)中 u,v 互换,则有

$$f'(pu+qv)=f'(pv+qu)$$

由此知,若 $p\neq q$,由 u,v 的任意性可知 $f'(x)$ 为常数,从而 $f(x)$ 为线性函数;若 $p=$

$q = \dfrac{1}{2}$，则由问题 1 的解答知 $f(x)$ 为二次函数. 因此 $f(x)$ 为次数不超 2 的多项式函数.

作者在《数学研究与评论》(Journal of Mathematical Research & Exposition) 2010 年第 1 期 p. 186-190 上讨论了比式(17)更一般的情形：

设 $f(x)$ 在 $(-\infty, +\infty)$ 上有 n 阶导数，若存在 $\alpha_i > 0 (i = 0, 1, 2, \cdots, n)$，$\sum\limits_{i=0}^{n} \alpha_i = 1$，对于任意互异的 $x_i (i = 0, 1, 2, \cdots, n)$，有

$$\sum_{i=0}^{n} \frac{f(x_i)}{\prod\limits_{\substack{j=0 \\ j \neq i}}^{n} (x_i - x_j)} = \frac{1}{n!} f^{(n)}\left(\sum_{i=0}^{n} \alpha_i x_i \right) \tag{18}$$

则 $f(x)$ 是次数不超过 $n+1$ 的多项式.

以下问题 2～问题 6 选自《数学的实践与认识》2009 年第 6 期：宋方，导数的性质及其应用.

问题 2　设函数 $f(x)$ 在 $(0, +\infty)$ 上可导，且对任意的 $a, b \in (0, +\infty) (a \neq b)$，有

$$\frac{f(a) - f(b)}{a - b} = f'(\sqrt{ab}) \tag{19}$$

求 $f(x)$.

解　由问题 1 的注知 $f(x)$ 在 $(0, +\infty)$ 上任意阶可导. 由式(19)知

$$f(a) - f(b) = (a - b) f'(\sqrt{ab})$$

上式两边对 a 求导数，得

$$f'(a) = f'(\sqrt{ab}) + (a - b) f''(\sqrt{ab}) \cdot \frac{\sqrt{b}}{2\sqrt{a}}$$

两边再对 b 求导数，得

$$0 = f''(\sqrt{ab}) \cdot \frac{\sqrt{a}}{2\sqrt{b}} - f''(\sqrt{ab}) \cdot \frac{\sqrt{b}}{2\sqrt{a}} + (a - b) f'''(\sqrt{ab}) \cdot \frac{1}{4} +$$

$$(a - b) f''(\sqrt{ab}) \cdot \frac{1}{4\sqrt{ab}}$$

整理后得

$$(a - b) \left[\frac{3}{\sqrt{ab}} f''(\sqrt{ab}) + f'''(\sqrt{ab}) \right] = 0$$

由于 $a \neq b$ 及 a, b 的任意性，故对 $\forall x \in (0, +\infty)$，有

$$f'''(x) + \frac{3}{x}f''(x) = 0$$

由此解得 $f(x) = \dfrac{A}{x} + Bx + C$，其中 A, B, C 为常数.

反之，$f(x) = \dfrac{A}{x} + Bx + C$ 时，经检验后知，对 $\forall a, b \in (0, +\infty)(a \neq b)$，式(19)成立.

问题3 设函数 $f(x)$ 在 $(0, +\infty)$ 上可导，且对任意的 $a, b \in (0, +\infty)(a \neq b)$，有

$$\frac{f(a) - f(b)}{a - b} = f'\left[\left(\frac{\sqrt{a} + \sqrt{b}}{2}\right)^2\right] \tag{20}$$

求 $f(x)$.

解 记 $\left(\dfrac{\sqrt{a} + \sqrt{b}}{2}\right)^2 = \eta$，则由式(20)知

$$f(a) - f(b) = (a - b)f'(\eta)$$

上式两边对 a 求导数，得

$$f'(a) = f'(\eta) + (a - b)f''(\eta) \cdot \eta'_a$$

两边再对 b 求导数，得

$$0 = f''(\eta) \cdot \eta'_b - f'(\eta) \cdot \eta'_a + (a - b)f'''(\eta) \cdot \eta'_a \cdot \eta'_b + (a - b)f'''(\eta)\eta''_{ab}$$

将 $\eta'_a = \dfrac{1}{4\sqrt{a}}(\sqrt{a} + \sqrt{b})$，$\eta'_b = \dfrac{1}{4\sqrt{b}}(\sqrt{a} + \sqrt{b})$，$\eta''_{ab} = \dfrac{1}{8\sqrt{ab}}$ 代入上式并整理，得

$$3f''(\eta) + 2\eta f'''(\eta) = 0$$

由 a, b 的任意性，故对 $\forall x \in (0, +\infty)$，有

$$3f''(x) + 2xf'''(x) = 0$$

由此解得 $f(x) = A\sqrt{x} + Bx + C$，其中 A, B, C 为常数.

反之，当 $f(x) = A\sqrt{x} + Bx + C$ 时，经检验后知，对 $\forall a, b \in (0, +\infty)(a \neq b)$，式(20)成立.

注 这里问题2，问题3的解法不同于原论文的解法.

问题4 设函数 $f(x)$ 在 $(0, +\infty)$ 上可导，且对任意的 $a, b \in (0, +\infty)(a \neq b)$，有

$$\frac{f(a) - f(b)}{a - b} = f'\left(\frac{a - b}{\ln a - \ln b}\right) \tag{21}$$

求 $f(x)$.

问题 5　设函数 $f(x)$ 在 $(0, +\infty)$ 上可导,且对任意的 $a, b \in (0, +\infty)$ $(a \neq b)$,有

$$\frac{f(a) - f(b)}{a - b} = f'\left[\left(\frac{\sqrt[r]{a} + \sqrt[r]{b}}{2}\right)^r\right] \tag{22}$$

其中 $r \neq 0$ 为实数,求 $f(x)$.

问题 6　设函数 $f(x)$ 在 $(-\infty, +\infty)$ 上可导,且对任意的 $a, b \neq 0$,有

$$\frac{f(a) - f(b)}{a - b} = f'\left(\frac{2}{\dfrac{1}{a} + \dfrac{1}{b}}\right) \tag{23}$$

求 $f(x)$.

问题 4,问题 5 的解分别为 $f(x) = A\ln x + Bx + C$, $f(x) = Ax^{(3-r)/r} + Bx + C$ 且检验后分别使式(21),(22)成立;问题 6 的解为 $f(x) = Ax^{-4} + Bx + C$,检验后知,当 $A \neq 0$ 时,$f(x)$ 一般不能使式(23)成立,故满足式(23)的 $f(x)$ 只能是线性函数.

问题 4 ~ 问题 6 的解答过程这里略去,读者可自行练习.

问题 7　设函数 $f(x)$ 在区间 I 内有直到 $n + 1$ ($n \geq 2$) 阶连续导数,且 $\forall x \in I$,$f^{(n)}(x) \neq 0$. 若对 $\forall h \neq 0$,$x + h \in I$,有

$$f(x + h) = f(x) + f'(x)h + \frac{f''(x)}{2!}h^2 + \cdots + \frac{f^{(n-2)}(x)}{(n-2)!}h^{n-2} + \frac{f^{(n-1)}\left(x + \dfrac{h}{n}\right)}{(n-1)!}h^{n-1} \tag{24}$$

求 $f(x)$.

解　式(24)两边分别对 x,对 h 求导数,得

$$f'(x + h) = f'(x) + f''(x)h + \cdots + \frac{f^{(n-2)}(x)}{(n-3)!}h^{n-3} + \frac{f^{(n-1)}(x)}{(n-2)!}h^{n-2} + \frac{f^{(n)}\left(x + \dfrac{h}{n}\right)}{(n-1)!}h^{n-1} \tag{25}$$

$$f'(x + h) = f'(x) + f''(x)h + \cdots + \frac{f^{(n-2)}(x)}{(n-3)!}h^{n-3} + \frac{f^{(n-1)}\left(x + \dfrac{h}{n}\right)}{(n-2)!}h^{n-2} + \frac{f^{(n)}\left(x + \dfrac{h}{n}\right)}{n!}h^{n-1} \tag{26}$$

比较式(25),(26),得

$$f^{(n-1)}(x) + \frac{h}{n-1}f^{(n)}\left(x + \frac{h}{n}\right) = f^{(n-1)}\left(x + \frac{h}{n}\right) + \frac{h}{n(n-1)}f^{(n)}\left(x + \frac{h}{n}\right)$$

即

$$f^{(n-1)}(x) + \frac{h}{n}f^{(n)}\left(x + \frac{h}{n}\right) = f^{(n-1)}\left(x + \frac{h}{n}\right)$$

上式两边再对 h 求导数,得

$$\frac{1}{n}f^{(n)}\left(x+\frac{h}{n}\right)+\frac{h}{n^2}f^{(n+1)}\left(x+\frac{h}{n}\right)=\frac{1}{n}f^{(n)}\left(x+\frac{h}{n}\right)$$

从而 $\dfrac{h}{n^2}f^{(n+1)}\left(x+\dfrac{h}{n}\right)=0.$

由 $h\neq 0,n\geq 2$ 及 x,h 的任意性,所以 $f^{(n+1)}(x)\equiv 0(x\in I)$,又 $f^{(n)}(x)\neq 0$,故 $f(x)$ 为 n 次多项式函数.

反之,若 $f(x)$ 为 n 次多项式函数,可设

$$f(x)=a_0+a_1x+\cdots+a_nx^n\qquad(a_n\neq 0)\tag{27}$$

由于 $f(x)$ 的 Taylor 多项式为其自身,故

$$f(x+h)=f(x)+f'(x)h+\cdots+\frac{f^{(n-2)}(x)}{(n-2)!}h^{n-2}+\frac{f^{(n-1)}(x)}{(n-1)!}h^{n-1}+\frac{f^{(n)}(x)}{n!}h^n\tag{28}$$

由式(27)易知

$$f^{(n-1)}(x)=(n-1)!\ a_{n-1}+n!\ a_nx$$
$$f^{(n)}(x)=n!\ a_n$$

所以

$$f^{(n-1)}\left(x+\frac{h}{n}\right)=(n-1)!\ a_{n-1}+n!\ a_n\left(x+\frac{h}{n}\right)$$
$$=(n-1)!\ a_{n-1}+n!\ a_nx+(n-1)!\ a_nh$$

又

$$f^{(n-1)}(x)+\frac{f^{(n)}(x)}{n}h=(n-1)!\ a_{n-1}+n!\ a_nx+(n-1)!\ a_nh$$

所以

$$f^{(n-1)}\left(x+\frac{h}{n}\right)=f^{(n-1)}(x)+\frac{f^{(n)}(x)}{n}h$$

从而

$$\frac{f^{(n-1)}\left(x+\dfrac{h}{n}\right)}{(n-1)!}h^{n-1}=\frac{f^{(n-1)}(x)}{(n-1)!}h^{n-1}+\frac{f^{(n)}(x)}{n!}h^n\tag{29}$$

由式(28),(29)知式(24)成立.

因此,在问题7的条件下,函数 $f(x)$ 在 I 内是 $n(n\geq 2)$ 次多项式函数的充分必要条件是式(24)成立.

特别在式(24)中取 $n=2,x=a,h=b-a$,即得式(15),因此问题7是问题1的另一种形式的推广.

Alfonso G. Azpeitia 在 Amer Math Monthly,1982,p. 311-312:On the Lagrange remainder of Taylor formula 中给出了如下的:

定理 3 设 $n \geq 1, p \geq 1$ 均为自然数,函数 $f(x)$ 的 $n+p$ 阶导数 $f^{(n+p)}(x)$ 在点 a 的某领域内存在,在点 a 处连续,又 $f^{(n+j)}(a)=0(1 \leq j < p)$ 且 $f^{(n+p)}(a) \neq 0$,则由 Lagrange-Taylor 公式

$$f(x) = \sum_{k=0}^{n-1} \frac{f^{(k)}(a)}{k!}(x-a)^k + \frac{1}{n!}f^{(n)}(\xi)(x-a)^n \quad (\xi \in (a,x)) \tag{30}$$

所确定的 ξ 成立

$$\lim_{x \to a} \frac{\xi - a}{x - a} = \left[\frac{n! \, p!}{(n+p)!} \right]^{\frac{1}{p}} = \binom{n+p}{n}^{-\frac{1}{p}} \tag{31}$$

由式(31)可对中间值 ξ 作出估计

$$\frac{\xi - a}{x - a} \approx \binom{n+p}{n}^{-\frac{1}{p}}$$

或

$$\xi \approx \binom{n+p}{n}^{-\frac{1}{p}}(x-a) + a$$

由此可得:

问题 8 在定理 3 的条件下,求使得下式成立的函数 $f(x)$

$$f(x) = \sum_{k=0}^{n-1} \frac{f^{(k)}(a)}{k!}(x-a)^k + \frac{1}{n!}f^{(n)}\left[\binom{n+p}{n}^{-\frac{1}{p}}(x-a) + a\right](x-a)^n \tag{32}$$

解 由式(32)可知 $f(x)$ 在 $x=a$ 的领域内具有无穷阶导数,故可令

$$f(x) = \sum_{m=0}^{\infty} a_m(x-a)^m \tag{33}$$

于是

$$f^{(n)}(x) = \sum_{l=0}^{\infty} a_{n+l} \frac{(n+l)!}{l!}(x-a)^l$$

$$\frac{1}{n!}f^{(n)}\left[\binom{n+p}{n}^{-\frac{1}{p}}(x-a) + a\right](x-a)^n = \sum_{l=0}^{\infty} a_{n+l} \binom{n+l}{n} \binom{n+p}{n}^{-\frac{1}{p}}(x-a)^{n+l}$$

由式(32),有

$$f(x) = \sum_{k=0}^{n-1} \frac{f^{(k)}(a)}{k!}(x-a)^k + \sum_{l=0}^{\infty} a_{n+l} \binom{n+l}{n} \binom{n+p}{n}^{-\frac{1}{p}}(x-a)^{n+l} \tag{34}$$

比较式(33),(34),故

$$f(x) = \sum_{k=0}^{n-1} \frac{f^{(k)}(a)}{k!}(x-a)^k + \lambda(x-a)^n + \mu(x-a)^{n+p} \quad (35)$$

其中 λ,μ 为常数.

下面我们再给出一个积分中值定理反问题的例子.

Zhang Bao-lin 在 Amer Math Monthly,1997,p.561-562:A note on the mean value theorem for integrals 中给出了如下的:

定理 4 设函数 $f(t)$ 在 $[a,x]$ 上连续,在点 a 处 n 次可微,$f^{(k)}(a)=0(k=1,2,\cdots,n-1)$,$f^{(n)}(a)\neq 0$,则由积分中值定理

$$\int_a^x f(t)\mathrm{d}t = (x-a)f(c_x) \quad (36)$$

所确定的 c_x,有

$$\lim_{x\to a}\frac{c_x-a}{x-a} = \frac{1}{\sqrt[n]{n+1}} \quad (37)$$

由式(37)可对中间值 c_x 作出估计

$$\frac{c_x-a}{x-a} \approx \frac{1}{\sqrt[n]{n+1}}$$

或

$$c_x \approx \frac{1}{\sqrt[n]{n+1}}(x-a) + a$$

由此可得:

问题 9 在定理 4 的条件下,求使得下式成立的函数 $f(x)$

$$\int_a^x f(t)\mathrm{d}t = f[(n+1)^{-\frac{1}{n}}(x-a)+a](x-a) \quad (38)$$

解 由式(38)可知 $f(x)$ 在 $x=a$ 的领域内具有无穷阶导数,故可令

$$f(x) = \sum_{m=0}^{\infty} a_m(x-a)^m \quad (39)$$

于是

$$\int_a^x f(t)\mathrm{d}t = \sum_{m=0}^{\infty} \frac{a_m}{m+1}(x-a)^{m+1}$$

$$f[(n+1)^{-\frac{1}{n}}(x-a)+a](x-a) = \sum_{m=0}^{\infty} a_m(n+1)^{-\frac{m}{n}}(x-a)^{m+1}$$

再由式(38)知

$$\sum_{m=0}^{\infty} \frac{a_m}{m+1}(x-a)^{m+1} = \sum_{m=0}^{\infty} a_m(n+1)^{-\frac{m}{n}}(x-a)^{m+1}$$

比较上式两端可知

$$f(x) = \lambda + \mu(x-a)^n \tag{40}$$

其中 λ, μ 为常数.

四、二元函数中值定理的注记

二元函数的中值定理也就是下面的:

定理 5 设二元函数 $f(x,y)$ 在凸区域 $D \subset \mathbf{R}^2$ 上可微,则对于 D 内任意两点 (x,y) 和 $(x+h, y+k)$,至少存在一个 $\theta(0 < \theta < 1)$,使得

$$f(x+h, y+k) - f(x,y) = f_x(x+\theta h, y+\theta k)h + f_y(x+\theta h, y+\theta k)k \tag{41}$$

此定理的证明可参阅:陈纪修,于崇华,金路. 数学分析(下册). 高等教育出版社,2004.

我们首先讨论当 $h \to 0, k \to 0$ 时式(41)中 θ 的变化趋势,然后给出一个相关问题的解.

定理 6 设二元函数 $f(x,y)$ 在凸区域 $D \subset \mathbf{R}^2$ 上有 2 阶连续偏导数,若 $f_{xx}(x, y) \neq 0$,且 $f_{xy}^2(x,y) - f_{xx}(x,y)f_{yy}(x,y) < 0$,则对于定理 5 中的 h,k,θ,有

$$\lim_{\substack{h \to 0 \\ k \to 0}} \theta = \frac{1}{2} \tag{42}$$

证 利用带有 Peano 余项的 Taylor 公式,有

$$f(x+h, y+k) = f(x,y) + f_x(x,y)h + f_y(x,y)k + \frac{1}{2}[f_{xx}(x,y)h^2 +$$
$$2f_{xy}(x,y)hk + f_{yy}(x,y)k^2] + o(\rho^2) \tag{43}$$

其中 $\rho = \sqrt{h^2 + k^2}$,且

$$f_x(x+\theta h, y+\theta k)h + f_y(x+\theta h, y+\theta k)k = f_x(x,y)h + f_y(x,y)k + f_{xx}(x,y)\theta h^2 +$$
$$2f_{xy}(x,y)\theta hk + f_{yy}(x,y)\theta k^2 + o(\theta \rho^2) \tag{44}$$

将式(43),(44)代入式(41)并化简,得

$$\frac{1}{2}[f_{xx}(x,y)h^2 + 2f_{xy}(x,y)hk + f_{yy}(x,y)k^2] + o(\rho^2)$$
$$= \theta[f_{xy}(x,y)h^2 + 2f_{xy}(x,y)hk + f_{yy}(x,y)k^2] + o(\theta \rho^2) \tag{45}$$

由于 $f_{xy}(x,y) \neq 0$ 且 $f_{xy}^2(x,y) - f_{xx}(x,y)f_{yy}(x,y) < 0$,故当 $(h,k) \neq (0,0)$ 时

$$f_{xx}(x,y)h^2 + 2f_{xy}(x,y)hk + f_{yy}(x,y)k^2 \neq 0$$

式(45)两边同除以 $f_{xx}(x,y)h^2 + 2f_{xy}(x,y)hk + f_{yy}(x,y)k^2$,并令 $h \to 0, k \to 0$,即得

$$\lim_{\substack{h \to 0 \\ k \to 0}} \theta = \frac{1}{2}$$

若取 $\theta = \dfrac{1}{2}$,则式(41)即为

$$f(x+h,y+k) - f(x,y) = f_x\left(x+\frac{h}{2}, y+\frac{k}{2}\right)h + f_y\left(x+\frac{h}{2}, y+\frac{k}{2}\right)k \qquad (46)$$

现在的问题是,若式(46)对任意的 x,y,h,k 成立,这时 $f(x,y)$ 具有何种性质? 下面我们以定理的形式给出结论.

定理 7 设二元函数 $f(x,y)$ 在凸区域 $D \subset \mathbf{R}^2$ 上有 3 阶连续偏导数,若对 D 内任意的两点 (x,y) 和 $(x+h,y+k)$ $((h,k) \neq (0,0))$ 式(46)成立,则 $f(x,y)$ 在 D 上为二元二次多项式,即

$$f(x,y) = a_{11}x^2 + 2a_{12}xy + a_{22}y^2 + b_1 x + b_2 y + c \qquad (47)$$

证 式(46)两边对 h 求导数

$$f_x(x+h,y+k) = f_x\left(x+\frac{h}{2}, y+\frac{k}{2}\right) + \frac{1}{2}f_{xx}\left(x+\frac{h}{2}, y+\frac{k}{2}\right)h + $$
$$\frac{1}{2}f_{xy}\left(x+\frac{h}{2}, y+\frac{k}{2}\right)k \qquad (48)$$

式(48)两边分别对 x,h 求导数

$$f_{xx}(x+h,y+k) = f_{xx}\left(x+\frac{h}{2}, y+\frac{k}{2}\right) + \frac{1}{2}f_{xxx}\left(x+\frac{h}{2}, y+\frac{k}{2}\right)h + $$
$$\frac{1}{2}f_{xxy}\left(x+\frac{h}{2}, y+\frac{k}{2}\right)k \qquad (49)$$

$$f_{xx}(x+h,y+k) = f_{xx}\left(x+\frac{h}{2}, y+\frac{k}{2}\right) + \frac{1}{4}f_{xxx}\left(x+\frac{h}{2}, y+\frac{k}{2}\right)h + $$
$$\frac{1}{4}f_{xxy}\left(x+\frac{h}{2}, y+\frac{k}{2}\right)k \qquad (50)$$

由式(49),(50)得

$$f_{xxx}\left(x+\frac{h}{2}, y+\frac{k}{2}\right)h + f_{xxy}\left(x+\frac{h}{2}, y+\frac{k}{2}\right)k = 0 \qquad (51)$$

式(48)两边分别对 y,k 求导数

$$f_{xy}(x+h,y+k) = f_{xy}\left(x+\frac{h}{2}, y+\frac{k}{2}\right) + \frac{1}{2}f_{xxy}\left(x+\frac{h}{2}, y+\frac{k}{2}\right)h + $$
$$\frac{1}{2}f_{xyy}\left(x+\frac{h}{2}, y+\frac{k}{2}\right)k \qquad (52)$$

$$f_{xy}(x+h,y+k) = f_{xy}\left(x+\frac{h}{2}, y+\frac{k}{2}\right) + \frac{1}{4}f_{xxy}\left(x+\frac{h}{2}, y+\frac{k}{2}\right)h + $$

$$\frac{1}{4}f_{xyy}\left(x+\frac{h}{2},y+\frac{k}{2}\right)k \tag{53}$$

由式(52),(53)得

$$f_{xxy}\left(x+\frac{h}{2},y+\frac{k}{2}\right)h+f_{xyy}\left(x+\frac{h}{2},y+\frac{k}{2}\right)k=0 \tag{54}$$

式(46)两边对 x 求 2 阶导数

$$f_x(x+h,y+k)=f_x(x,y)+f_{xx}\left(x+\frac{h}{2},y+\frac{k}{2}\right)h+$$

$$f_{xy}\left(x+\frac{h}{2},y+\frac{k}{2}\right)k \tag{55}$$

$$f_{xx}(x+h,y+k)=f_{xx}(x,y)+f_{xxx}\left(x+\frac{h}{2},y+\frac{k}{2}\right)h+$$

$$f_{xxy}\left(x+\frac{h}{2},y+\frac{k}{2}\right)k \tag{56}$$

利用式(51),故

$$f_{xx}(x+h,y+k)=f_{xx}(x,y) \tag{57}$$

由 x,y,h,k 的任意性,所以 $f_{xx}(x,y)$ 为常数,即

$$f_{xx}(x,y)\equiv C_1 \quad (C_1 \text{ 为常数}) \tag{58}$$

同理可证

$$f_{yy}(x,y)\equiv C_2 \quad (C_2 \text{ 为常数}) \tag{59}$$

式(55)两边对 y 求导数

$$f_{xy}(x+h,y+k)=f_{xy}(x,y)+f_{xxy}\left(x+\frac{h}{2},y+\frac{k}{2}\right)h+$$

$$f_{xyy}\left(x+\frac{h}{2},y+\frac{k}{2}\right)k$$

利用式(54),所以

$$f_{xy}(x+h,y+k)=f_{xy}(x,y)$$

由 x,y,h,k 的任意性知

$$f_{xy}(x,y)\equiv C_3 \quad (C_3 \text{ 为常数}) \tag{60}$$

由式(58),(59),(60)知有实数 $a_{11},a_{12},a_{22},b_1,b_2,c$,使

$$f(x,y)=a_{11}x^2+2a_{12}xy+a_{22}y^2+b_1x+b_2y+c$$

五、微分中值问题的不等式

现行微积分教材中的微分中值定理一般是以等式的形式出现的,在这里我们

将以不等式的形式表述函数的"中间值".

命题1 设不恒为常数的函数 $f(x)$ 在闭区间 $[a,b]$ 上连续,在开区间 (a,b) 内可导,且 $f(a)=f(b)$,则在 (a,b) 内存在互异的两点 ξ_1,ξ_2,使得 $f'(\xi_1)>0$,$f'(\xi_2)<0$.

证 由于 $f(x)$ 不恒为常数,所以至少存在一点 $c\in(a,b)$,使得 $f(c)\neq f(a)$. 不妨设 $f(c)>f(a)=f(b)$.

因为 $f(x)$ 在 $[a,c]$ 上和 $[c,b]$ 上满足 Lagrange 定理的条件,故由 Lagrange 中值定理,至少存在一点 $\xi_1\in(a,c)\subset(a,b)$,使

$$f'(\xi_1)=\frac{1}{c-a}[f(c)-f(a)]>0$$

同时至少存在一点 $\xi_2\in(c,b)\subset(a,b)$,使

$$f'(\xi_2)=\frac{1}{c-b}[f(c)-f(b)]<0$$

显然 $\xi_1\neq\xi_2$.

命题2 设函数 $f(x)$ 在闭区间 $[a,b]$ 上连续,在开区间 (a,b) 内可导,又 $f(x)$ 不是线性函数,则在 (a,b) 内存在互异的两点 ξ_1,ξ_2,使得

$$f'(\xi_1)>\frac{f(b)-f(a)}{b-a}>f'(\xi_2) \tag{61}$$

或在 (a,b) 内至少存在一点 ξ,使得

$$|f'(\xi)|>\left|\frac{f(b)-f(a)}{b-a}\right| \tag{62}$$

证 令 $F(x)=f(x)-\dfrac{f(b)-f(a)}{b-a}(x-a)$,则有 $F(a)=F(b)=f(a)$.

因为 $f(x)$ 不是线性函数,故 $F(x)$ 在 $[a,b]$ 上不恒为常数,所以由命题1可知,在 (a,b) 内存在互异的两点 ξ_1,ξ_2,使得

$$F'(\xi_1)>0>F'(\xi_2)$$

或者

$$f'(\xi_1)>\frac{f(b)-f(a)}{b-a}>f'(\xi_2)$$

若 $\dfrac{f(b)-f(a)}{b-a}\geq 0$,取 $\xi=\xi_1$;若 $\dfrac{f(b)-f(a)}{b-a}<0$,取 $\xi=\xi_2$,从而在 (a,b) 内至少存在一点 ξ,使得

$$|f'(\xi)|>\left|\frac{f(b)-f(a)}{b-a}\right|$$

注　命题 2 中的条件"$f(x)$ 不是线性函数"可减弱为"$f(x)$ 不恒为线性函数".

命题 3　设函数 $f(x),g(x)$ 在闭区间 $[a,b]$ 上连续,在开区间 (a,b) 内可导且 $g'(x)\neq 0$,又 $f(x)-\dfrac{f(b)-f(a)}{g(b)-g(a)}g(x)$ 不恒为常数,则在 (a,b) 内存在互异的两点 ξ_1,ξ_2,使得

$$\frac{f'(\xi_1)}{g'(\xi_1)}>\frac{f(b)-f(a)}{g(b)-g(a)}>\frac{f'(\xi_2)}{g'(\xi_2)} \tag{63}$$

证　由于在 (a,b) 内 $g'(x)\neq 0$,不妨设 $g'(x)>0$.

令 $G(x)=f(x)-\dfrac{f(b)-f(a)}{g(b)-g(a)}g(x)$,则由题设知 $G(x)$ 不恒为常数,且容易验证 $G(a)=G(b)$,故由命题 1 知,在 (a,b) 内存在互异的两点 ξ_1,ξ_2,使得

$$G'(\xi_1)>0>G'(\xi_2)$$

利用 $g'(x)>0$,即可得到式(63).

当 $g'(x)<0$ 时,只需互换 ξ_1,ξ_2 即可.

命题 4　设 $n\geqslant 0$ 为整数,函数 $f(x),g(x)$ 在闭区间 $[a,b]$ 上有 n 阶连续导数,在开区间 (a,b) 内有 $n+1$ 阶导数且 $g^{(n+1)}(x)\neq 0$,又在 $[a,b]$ 上

$$f(x)-(T_n,af)(x)-\frac{f(b)-(T_n,af)(b)}{g(b)-(T_n,ag)(b)}[g(x)-(T_n,ag)(x)]$$

不恒为 n 次多项式,则在 (a,b) 内存在互异的两点 ξ_1,ξ_2,使得

$$\frac{f^{(n+1)}(\xi_1)}{g^{(n+1)}(\xi_1)}>\frac{f(b)-(T_n,af)(b)}{g(b)-(T_n,af)(b)}>\frac{f^{(n+1)}(\xi_2)}{g^{(n+1)}(\xi_2)} \tag{64}$$

其中记号 $(T_n,af)(x)$ 表示的意义同本节定理 1.

证　由 $g^{(n+1)}(x)\neq 0\,(a<x<b)$,不妨设 $g^{(n+1)}(x)>0$. 令

$$\Phi(x)=f(x)-(T_n,af)(x)-\frac{f(b)-(T_n,af)(b)}{g(b)-(T_n,ag)(b)}[g(x)-(T_n,ag)(x)]$$

则由题设知 $\Phi^{(n)}(x)$ 不恒为常数. 由定理 1 的证明知

$$\Phi(b)=\Phi(a)=\Phi'(a)=\cdots=\Phi^{(n)}(a)=0$$

反复运用 Rolle 定理知,存在 $\xi_0\in(a,b)$,使得 $\Phi^{(n)}(\xi_0)=0=\Phi^{(n)}(a)$. 对 $\Phi^{(n)}(x)$ 运用命题 1,在 (a,b) 内存在互异的两点 ξ_1,ξ_2,使得

$$\Phi^{(n+1)}(\xi_1)>0>\Phi^{(n+1)}(\xi_2)$$

利用 $g^{(n+1)}(x)>0$,即可得到式(64).

当 $g^{(n+1)}(x)<0$ 时,只需互换 ξ_1,ξ_2 即可.

特别在命题 4 中取 $g(x)=x^{n+1}$,则 $g^{(n+1)}(x)=(n+1)!>0$,则由式(64)知,

在 (a,b) 内存在互异的两点 ξ_1,ξ_2,使得

$$f^{(n+1)}(\xi_1) > \frac{(n+1)!}{(b-a)^{n+1}}\left[f(b) - \sum_{k=0}^{n}\frac{f^{(k)}(a)}{k!}(b-a)^k\right] > f^{(n+1)}(\xi_2) \quad (65)$$

命题 5　设函数 $f(x)$ 在闭区间 $[a,b]$ 上有连续的一阶导数,在开区间 (a,b) 内二阶可导且 $f(x)$ 不是线性函数,又若 $f(a)=f(c)=f(b)$,其中 $c\in(a,b)$,则在 (a,b) 内存在互异的两点 ξ_1,ξ_2,使得

$$f''(\xi_1) > 0 > f''(\xi_2) \quad (66)$$

证　在区间 $[a,c]$ 和 $[c,b]$ 上对 $f(x)$ 分别运用 Rolle 定理可知,存在 $\eta_1\in(a,c),\eta_2\in(c,b)$,使得

$$f'(\eta_1) = f'(\eta_2) = 0$$

由于 $f(x)$ 不是线性函数,故 $f'(x)$ 不是常数函数,对 $f'(x)$ 运用命题 1. 故在 $(\eta_1,\eta_2)\subset(a,b)$ 内存在互异的 ξ_1,ξ_2,使得 $f''(\xi_1) > 0 > f''(\xi_2)$.

若将命题 1 运用到两个函数之差,易得如下的:

命题 6　设函数 $f(x),g(x)$ 在闭区间 $[a,b]$ 上连续,在开区间 (a,b) 内可导,又 $f(x)-g(x)$ 不恒为常数,且 $f(a)=g(a),f(b)=g(b)$,则在 (a,b) 内存在互异的两点 ξ_1,ξ_2,使得

$$f'(\xi_1) > g'(\xi_1), \quad f'(\xi_2) < g'(\xi_2)$$

第5章　几个初等函数的不等式

前苏联 1976 年大学生数学竞赛有这样一道试题：

证明：对一切 $x \in \left(0, \dfrac{\pi}{2}\right]$，成立不等式

$$\frac{1}{\sin^2 x} \leqslant \frac{1}{x^2} + 1 - \frac{4}{\pi^2} \tag{1}$$

本试题也曾作为第十八届北京市大学生数学竞赛（2007 年）试题.

匡继昌所著《常用不等式》（第四版，山东科学技术出版社，2010）一书收录了不等式（1），另外还介绍了一个类似不等式（可见：Journal of Approximation Theory，1988，53（2）：145-154）：

设 $0 < |x| \leqslant \dfrac{\pi}{2}$，则有

$$\left| \frac{1}{\sin x} - \frac{1}{x} \right| \leqslant 1 - \frac{2}{\pi} \tag{2}$$

不等式（1），（2）启发我们提出如下问题：若将不等式（1），（2）中的 $\sin x$ 换成函数 $\tan x$，$\arctan x$，$\arcsin x$，$\ln(1+x)$，$\mathrm{e}^x - 1$，$\mathrm{sh}\ x$［即 $\dfrac{1}{2}(\mathrm{e}^x - \mathrm{e}^{-x})$］，$\mathrm{arcsh}\ x$［即 $\ln(x + \sqrt{1 + x^2})$］，$\mathrm{th}\ x$（即 $\dfrac{\mathrm{e}^x - \mathrm{e}^{-x}}{\mathrm{e}^x + \mathrm{e}^{-x}}$），$\mathrm{arcth}\ x$（即 $\dfrac{1}{2}\ln\dfrac{1+x}{1-x}$）（因为它们均为当 $x \to 0$ 时的等价无穷小），是否有类似的不等式成立？下面我们以命题的形式给出相应结论.

命题 1　设 $0 < x < \dfrac{\pi}{2}$，则有

$$\frac{4}{\pi^2} < \frac{1}{x^2} - \frac{1}{\tan^2 x} < \frac{2}{3} \tag{3}$$

设 $0 < |x| < \dfrac{\pi}{2}$，则有

$$\left| \frac{1}{x} - \frac{1}{\tan x} \right| < \frac{2}{\pi} \tag{4}$$

证　首先证明，当 $0 < x < \dfrac{\pi}{2}$ 时，有

$$\left(\frac{\sin x}{x}\right)^3 > \cos x \qquad (5)$$

令 $f(x) = \dfrac{\sin x}{\sqrt[3]{\cos x}} - x \left(0 < x < \dfrac{\pi}{2}\right)$，则

$$f'(x) = \frac{\cos^{4/3}x + \dfrac{1}{3}\cos^{-2/3}x\sin^2 x}{\cos^{2/3}x} - 1$$

$$= \frac{2}{3}\cos^{2/3}x + \frac{1}{3}\cos^{-4/3}x - 1$$

但由算术 - 几何平均不等式知

$$\frac{2}{3}\cos^{2/3}x + \frac{1}{3}\cos^{-4/3}x = \frac{1}{3}\left(\cos^{2/3}x + \cos^{2/3}x + \cos^{-4/3}x\right)$$

$$> \sqrt[3]{\cos^{2/3}x \cdot \cos^{2/3}x \cdot \cos^{-4/3}x} = 1$$

所以当 $0 < x < \dfrac{\pi}{2}$ 时，$f'(x) > 0$，从而 $f(x)$ 单调递增. 又 $f(0) = 0$，因此 $f(x) > 0$. 由此知不等式(5)成立.

注 不等式(5)为前苏联大学生数学竞赛题(1977 年).

令 $g(x) = \dfrac{1}{x^2} - \dfrac{1}{\tan^2 x}\left(0 < x < \dfrac{\pi}{2}\right)$，则

$$g(x) = \frac{1}{x^2} - \frac{\cos^2 x}{\sin^2 x}$$

$$g'(x) = -\frac{2}{x^3} + \frac{2\cos x}{\sin^3 x} = \frac{2\left(x^3\cos x - \sin^3 x\right)}{x^3\sin^3 x}$$

由不等式(5)知，当 $0 < x < \dfrac{\pi}{2}$ 时，$g'(x) < 0$，从而 $g(x)$ 单调递减，由于 $\lim\limits_{x \to \frac{\pi}{2}-0} g(x) = \dfrac{4}{\pi^2}$，又

$$\lim_{x \to 0^+} g(x) = \lim_{x \to 0^+}\left(\frac{1}{x^2} - \frac{1}{\tan^2 x}\right) = \lim_{x \to 0^+}\left(\frac{\tan x + x}{x} \cdot \frac{\tan x - x}{x\tan^2 x}\right)$$

$$= 2\lim_{x \to 0^+}\frac{\tan x - x}{x^3} = \frac{2}{3}$$

所以

$$\frac{4}{\pi^2} < \frac{1}{x^2} - \frac{1}{\tan^2 x} < \frac{2}{3} \quad \left(0 < x < \frac{\pi}{2}\right)$$

即式(3)成立.

再令 $h(x) = \dfrac{1}{x} - \dfrac{1}{\tan x}\left(0 < x < \dfrac{\pi}{2}\right)$，则

$$h'(x) = -\dfrac{1}{x^2} + \dfrac{1}{\sin^2 x}$$

由于当 $0 < x < \dfrac{\pi}{2}$ 时，$\sin x < x$，所以当 $0 < x < \dfrac{\pi}{2}$ 时，$h'(x) > 0$，从而 $h(x)$ 单调递增.

由于 $\lim\limits_{x \to \frac{\pi}{2} - 0} h(x) = \dfrac{2}{\pi}$，所以

$$\dfrac{1}{x} - \dfrac{1}{\tan x} < \dfrac{2}{\pi} \quad \left(0 < x < \dfrac{\pi}{2}\right)$$

由此可知，当 $0 < |x| < \dfrac{\pi}{2}$ 时

$$\left| \dfrac{1}{x} - \dfrac{1}{\tan x} \right| < \dfrac{2}{\pi}$$

即式(4)成立.

命题 2　设 $x > 0$，则有

$$\dfrac{4}{\pi^2} < \dfrac{1}{(\arctan x)^2} - \dfrac{1}{x^2} < \dfrac{2}{3} \tag{6}$$

设 $x \neq 0$，则有

$$\left| \dfrac{1}{\arctan x} - \dfrac{1}{x} \right| < \dfrac{\pi}{2} \tag{7}$$

证　首先证明，当 $x > 0$ 时，有

$$\dfrac{x}{\sqrt{1 + x^2}} < \arctan x < \dfrac{x}{\sqrt[3]{1 + x^2}} \tag{8}$$

令 $f(x) = \arctan x - \dfrac{x}{\sqrt{1 + x^2}}(x > 0)$，因为

$$f'(x) = \dfrac{1}{1 + x^2} - \dfrac{1}{(1 + x^2)^{3/2}} > 0$$

所以 $f(x)$ 当 $x > 0$ 时单调递增，又 $f(0) = 0$，故 $f(x) > 0$，即有

$$\arctan x > \dfrac{x}{\sqrt{1 + x^2}}$$

再令 $g(x) = \dfrac{x}{\sqrt[3]{1 + x^2}} - \arctan x(x > 0)$，因为

$$g'(x) = \frac{1 + \frac{1}{3}x^2}{(1 + x^2)^{4/3}} - \frac{1}{1 + x^2} = \frac{1 + \frac{1}{3}x^2 - (1 + x^2)^{1/3}}{(1 + x^2)^{4/3}} > 0$$

所以 $g(x)$ 当 $x > 0$ 时单调递增,又 $g(0) = 0$,故 $g(x) > 0$,即有

$$\frac{x}{\sqrt[3]{1 + x^2}} > \arctan x$$

因此不等式(8)成立.

令 $h(x) = \frac{1}{(\arctan x)^2} - \frac{1}{x^2}(x > 0)$,则

$$h'(x) = \frac{-2}{(1 + x^2)(\arctan x)^3} + \frac{2}{x^3} = \frac{2[(1 + x^2)(\arctan x)^3 - x^3]}{x^3(1 + x^2)(\arctan x)^3}$$

由不等式(8)知,当 $x > 0$ 时,$h'(x) < 0$,从而当 $x > 0$ 时,$h(x)$ 单调递减. 由于 $\lim\limits_{x \to +\infty} h(x) = \frac{4}{\pi^3}$,又

$$\lim\limits_{x \to 0^+} h(x) = \lim\limits_{x \to 0^+} \frac{x^2 - (\arctan x)^2}{x^2(\arctan x)^2} = \lim\limits_{x \to 0^+}\left[\frac{x + \arctan x}{x} \cdot \frac{x - \arctan x}{x(\arctan x)^2}\right]$$

$$= 2\lim\limits_{x \to 0^+} \frac{x - \arctan x}{x^3} = \frac{2}{3}$$

所以

$$\frac{4}{\pi^2} < \frac{1}{(\arctan x)^2} - \frac{1}{x^2} < \frac{2}{3} \quad (x > 0)$$

即式(6)成立.

再令 $l(x) = \frac{1}{\arctan x} - \frac{1}{x}(x > 0)$,则

$$l'(x) = \frac{-1}{(1 + x^2)(\arctan x)^2} + \frac{1}{x^2} = \frac{(1 + x^2)(\arctan x)^2 - x^2}{x^2(1 + x^2)(\arctan x)^2}$$

再由不等式(8)知,当 $x > 0$ 时,$l'(x) > 0$,从而当 $x > 0$ 时,$l(x)$ 单调递增. 由于 $\lim\limits_{x \to +\infty} l(x) = \frac{2}{\pi}$,所以

$$\frac{1}{\arctan x} - \frac{1}{x} < \frac{\pi}{2} \quad (x > 0)$$

由此知,当 $x \neq 0$ 时

$$\left| \frac{1}{\arctan x} - \frac{1}{x} \right| < \frac{\pi}{2}$$

即式(7)成立.

命题3　设 $0 < x \leqslant 1$，则有

$$1 - \frac{4}{\pi^2} \leqslant \frac{1}{x^2} - \frac{1}{(\arcsin x)^2} < \frac{1}{3} \tag{9}$$

设 $0 < |x| \leqslant 1$，则有

$$\left| \frac{1}{x} - \frac{1}{\arcsin x} \right| \leqslant 1 - \frac{2}{\pi} \tag{10}$$

证　首先证明，当 $0 < x < 1$ 时，有

$$\arcsin x < \frac{x}{\sqrt[6]{1 - x^2}} \tag{11}$$

令 $f(x) = \dfrac{x}{\sqrt[6]{1 - x^2}} - \arcsin x \, (0 < x < 1)$，因为

$$f'(x) = \frac{1 - \dfrac{2}{3}x^2}{(1 - x^2)^{7/6}} - \frac{1}{(1 - x^2)^{1/2}} = \frac{1 - \dfrac{2}{3}x^2 - (1 - x^2)^{2/3}}{(1 - x^2)^{7/6}}.$$

又易知，当 $0 < x < 1$ 时，$1 - \dfrac{2}{3}x^2 > (1 - x^2)^{2/3}$，$f'(x) > 0$，所以 $f(x)$ 当 $0 < x < 1$ 时单调递增，又 $f(0) = 0$，故 $f(x) > 0$，从而不等式(11)成立.

令 $g(x) = \dfrac{1}{x^2} - \dfrac{1}{(\arcsin x)^2} \, (0 < x \leqslant 1)$，则

$$g'(x) = -\frac{2}{x^3} + \frac{2}{\sqrt{1 - x^2}(\arcsin x)^3} = \frac{2\left[\sqrt{1 - x^2}(\arcsin x)^3 - x^3 \right]}{x^3 \sqrt{1 - x^2}(\arcsin x)^3}$$

由已证的不等式(11)知，当 $0 < x < 1$ 时，$g'(x) < 0$，从而当 $0 < x < 1$ 时，$g(x)$ 单调递减. 由于

$$\lim_{x \to 1 - 0} g(x) = 1 - \frac{4}{\pi^2}$$

$$\lim_{x \to 0^+} g(x) = \lim_{x \to 0^+} \left[\frac{1}{x^2} - \frac{1}{(\arcsin x)^2} \right]$$

$$= \lim_{x \to 0^+} \left[\frac{\arcsin x + x}{x} \cdot \frac{\arcsin x - x}{x(\arcsin x)^2} \right]$$

$$= 2 \lim_{x \to 0^+} \frac{\arcsin x - x}{x^3} = \frac{1}{3}$$

所以

$$1 - \frac{4}{\pi^2} \leqslant \frac{1}{x^2} - \frac{1}{(\arcsin x)^2} < \frac{2}{3} \quad (0 < x \leqslant 1)$$

即式(9)成立.

再令 $h(x) = \dfrac{1}{x} - \dfrac{1}{\arcsin x}(0 < x \leq 1)$,则

$$h'(x) = -\frac{1}{x^2} + \frac{1}{\sqrt{1-x^2}\,(\arcsin x)^2} = \frac{x^2 - \sqrt{1-x^2}\,(\arcsin x)^2}{x^2\sqrt{1-x^2}\,(\arcsin x)^2}$$

由不等式(11)及 $\dfrac{x}{\sqrt[6]{1-x^2}} < \dfrac{x}{\sqrt[4]{1-x^2}}$ 知 $\arcsin x < \dfrac{4}{\sqrt[4]{1-x^2}}$,所以当 $0 < x < 1$ 时,

$h'(x) > 0$,从而当 $0 < x < 1$ 时,$h(x)$ 单调递增. 由于 $\lim\limits_{x \to 1-0} h(x) = 1 - \dfrac{2}{\pi}$,所以

$$\frac{1}{x} - \frac{1}{\arcsin x} \leq 1 - \frac{2}{\pi} \quad (0 < x \leq 1)$$

从而当 $0 < |x| \leq 1$ 时

$$\left| \frac{1}{x} - \frac{1}{\arcsin x} \right| \leq 1 - \frac{2}{\pi}$$

即式(10)成立.

命题4 设 $0 < x \leq 1$,则有

$$\frac{1}{\ln^2(1+x)} - \frac{1}{x^2} \geq \frac{1}{\ln^2 2} - 1 \tag{12}$$

$$\frac{1}{\ln 2} - 1 \leq \frac{1}{\ln(1+x)} - \frac{1}{x} < \frac{1}{2} \tag{13}$$

证 首先证明,当 $x > 0$ 时,有

$$\ln(1+x) < \frac{x}{\sqrt{1+x}} \tag{14}$$

令 $f(x) = \dfrac{x}{\sqrt{1+x}} - \ln(1+x)(x > 0)$,则

$$f'(x) = \frac{\sqrt{1+x} - \dfrac{x}{2\sqrt{1+x}}}{1+x} - \frac{1}{1+x} = \frac{x + 2 - 2\sqrt{1+x}}{(1+x)^{3/2}} > 0$$

故 $f(x)$ 单调递增,又 $f(0) = 0$,所以当 $x > 0$ 时,$f(x) > 0$,从而不等式(14)成立.

令 $g(x) = \dfrac{1}{\ln^2(1+x)} - \dfrac{1}{x^2}(0 < x \leq 1)$,则

$$g'(x) = \frac{-2}{(1+x)\ln^3(1+x)} + \frac{2}{x^3} = \frac{2[(1+x)\ln^3(1+x) - x^3]}{x^3(1+x)\ln^3(1+x)}$$

由不等式(14)知,当 $x > 0$ 时,$\ln(1+x) < \dfrac{x}{\sqrt{1+x}} < \dfrac{x}{\sqrt[3]{1+x}}$,故当 $0 < x < 1$ 时,

$g'(x)<0$,从而当 $0<x<1$ 时,$g(x)$ 单调递减. 由于 $\lim\limits_{x\to1-0}g(x)=\dfrac{1}{\ln^2 2}-1$,所以

$$\frac{1}{\ln^2(1+x)}-\frac{1}{x^2}\geqslant\frac{1}{\ln^2 2}-1 \quad (0<x\leqslant1)$$

即式(12)成立.

再令 $h(x)=\dfrac{1}{\ln(1+x)}-\dfrac{1}{x}(0<x\leqslant1)$,则

$$h'(x)=-\frac{1}{(1+x)\ln^2(1+x)}+\frac{1}{x^2}=\frac{(1+x)\ln^2(1+x)-x^2}{x^2(1+x)\ln^2(1+x)}$$

由不等式(14)知,当 $0<x\leqslant1$ 时,$h'(x)<0$,从而当 $0<x\leqslant1$ 时,$h(x)$ 单调递减. 由于

$$\lim_{x\to1-0}h(x)=\frac{1}{\ln 2}-1$$

$$\lim_{x\to0^+}h(x)=\lim_{x\to0^+}\frac{x-\ln(1+x)}{x\ln(1+x)}=\lim_{x\to0^+}\frac{x-\left[x-\dfrac{x^2}{2}+o(x^2)\right]}{x^2}=\frac{1}{2}$$

所以

$$\frac{1}{\ln 2}-1\leqslant\frac{1}{\ln(1+x)}-\frac{1}{x}<\frac{1}{2} \quad (0<x\leqslant1)$$

即式(13)成立.

命题5　设 $0<x\leqslant1$,则有

$$\frac{1}{x^2}-\frac{1}{(e^x-1)^2}\geqslant1-\frac{1}{(e-1)^2} \tag{15}$$

设 $x>0$,则有

$$0<\frac{1}{x}-\frac{1}{e^x-1}<\frac{1}{2} \tag{16}$$

证　首先证明,当 $x>0$,$n\geqslant2$ 为自然数时,有

$$(e^x-1)^n>x^n e^x \tag{17}$$

当 $n=2$ 时,式(17)即 $e^{2x}-2e^x+1>x^2 e^x$,或 $e^x-2+e^{-x}>x^2$.

令 $f(x)=e^x-2+e^{-x}-x^2(x>0)$,则

$$f'(x)=e^x-e^{-x}-2x,f''(x)=e^x+e^{-x}-2$$

显然 $e^x+e^{-x}\geqslant2$,故 $f''(x)\geqslant0$,$f'(x)$ 单调递增. 又 $f'(0)=0$,所以 $f'(x)>0$,$f(x)$ 单调递增. 而 $f(0)=0$,所以 $f(x)>0$,即 $n=2$ 时,不等式(17)成立.

设 $n>2$ 时,不等式(17)成立,即

$$(e^x - 1)^n > x^n e^x$$

由于当 $x > 0$ 时, $e^x - 1 > x > 0$, 所以由上式知

$$(e^x - 1)^{n+1} > x^{n+1} e^x$$

即 $n + 1$ 时不等式 (17) 成立. 因此由归纳法原理知不等式 (17) 对任意不小于 2 的自然数均成立.

令 $g(x) = \dfrac{1}{x^2} - \dfrac{1}{(e^x - 1)^2} (0 < x \leqslant 1)$, 则

$$g'(x) = -\frac{2}{x^3} + \frac{2e^x}{(e^x - 1)^3} = \frac{2[x^3 e^x - (e^x - 1)^3]}{x^3 (e^x - 1)^3}$$

由不等式 (17) 知, 当 $0 < x < 1$ 时, $g'(x) < 0$, 从而当 $0 < x < 1$ 时, $g(x)$ 单调递减. 由于 $\lim\limits_{x \to 1-0} g(x) = 1 - \dfrac{1}{(e-1)^2}$, 所以

$$\frac{1}{x^2} - \frac{1}{(e^x - 1)^2} \geqslant 1 - \frac{1}{(e-1)^2} \quad (0 < x \leqslant 1)$$

即式 (15) 成立.

再令 $h(x) = \dfrac{1}{x} - \dfrac{1}{e^x - 1} (x > 0)$, 则

$$h'(x) = -\frac{1}{x^2} + \frac{e^x}{(e^x - 1)^2} = \frac{x^2 e^x - (e^x - 1)^2}{x^2 (e^x - 1)^2}$$

由不等式 (17) 知, 当 $x > 0$ 时, $h'(x) < 0$, 从而当 $x > 0$ 时, $h(x)$ 单调递减. 由于

$$\lim_{x \to 0^+} h(x) = \lim_{x \to 0^+} \frac{e^x - 1 - x}{x(e^x - 1)} = \lim_{x \to 0^+} \frac{\left[1 + x + \dfrac{x^2}{2} + o(x^2)\right]}{x^2} = \frac{1}{2}$$

又当 $x > 0$ 时, $e^x - 1 > x$ 为熟知的不等式, 所以

$$0 < \frac{1}{x} - \frac{1}{e^x - 1} < \frac{1}{2} \quad (x > 0)$$

即式 (16) 成立.

命题 6 设 $x > 0$, 则有

$$0 < \frac{1}{x^2} - \frac{1}{\operatorname{sh}^2 x} < \frac{1}{3} \tag{18}$$

证 令 $f(x) = \dfrac{1}{x^2} - \dfrac{1}{\operatorname{sh}^2 x} (x > 0)$, 则

$$f'(x) = -\frac{2}{x^3} + \frac{2\operatorname{ch} x}{\operatorname{sh}^3 x} = \frac{2(x^3 \operatorname{ch} x - \operatorname{sh}^3 x)}{x^3 \operatorname{sh}^3 x}$$

仿照不等式(5)的证明可知,当 $x \neq 0$ 时

$$\left(\frac{\operatorname{sh} x}{x}\right)^3 > \operatorname{ch} x \tag{19}$$

由不等式(19),当 $x > 0$ 时,$f'(x) < 0$,从而当 $x > 0$ 时,$f(x)$ 单调递减. 由于

$$\lim_{x \to 0^+} f(x) = \lim_{x \to 0^+} \frac{\operatorname{sh}^2 x - x^2}{x^2 \operatorname{sh}^2 x} = \lim_{x \to 0^+} \left(\frac{\operatorname{sh} x + x}{x} \cdot \frac{\operatorname{sh} x - x}{x \operatorname{sh}^2 x}\right)$$

$$= 2 \lim_{x \to 0^+} \frac{\operatorname{sh} x - x}{x \operatorname{sh}^2 x} = 2 \lim_{x \to 0^+} \frac{\left[x + \dfrac{x^3}{3!} + o(x^3)\right] - x}{x^3} = \frac{1}{3}$$

又当 $x > 0$ 时,$\operatorname{sh} x > x$ 为熟知的不等式,所以

$$0 < \frac{1}{x^2} - \frac{1}{\operatorname{sh}^2 x} < \frac{1}{3} \quad (x > 0)$$

即式(18)成立.

命题7 设 $x > 0$,则有

$$0 < \frac{1}{(\operatorname{arcsh} x)^2} - \frac{1}{x^2} < \frac{1}{3} \tag{20}$$

设 $0 < |x| \leqslant 1$,则有

$$\left|\frac{1}{\operatorname{arcsh} x} - \frac{1}{x}\right| \leqslant \frac{1}{\ln(1 + \sqrt{2})} - 1 \tag{21}$$

证 首先证明,当 $x > 0$ 时,有

$$\operatorname{arcsh} x < \frac{x}{\sqrt[6]{1 + x^2}} \tag{22}$$

当 $0 < x < 2$ 时,有

$$\operatorname{arcsh} x > \frac{x}{\sqrt[4]{1 + x^2}} \tag{23}$$

令 $f(x) = \dfrac{x}{\sqrt[6]{1 + x^2}} - \operatorname{arcsh} x \ (x > 0)$,则

$$f'(x) = \frac{1 + \dfrac{2}{3} x^2}{(1 + x^2)^{7/6}} - \frac{1}{(1 + x^2)^{1/2}} = \frac{1 + \dfrac{2}{3} x^2 - (1 + x^2)^{2/3}}{(1 + x^2)^{7/6}}$$

又易知 $(1 + x^2)^{2/3} < 1 + \dfrac{2}{3} x^2$,所以 $f'(x) > 0$,从而 $f(x)$ 单调递增. 又 $f(0) = 0$,所以当 $x > 0$ 时,$f(x) > 0$,即不等式(22)成立.

再令 $g(x) = \operatorname{arcsh} x - \dfrac{x}{\sqrt[4]{1 + x^2}} \ (0 < x < 2)$,则

$$g'(x) = \frac{1}{(1+x^2)^{1/2}} - \frac{1 + \frac{1}{2}x^2}{(1+x^2)^{5/4}} = \frac{(1+x^2)^{3/4} - (1 + \frac{1}{2}x^2)}{(1+x^2)^{5/4}}$$

且当 $0 < x < 2$ 时

$$(1+x^2)^3 - (1+\frac{x^2}{2})^4 = x^2 + \frac{3}{2}x^4 + \frac{1}{2}x^6 - \frac{1}{16}x^8 > 0$$

所以当 $0 < x < 2$ 时，$g'(x) > 0$，从而 $g(x)$ 单调递增. 又 $g(0) = 0$，所以当 $0 < x < 2$ 时，$g(x) > 0$，即不等式 (23) 成立.

令 $h(x) = \frac{1}{(\text{arcsh } x)^2} - \frac{1}{x^2}$ $(x > 0)$，则

$$h'(x) = \frac{-2}{\sqrt{1+x^2}(\text{arcsh } x)^3} + \frac{2}{x^3} = \frac{2[\sqrt{1+x^2}(\text{arcsh } x)^3 - x^3]}{x^3\sqrt{1+x^2}(\text{arcsh } x)^3}$$

由不等式 (22) 知，当 $x > 0$ 时，$h'(x) < 0$，从而当 $x > 0$ 时，$h(x)$ 单调递减，由于

$$\lim_{x \to 0^+} h(x) = \lim_{x \to 0^+} \frac{x^2 - (\text{arcsh } x)^2}{x^2(\text{arcsh } x)^2} = \lim_{x \to 0^+} \left[\frac{x + \text{arcsh } x}{x} \cdot \frac{x - \text{arcsh } x}{x(\text{arcsh } x)^2} \right]$$

$$= 2 \lim_{x \to 0^+} \frac{x - \text{arcsh } x}{x(\text{arcsh } x)^2} = 2 \lim_{x \to 0^+} \frac{x - \left[x - \frac{1}{6}x^3 + o(x^3) \right]}{x^3} = \frac{1}{3}$$

又当 $x > 0$ 时，易知 $\text{arcsh } x < x$，所以

$$0 < \frac{1}{(\text{arcsh } x)^2} - \frac{1}{x^2} < \frac{1}{3} \quad (x > 0)$$

即式 (20) 成立.

再令 $l(x) = \frac{1}{\text{arcsh } x} - \frac{1}{x}$ $(0 < x \le 1)$，则

$$l'(x) = \frac{1}{\sqrt{1+x^2}(\text{arcsh } x)^2} + \frac{1}{x^2} = \frac{\sqrt{1+x^2}(\text{arcsh } x)^2 - x^2}{x^2\sqrt{1+x^2}(\text{arcsh } x)^2}$$

由不等式 (23) 知，当 $0 < x \le 1$ 时，$l'(x) > 0$，从而当 $0 < x \le 1$ 时，$l(x)$ 单调递增. 由于

$$\lim_{x \to 1-0} l(x) = \frac{1}{\ln(1+\sqrt{2})} - 1$$

所以当 $0 < x \le 1$ 时

$$\frac{1}{\text{arcsh } x} - \frac{1}{x} \le \frac{1}{\ln(1+\sqrt{2})} - 1$$

从而当 $0 < |x| \le 1$ 时

$$\left| \frac{1}{\operatorname{arcsh} x} - \frac{1}{x} \right| \leqslant \frac{1}{\ln(1 + \sqrt{2})} - 1$$

命题8　设 $0 < x \leqslant 1$，则有

$$\frac{2}{3} < \frac{1}{\operatorname{th}^2 x} - \frac{1}{x^2} \leqslant \frac{4\mathrm{e}^2}{(\mathrm{e}^2 - 1)^2} \tag{24}$$

设 $0 < |x| \leqslant 1$，则有

$$\left| \frac{1}{\operatorname{th} x} - \frac{1}{x} \right| \leqslant \frac{2}{\mathrm{e}^2 - 1} \tag{25}$$

证　令 $f(x) = \dfrac{1}{\operatorname{th}^2 x} - \dfrac{1}{x^2}\,(0 < x \leqslant 1)$，则

$$f'(x) = \frac{-2\operatorname{ch} x}{\operatorname{sh}^3 x} + \frac{2}{x^3} = \frac{2(\operatorname{sh}^3 x - x^3 \operatorname{ch} x)}{x^3 \operatorname{sh}^3 x}$$

由不等式(19)知，当 $0 < x \leqslant 1$ 时，$f'(x) > 0$，从而当 $0 < x \leqslant 1$ 时，$f(x)$ 单调递增. 由于

$$\lim_{x \to 1 - 0} f(x) = \left(\frac{\mathrm{e}^2 + 1}{\mathrm{e}^2 - 1} \right)^2 - 1 = \frac{4\mathrm{e}^2}{(\mathrm{e}^2 - 1)^2}$$

$$\lim_{x \to 0^+} f(x) = \lim_{x \to 0^+} \left(\frac{x + \operatorname{th} x}{x} \cdot \frac{x - \operatorname{th} x}{x \operatorname{th}^2 x} \right) = 2 \lim_{x \to 0^+} \frac{x - \operatorname{th} x}{x + \operatorname{th} x} = 2 \lim_{x \to 0^+} \frac{x - \operatorname{th} x}{x^3}$$

利用 L'Hospital 法则知

$$\lim_{x \to 0^+} \frac{x - \operatorname{th} x}{x^3} = \lim_{x \to 0^+} \frac{1 - \dfrac{1}{\operatorname{ch}^2 x}}{3x^2} = \frac{1}{3} \lim_{x \to 0^+} \frac{\operatorname{sh}^2 x}{x^2} = \frac{1}{3}$$

故 $\lim\limits_{x \to 0^+} f(x) = \dfrac{2}{3}$，所以

$$\frac{2}{3} < \frac{1}{\operatorname{th}^2 x} - \frac{1}{x^2} \leqslant \frac{4\mathrm{e}^2}{(\mathrm{e}^2 - 1)^2} \quad (0 < x \leqslant 1)$$

即式(24)成立.

再令 $g(x) = \dfrac{1}{\operatorname{th} x} - \dfrac{1}{x}\,(0 < x \leqslant 1)$，则

$$g'(x) = -\frac{1}{\operatorname{sh}^2 x} + \frac{1}{x^2} = \frac{\operatorname{sh}^2 x - x^2}{x^2 \operatorname{sh}^2 x}$$

由于 $x > 0$ 时，$\operatorname{sh} x > x$ 为熟知的不等式，故当 $0 < x \leqslant 1$ 时，$g(x)$ 单调递增. 由于

$$\lim_{x \to 1 - 0} g(x) = \frac{\mathrm{e}^2 + 1}{\mathrm{e}^2 - 1} - 1 = \frac{2}{\mathrm{e}^2 - 1}$$

所以当 $0 < x \leqslant 1$ 时

$$\frac{1}{\operatorname{th} x} - \frac{1}{x} \leqslant \frac{2}{e^2 - 1}$$

从而当 $0 < |x| \leqslant 1$ 时

$$\left| \frac{1}{\operatorname{th} x} - \frac{1}{x} \right| \leqslant \frac{2}{e^2 - 1}$$

即式(25)成立.

命题9 设 $0 < x < 1$，则有

$$\frac{1}{x^2} - \frac{1}{(\operatorname{arcth} x)^2} > \frac{2}{3} \tag{26}$$

证 首先证明，当 $0 < x < 1$ 时，有

$$\operatorname{arcth} x < \frac{x}{\sqrt[3]{1 - x^2}} \tag{27}$$

令 $f(x) = \dfrac{x}{\sqrt[3]{1 - x^2}} - \operatorname{arcth} x \, (0 < x < 1)$，因为

$$f'(x) = \frac{1 - \dfrac{1}{3}x^2}{(1 - x^2)^{4/3}} - \frac{1}{1 - x^2} = \frac{1 - \dfrac{1}{3}x^2 - (1 - x^2)^{1/3}}{(1 - x^2)^{4/3}} > 0$$

所以 $f(x)$ 单调递增. 又 $f(0) = 0$，因此当 $0 < x < 1$ 时，$f(x) > 0$，即不等式(27)成立.

再令 $g(x) = \dfrac{1}{x^2} - \dfrac{1}{(\operatorname{arcth} x)^2} \, (0 < x < 1)$，则

$$g'(x) = -\frac{2}{x^3} + \frac{2}{(1 - x^2)(\operatorname{arcth} x)^3} = \frac{2[x^3 - (1 - x^2)(\operatorname{arcth} x)^3]}{x^3(1 - x^2)(\operatorname{arcth} x)^3}$$

由不等式(27)知，当 $0 < x < 1$ 时，$g'(x) > 0$，从而当 $0 < x < 1$ 时，$g(x)$ 单调递增. 由于

$$\lim_{x \to 0^+} g(x) = \lim_{x \to 0^+} \left[\frac{\operatorname{arcth} x + x}{x} \cdot \frac{\operatorname{arcth} x - x}{x(\operatorname{arcth} x)^2} \right] = 2 \lim_{x \to 0^+} \frac{\operatorname{arcth} x - x}{x(\operatorname{arcth} x)^2}$$

又当 $x \to 0^+$ 时，有

$$\operatorname{arcth} x = \frac{1}{2}\ln \frac{1 + x}{1 - x} = \frac{1}{2}[\ln(1 + x) - \ln(1 - x)]$$

$$= \frac{1}{2}\left[\left(x - \frac{x^2}{2} + \frac{x^3}{3} + o(x^3) \right) - \left(-x - \frac{x^2}{2} - \frac{x^3}{3} + o(x^3) \right) \right]$$

$$= x + \frac{x^3}{3} + o(x^3)$$

所以 $\lim\limits_{x \to 0^+} g(x) = \dfrac{2}{3}$，从而

$$\frac{1}{x^2} - \frac{1}{(\operatorname{arcth} x)^2} > \frac{2}{3}$$

即式(26)成立.

第6章 关于刘徽不等式与祖冲之不等式

众所周知,刘徽、祖冲之都是中国古代伟大的数学家,他们的突出贡献之一就是圆周率 π 的计算[可参阅:李文林,数学史概论(第二版),高等教育出版社,2002].刘徽计算 π 的近似值的方法是利用割圆术,而祖冲之由于其专著《缀术》的失传,所以关于他计算 π 的方法后人只能给出某种猜测,例如虞言林、虞琪所著的《祖冲之算 π 之谜》(科学出版社,2002)一书中所述的方法就是一种尝试.该书在介绍如何计算 π 的过程中分别给出了刘徽不等式和祖冲之不等式,这里的祖冲之不等式未必是祖冲之本人证得的,之所以这样命名完全是出自对这位古代数学家的尊敬.刘徽不等式和祖冲之不等式也就是下面的不等式(1)和(2).

若单位圆的内接正 n 边形的面积为 $S_内^{(n)}$,则当 $n \geq 6$ 时

$$S_内^{(n)} < \pi < 2S_内^{(2n)} - S_内^{(n)} \tag{1}$$

$$\frac{4}{3}S_内^{(2n)} - \frac{1}{3}S_内^{(n)} < \pi < \frac{8}{3}S_内^{(2n)} - 2S_内^{(n)} + \frac{1}{3}S_内^{(\frac{n}{2})} \quad (n \text{ 为偶数}) \tag{2}$$

《祖冲之算 π 之谜》一书中证明不等式(1)和(2)采用的是几何与分析的方法,我们将利用微分学的方法给出不等式(1),(2)的证明.

命题1 设 $0 < x < \dfrac{\pi}{2}$,则有

$$\sin x < x < \sin x(2 - \cos x) \tag{3}$$

设 $0 < x < \dfrac{\pi}{3}$,则有

$$\sin x(4 - \cos x) < 3x < 8\sin x - 3\sin 2x + \frac{1}{4}\sin 4x \tag{4}$$

证 令 $f(x) = 2\sin x - \dfrac{1}{2}\sin 2x - x \left(0 < x < \dfrac{\pi}{2}\right)$,则

$$f'(x) = 2\cos x - \cos 2x - 1 = 2\cos x(1 - \cos x) > 0$$

从而 $f(x)$ 当 $0 < x < \dfrac{\pi}{2}$ 时单调递增.又 $f(0) = 0$,故当 $0 < x < \dfrac{\pi}{2}$ 时,$f(x) > 0$.即

$$x < \sin x(2 - \cos x)$$

由于 $\sin x < x$ 是熟知的不等式, 故当 $0 < x < \dfrac{\pi}{2}$ 时, 不等式(3)成立.

令 $g(x) = 3x - 4\sin x + \dfrac{1}{2}\sin 2x\left(0 < x < \dfrac{\pi}{3}\right)$, 则

$$g'(x) = 3 - 4\cos x + \cos 2x = 2(1 - \cos x)^2 > 0$$

故当 $0 < x < \dfrac{\pi}{3}$ 时, $g(x)$ 单调递增. 又 $g(0) = 0$, 所以当 $0 < x < \dfrac{\pi}{3}$ 时, $g(x) > 0$, 即

$$3x > \sin x(4 - \cos x) \tag{5}$$

再令 $h(x) = 8\sin x - 3\sin 2x + \dfrac{1}{4}\sin 4x - 3x\left(0 < x < \dfrac{\pi}{3}\right)$, 则

$$h'(x) = 8\cos x - 6\cos 2x + \cos 4x - 3$$

$$h''(x) = -8\sin x + 12\sin 2x - 4\sin 4x = 8\sin x(-1 + 3\cos x - 2\cos x\cos 2x)$$
$$= 8\sin x(1 - \cos x)(4\cos^2 x + 4\cos x - 1) > 0$$

故当 $0 < x < \dfrac{\pi}{3}$ 时, $h'(x)$ 单调递增. 又 $h'(0) = 0$, 所以当 $0 < x < \dfrac{\pi}{3}$ 时, $h'(x) > 0$, 从而 $h(x)$ 单调递增, 再由 $h(0) = 0$, 因此 $h(x) > 0$, 即

$$8\sin x - 3\sin 2x + \dfrac{1}{4}\sin 4x > 3x \tag{6}$$

由式(5),(6)知不等式(4)成立.

在不等式(3),(4)中令 $x = \dfrac{\pi}{n}$, 则有

$$n\sin\dfrac{\pi}{n} < \pi < 2n\sin\dfrac{\pi}{n} - \dfrac{n}{2}\sin\dfrac{2\pi}{n} \tag{7}$$

$$\dfrac{4}{3}n\sin\dfrac{\pi}{n} - \dfrac{n}{6}\sin\dfrac{2\pi}{n} < \pi < \dfrac{8}{3}n\sin\dfrac{\pi}{n} - n\sin\dfrac{2\pi}{n} + \dfrac{n}{12}\sin\dfrac{4\pi}{n} \tag{8}$$

由不等式(7),(8)即知不等式(1),(2)成立.

由于双曲函数与三角函数有很多相似的性质, 故由式(3),(4), 我们可得如下关于双曲正弦、双曲余弦的不等式.

命题 2 设 $x > 0$, 则有

$$\operatorname{sh} x > x > \operatorname{sh} x(2 - \operatorname{ch} x) \tag{9}$$

$$\operatorname{sh} x(4 - \operatorname{ch} x) < 3x < 8\operatorname{sh} x - 3\operatorname{sh} 2x + \dfrac{1}{4}\operatorname{sh} 4x \tag{10}$$

证 令 $F(x) = x - 2\operatorname{sh} x + \dfrac{1}{2}\operatorname{sh} 2x(x > 0)$, 则

$$F'(x) = 1 - 2\operatorname{ch} x + \operatorname{ch} 2x = 2\operatorname{ch} x(\operatorname{ch} x - 1) > 0$$

从而当 $x > 0$ 时 $F(x)$ 单调递增. 又 $F(0) = 0$, 故当 $x > 0$ 时, $F(x) > 0$, 即

$$x > \text{sh } x(2 - \text{ch } x)$$

又 $\text{sh } x > x$ 是熟知的不等式, 因此不等式(9)成立.

令 $G(x) = 3x - 4\text{sh } x + \dfrac{1}{2}\text{sh } 2x(x > 0)$, 则

$$G'(x) = 3 - 4\text{ch } x + \text{ch } 2x = 2(\text{ch } x - 1)^2 > 0$$

故当 $x > 0$ 时, $G(x)$ 单调递增. 又 $G(0) = 0$, 所以当 $x > 0$ 时, $G(x) > 0$, 即

$$3x > \text{sh } x(4 - \text{ch } x) \tag{11}$$

再令 $H(x) = 8\text{sh } x - 3\text{sh } 2x + \dfrac{1}{4}\text{sh } 4x - 3x(x > 0)$, 则

$$H'(x) = 8\text{ch } x - 6\text{ch } 2x + \text{ch } 4x - 3$$

$$H''(x) = 8\text{sh } x - 12\text{sh } 2x + 4\text{sh } 4x = 8\text{sh } x(4\text{ch}^3 x - 5\text{ch } x + 1)$$

$$= 8\text{sh } x(\text{ch } x - 1)(4\text{ch}^2 x + 4\text{ch } x - 1) > 0$$

故当 $x > 0$ 时, $H'(x)$ 单调递增, 又 $H'(0) = 0$, 所以当 $x > 0$ 时, $H'(x) > 0$, 从而 $H(x)$ 单调递增. 再由 $H(0) = 0$, 因此 $H(x) > 0$, 即

$$8\text{sh } x - 3\text{sh } 2x + \dfrac{1}{4}\text{sh } 4x > 3x \tag{12}$$

由式(11),(12)知不等式(10)成立.

我们还要指出, 若将不等式(1),(2)中的面积改为单位圆内接正 n 边形的周长, 仍有类似结论.

命题 3 若单位圆的内接正 n 边形的周长为 $P_{内}^{(n)}$, 则当 $n \geqslant 6$ 时

$$P_{内}^{(2n)} < 2\pi < 2P_{内}^{(2n)} - P_{内}^{(n)} \tag{13}$$

$$\dfrac{4}{3}P_{内}^{(2n)} - \dfrac{1}{3}P_{内}^{(n)} < 2\pi < \dfrac{8}{3}P_{内}^{(2n)} - 2P_{内}^{(n)} + \dfrac{1}{3}P_{内}^{(\frac{n}{2})} \quad (n \text{ 为偶数}) \tag{14}$$

利用不等式(3),(4)容易证明式(13),(14),证明过程这里略去.

由于圆的面积可以通过圆的内接正 n 边形的面积去逼近, 也可以通过圆的外切正 n 边形的面积逼近, 因而我们猜测, 若将单位圆内接正 n 边形的面积 $S_{内}^{(n)}$ 改为单位圆外切正 n 边形的面积 $S_{外}^{(n)}$, 应该存在与刘徽不等式(1)及祖冲之不等式(2)类似的不等式. 事实上, 我们可以证明, 当 $n \geqslant 6$ 时, 有

$$S_{外}^{(2n)} > \pi > 2S_{外}^{(2n)} - S_{外}^{(n)} \tag{15}$$

$$\dfrac{4}{3}S_{外}^{(2n)} - \dfrac{1}{3}S_{外}^{(n)} < \pi < \dfrac{8}{3}S_{外}^{(2n)} - 2S_{外}^{(n)} + \dfrac{1}{3}S_{外}^{(\frac{n}{2})} \quad (n \text{ 为偶数}) \tag{16}$$

由于 $S_{外}^{(n)} = n\tan\dfrac{\pi}{n}$, $S_{外}^{(2n)} = 2n\tan\dfrac{\pi}{2n}$, $S_{外}^{(\frac{n}{2})} = \dfrac{n}{2}\tan\dfrac{2\pi}{n}$, 若令 $\dfrac{\pi}{n} = x$, 要证明不等式

(15),(16),只需证明下面的：

命题4 设 $0 < x < \dfrac{\pi}{2}$,则有

$$2\tan\frac{x}{2} > x > 4\tan\frac{x}{2} - \tan x \tag{17}$$

设 $0 < x < \dfrac{\pi}{4}$,则有

$$\frac{8}{3}\tan\frac{x}{2} - \frac{1}{3}\tan x < x < \frac{16}{3}\tan\frac{x}{2} - 2\tan x + \frac{1}{6}\tan 2x \tag{18}$$

证 令 $f(x) = x - 4\tan\dfrac{x}{2} + \tan x \left(0 < x < \dfrac{\pi}{2}\right)$,则

$$f'(x) = 1 - \frac{2}{\cos^2\frac{x}{2}} + \frac{1}{\cos^2 x}$$

$$f''(x) = -\frac{2\sin\frac{x}{2}}{\cos^3\frac{x}{2}} + \frac{2\sin x}{\cos^2 x} = \frac{2\sin\frac{x}{2}}{\cos^3\frac{x}{2}\cos^3 x}\left(2\cos^4\frac{x}{2} - \cos^3 x\right)$$

$$= \frac{\sin\frac{x}{2}}{\cos^3\frac{x}{2}\cos^3 x}(1 + 2\cos x + \cos^2 x - 2\cos^3 x)$$

$$= \frac{\sin\frac{x}{2}}{\cos^3\frac{x}{2}\cos^3 x}(1 + \cos^2 x + 2\cos x\sin^2 x) > 0$$

故当 $0 < x < \dfrac{\pi}{2}$ 时,$f'(x)$ 单调递增. 又 $f'(0) = 0$,所以 $f'(x) > 0$,从而 $f(x)$ 单调递增. 又 $f(0) = 0$,所以 $f(x) > 0$,即

$$x > 4\tan\frac{x}{2} - \tan x$$

又当 $0 < x < \dfrac{\pi}{2}$ 时,$\tan\dfrac{x}{2} > \dfrac{x}{2}$ 是熟知的不等式,因此不等式(17)成立.

令 $g(x) = 3x - 8\tan\dfrac{x}{2} + \tan x \left(0 < x < \dfrac{\pi}{2}\right)$,则

$$g'(x) = 3 - \frac{4}{\cos^2\frac{x}{2}} + \frac{1}{\cos^2 x}$$

$$g''(x) = -\frac{4\sin\frac{x}{2}}{\cos^3\frac{x}{2}} + \frac{2\sin x}{\cos^3 x} = \frac{\sin\frac{x}{2}}{\cos^3\frac{x}{2}\cos^3 x}\left(4\cos^4\frac{x}{2} - 4\cos^3 x\right)$$

$$= \frac{\sin\frac{x}{2}}{\cos^3\frac{x}{2}\cos^3 x}(1 + 2\cos x + \cos^2 x - 4\cos^3 x)$$

由 $0 < x < \frac{\pi}{2}, 0 < \cos x < 1$ 知 $g''(x) > 0$,故 $g'(x)$ 单调递增. 又 $g'(0) = 0$. 所以 $g'(x) > 0, g(x)$ 单调递增. 而 $g(0) = 0$,所以 $g(x) > 0$,即

$$\frac{8}{3}\tan\frac{x}{2} - \frac{1}{3}\tan x < x \tag{19}$$

利用 $\tan x\left(-\frac{\pi}{2} < x < \frac{\pi}{2}\right)$ 的幂级数展开式(可参阅:Γ·М·菲赫金哥尔茨著, 北京大学高等数学教研室译,微积分学教程第二卷第二分册,人民教育出版社, 1954)知

$$\tan x = \sum_{n=1}^{\infty} \frac{2^{2n}(2^{2n}-1)}{(2n)!} B_n \cdot x^{2n-1} \tag{20}$$

其中 $B_n > 0$ 为 Bernoulli 数

$$B_1 = \frac{1}{6}, B_2 = \frac{1}{30}, B_3 = \frac{1}{42}, B_4 = \frac{1}{30}, B_5 = \frac{5}{66}, \cdots$$

于是当 $0 < x < \frac{\pi}{4}$ 时

$$32\tan\frac{x}{2} - 12\tan x + \tan 2x - 6x = \sum_{n=3}^{\infty} \frac{2^{2n}(2^{2n}-1)}{(2n)!} B_n\left(\frac{1}{2^{2n-6}} + 2^{2n-1} - 12\right)x^{2n-1} > 0$$

从而当 $0 < x < \frac{\pi}{4}$ 时

$$x < \frac{16}{3}\tan\frac{x}{2} - 2\tan x + \frac{1}{6}\tan 2x \tag{21}$$

由式(19),(21)知不等式(18)成立.

同命题 2 类似,由命题 4 我们还可以得到如下关于双曲函数的不等式.

命题 5 设 $0 < x < 1$,则有

$$2\text{th}\frac{x}{2} < x < 4\text{th}\frac{x}{2} - \text{th } x \tag{22}$$

设 $0 < x < \dfrac{\pi}{6}$,则有

$$\frac{8}{3}\text{th}\,\frac{x}{2} - \frac{1}{3}\text{th}\,x < x < \frac{16}{3}\text{th}\,\frac{x}{2} - 2\text{th}\,x + \frac{1}{6}\text{th}\,2x \tag{23}$$

证 仿照 $\tan x$ 幂级数展开式的求法可求得双曲正切函数 $\text{th}\,x$ 的幂级数展开式.

因为 $\text{th}\,x$ 为奇函数,故其展开式仅含 x 的奇次幂,于是可设

$$\text{th}\,x = \sum_{n=1}^{\infty} \frac{H_n}{(2n-1)!}x^{2n-1} \tag{24}$$

由双曲正切函数的定义知 $\text{th}\,x = \dfrac{\text{e}^x - \text{e}^{-x}}{\text{e}^x + \text{e}^{-x}}$,而

$$\text{e}^x - \text{e}^{-x} = 2\sum_{n=1}^{\infty} \frac{x^{2n-1}}{(2n-1)!}$$

$$\text{e}^x + \text{e}^{-x} = 2\sum_{n=0}^{\infty} \frac{x^{2n}}{(2n)!}$$

故

$$\left(\sum_{n=1}^{\infty} \frac{H_n}{(2n-1)!}x^{2n-1}\right)\left(\sum_{n=0}^{\infty} \frac{x^{2n}}{(2n)!}\right) = \sum_{n=1}^{\infty} \frac{x^{2n-1}}{(2n-1)!}$$

易知 $H_1 = 1$. 比较上式两边 x^{2n-1} 的系数,得

$$\frac{H_n}{(2n-1)!} + \frac{H_{n-1}}{(2n-3)!} \cdot \frac{1}{2!} + \frac{H_{n-2}}{(2n-5)!} \cdot \frac{1}{4!} + \frac{H_{n-3}}{(2n-7)!} \cdot \frac{1}{6!} + \cdots = \frac{1}{(2n-1)!}$$

由此知 H_n 满足递推关系式

$$H_n + \binom{2n-1}{2}H_{n-1} + \binom{2n-1}{4}H_{n-2} + \binom{2n-1}{6}H_{n-3} + \cdots = 1 \tag{25}$$

利用式(25)可求得 $H_2 = -2, H_3 = 16, H_4 = -272, H_5 = 7\,936, \cdots$,所以对任意实数 x,有

$$\text{th}\,x = x - \frac{1}{3}x^3 + \frac{2}{15}x^5 - \frac{17}{315}x^7 + \frac{62}{2\,835}x^9 - \cdots \tag{26}$$

当 $0 < x < 1$ 时

$$\text{th}\,\frac{x}{2} = \frac{x}{2} - \frac{1}{3} \cdot \frac{1}{8}x^3 + \frac{2}{15} \cdot \frac{1}{32}x^5 - \cdots > \frac{x}{2} - \frac{1}{24}x^3$$

$$-\text{th}\,x = -x + \frac{1}{3}x^3 - \frac{2}{15}x^5 + \frac{17}{315}x^7 - \cdots > -x + \frac{1}{3}x^3 - \frac{2}{15}x^5$$

所以当 $0 < x < 1$ 时

$$4\operatorname{th}\frac{x}{2} - \operatorname{th} x - x = \frac{1}{6}x^3 - \frac{2}{15}x^5 = \frac{x^2}{30}(5 - 4x^2) > 0$$

从而当 $0 < x < 1$ 时

$$x < 4\operatorname{th}\frac{x}{2} - \operatorname{th} x \tag{27}$$

又当 $x > 0$ 时，易知

$$\operatorname{th}\frac{x}{2} = \frac{\mathrm{e}^{\frac{x}{2}} - \mathrm{e}^{-\frac{x}{2}}}{\mathrm{e}^{\frac{x}{2}} + \mathrm{e}^{-\frac{x}{2}}} = \frac{\mathrm{e}^x - 1}{\mathrm{e}^x + 1} < \frac{x}{2}$$

因此不等式（22）成立.

令 $h(x) = 3x - 8\operatorname{th}\frac{x}{2} + \operatorname{th} x (x > 0)$，则

$$h'(x) = 3 - \frac{4}{\operatorname{ch}^2\frac{x}{2}} + \frac{1}{\operatorname{ch}^2 x}$$

$$h''(x) = \frac{4\operatorname{sh}\frac{x}{2}}{\operatorname{ch}^3\frac{x}{2}} - \frac{2\operatorname{sh} x}{\operatorname{ch}^3 x}$$

$$= \frac{\operatorname{sh}\frac{x}{2}}{\operatorname{ch}^3\frac{x}{2}\operatorname{ch}^3 x}\left(4\operatorname{ch}^3 x - 4\operatorname{ch}^4\frac{x}{2}\right)$$

$$= \frac{\operatorname{sh}\frac{x}{2}}{\operatorname{ch}^3\frac{x}{2}\operatorname{ch}^3 x}\left(4\operatorname{ch}^3 x - \operatorname{ch}^2 x - 2\operatorname{ch} x - 1\right)$$

$$= \frac{\operatorname{sh}\frac{x}{2}}{\operatorname{ch}^3\frac{x}{2}\operatorname{ch}^3 x}(\operatorname{ch} x - 1)(4\operatorname{ch}^2 x + 3\operatorname{ch} x + 1)$$

由于当 $x > 0$ 时，$\operatorname{ch} x > 1$，故当 $x > 0$ 时，$h''(x) > 0$，从而 $h'(x)$ 单调递增. 又 $h'(0) = 0$，所以 $h'(x) > 0$，$h(x)$ 单调递增. 而 $h(0) = 0$，所以 $h(x) > 0$，即

$$\frac{8}{3}\operatorname{th}\frac{x}{2} - \frac{1}{3}\operatorname{th} x < x \tag{28}$$

由函数 $\operatorname{th} x$ 的幂级数展开式（26）知，当 $0 < x < \frac{\pi}{6}$ 时

$$\text{th}\frac{x}{2} > \frac{x}{2} - \frac{1}{3} \cdot \frac{1}{8}x^3 + \frac{2}{15} \cdot \frac{1}{32}x^5 - \frac{17}{315} \cdot \frac{1}{128}x^7$$

$$\text{th}\,x < x - \frac{1}{3}x^3 + \frac{2}{15}x^5$$

$$\text{th}\,2x > 2x - \frac{8}{3}x^3 + \frac{64}{15}x^5 - \frac{17}{315} \cdot 128x^7$$

从而

$$32\text{th}\frac{x}{2} - 12\text{th}\,x + \text{th}\,2x - 6x > \frac{14}{5}x^5 - \frac{17}{315} \cdot \frac{513}{4}x^7 = \frac{1}{5}x^5\left(14 - \frac{969}{28}x^2\right) > 0$$

所以当 $0 < x < \dfrac{\pi}{6}$ 时

$$32\text{th}\frac{x}{2} - 12\text{th}\,x + \text{th}\,2x > 6x \tag{29}$$

由式（28），（29）知不等式（23）成立.

和命题 3 类似，还可以得到：

命题 6 若单位圆外切正 n 边形的周长为 $P_{外}^{(n)}$，则当 $n \geqslant 6$ 时

$$P_{外}^{(2n)} > 2\pi > 2P_{外}^{(2n)} - P_{外}^{(n)} \tag{30}$$

$$\frac{4}{3}P_{外}^{(2n)} - \frac{1}{3}P_{外}^{(n)} < 2\pi < \frac{8}{3}P_{外}^{(2n)} - 2P_{外}^{(n)} + \frac{1}{3}P_{外}^{(\frac{n}{2})} \quad (n \text{ 为偶数}) \tag{31}$$

证 由 $P_{外}^{(n)} = 2n\tan\dfrac{\pi}{n}$，$P_{外}^{(2n)} = 4n\tan\dfrac{\pi}{2n}$，$P_{外}^{(\frac{n}{2})} = n\tan\dfrac{2\pi}{n}$，并利用命题 4 即可证

得.

第 7 章　Lagrange 线性插值公式与梯形公式

一、Lagrange 线性插值公式

设 $P_1(a,f(a))$，$P_2(b,f(b))$（$a \neq b$）为连续曲线 $y = f(x)$ 上的两点，则过 P_1，P_2 的直线方程为

$$L(x) = \frac{x-b}{a-b}f(a) + \frac{x-a}{b-a}f(b)$$

我们称 $L(x)$ 为函数 $f(x)$ 的线性 Lagrange 插值多项式，而且有：

定理 1　设函数 $f(x)$ 在 $[a,b]$ 上连续，在 (a,b) 内二阶可导，则存在 $\xi \in (a,b)$，使

$$f(x) = \frac{x-b}{a-b}f(a) + \frac{x-a}{b-a}f(b) + \frac{f''(\xi)}{2}(x-a)(x-b) \qquad (1)$$

证法 1　令

$$F(t) = f(t) - L(t) - \frac{(t-a)(t-b)}{(x-a)(x-b)}[f(x) - L(x)] \quad (a \leqslant t \leqslant b)$$

则 $F(t)$ 在 $[a,b]$ 上连续，在 (a,b) 内二阶可导. 容易验证 $F(x) = F(a) = F(b) = 0$. 由 Rolle 定理知，存在 $\xi_1 \in (x,a)$，$\xi_2 \in (a,b)$，使 $F'(\xi_1) = F'(\xi_2) = 0$. 再次运用 Rolle 定理知，存在 $\xi \in (\xi_1,\xi_2) \subset (a,b)$，使 $F''(\xi) = 0$. 而

$$F''(t) = f''(t) - \frac{2}{(x-a)(x-b)}[f(x) - L(x)]$$

所以

$$f(x) - L(x) = \frac{f''(\xi)}{2}(x-a)(x-b) \quad (a < \xi < b)$$

即式（1）成立.

证法 2　令

$$G(t) = \begin{vmatrix} 1 & 1 & 1 & 1 \\ t & x & a & b \\ t^2 & x^2 & a^2 & b^2 \\ f(t) & f(x) & f(a) & f(b) \end{vmatrix} \quad (a \leqslant t \leqslant b)$$

则 $G(t)$ 在 $[a,b]$ 上连续,在 (a,b) 内二阶可导. 由行列式的性质可知 $G(x) = G(a) = G(b) = 0$,仿证法1,反复运用 Rolle 定理知,存在 $\xi \in (a,b)$ 使 $G''(\xi) = 0$,而

$$G''(t) = \begin{vmatrix} 0 & 1 & 1 & 1 \\ 0 & x & a & b \\ 2 & x^2 & a^2 & b^2 \\ f''(t) & f(x) & f(a) & f(b) \end{vmatrix}$$

$$= 2 \begin{vmatrix} 1 & 1 & 1 \\ x & a & b \\ f(x) & f(a) & f(b) \end{vmatrix} - f''(t) \begin{vmatrix} 1 & 1 & 1 \\ x & a & b \\ x^2 & a^2 & b^2 \end{vmatrix}$$

将上式右端的两个三阶行列式展开并利用 $G''(\xi) = 0$ 即可得到式(1).

式(1)通常称为函数 $f(x)$ 的线性 Lagrange 插值公式. 函数插值问题是函数逼近的重要内容之一,一般属于数值分析的范畴. 但从定理1及其证明可以看出,线性 Lagrange 插值公式也可以归属于微积分. 不仅如此,这一公式还可以用来解某些微积分问题.

例1 设函数 $f(x)$ 在 $[0,1]$ 上二阶可导,且 $f(0) = f(1) = 0$,$\min\limits_{0 \le x \le 1} f(x) = -1$,证明:$\max\limits_{0 \le x \le 1} f''(x) \ge 8$.(前苏联大学生数学竞赛题,1977)

证 在式(1)中取 $a = 0$,$b = 1$,并设 $f(x_0) = -1(0 < x_0 < 1)$,则由式(1)知 $f''(\xi) = \dfrac{2}{x_0(1-x_0)}$. 由于

$$x_0(1-x_0) \le \left[\frac{1}{2}(x_0 + 1 - x_0) \right]^2 = \frac{1}{4}$$

故 $f''(\xi) \ge 8$,因此 $\max\limits_{0 \le x \le 1} f''(x) \ge 8$.

注 若用 Taylor 公式证明本例,要用条件 $f(x_0) = -1$ 及 $f'(x_0) = 0$,而这里只要 $f(x_0) = -1$ 即可.

例2 设函数 $f(x)$ 在 $[a,b]$ 上连续且 $f(a) = f(b) = 0$. 又设 $f(x)$ 在 (a,b) 内存在二阶导数,$f''(x) \le 0$. 证明:在 $[a,b]$ 上,$f(x) \ge 0$.

证 由 $f(a) = f(b) = 0$ 及式(1)知

$$f(x) = \frac{1}{2} f''(\xi)(x-a)(x-b) \quad (a < \xi < b)$$

因为当 $a < x < b$ 时,$f''(x) \le 0$,又 $(x-a)(x-b) < 0$,所以在 $[a,b]$ 上,$f(x) \ge 0$.

例3 设 $f(x)$ 在 $[a,b]$ 上二阶可导,过点 $A(a,f(a))$ 与 $B(b,f(b))$ 的直线与曲线 $y = f(x)$ 相交于 $C(c,f(c))$,其中 $a < c < b$. 证明:在 (a,b) 内至少存在一点 ξ,使 $f''(\xi) = 0$.(华中师范大学,2003)

证 在式(1)中取 $x = c$,则有

$$f(c) = \frac{c-b}{a-b}f(a) + \frac{c-a}{b-a}f(b) + \frac{f''(\xi)}{2}(c-a)(c-b) \tag{2}$$

因为 A, B, C 三点共线,所以

$$\frac{f(c) - f(a)}{c - a} = \frac{f(c) - f(b)}{c - b}$$

即

$$f(c) = \frac{c-b}{a-b}f(a) + \frac{c-a}{b-a}f(b) \tag{3}$$

由式(2),(3)及 $a < c < b$,所以在 (a, b) 内至少存在一点 ξ,使 $f''(\xi) = 0$.

例4 设 $f(x)$ 在 $[a, b]$ 上二阶可导且 $f''(x) > 0$,证明:当 $a < x < b$ 时

$$\frac{f(x) - f(b)}{x - b} > \frac{f(b) - f(a)}{b - a} > \frac{f(a) - f(x)}{a - x} \tag{4}$$

证 将式(1)改写成

$$\frac{f(x) - f(b)}{x - b} - \frac{f(b) - f(a)}{b - a} = \frac{1}{2}f''(\xi)(x - a)$$

则由 $a < x < b$ 及 $f''(x) > 0$ 知

$$\frac{f(x) - f(b)}{x - b} > \frac{f(b) - f(a)}{b - a} \tag{5}$$

式(1)还可以改写为

$$\frac{f(a) - f(x)}{a - x} - \frac{f(b) - f(a)}{b - a} = \frac{1}{2}f''(\xi)(x - b)$$

则由 $a < x < b$ 及 $f''(x) > 0$ 知

$$\frac{f(b) - f(a)}{b - a} > \frac{f(a) - f(x)}{a - x} \tag{6}$$

由式(5),(6)知不等式(4)成立.

类似于 Cauchy 中值定理为 Lagrange 中值定理的推广,若将 Lagrange 线性插值公式推广至两个函数,则有如下的:

定理2 设函数 $f(x), g(x)$ 在 $[a, b]$ 上连续,在 (a, b) 内二阶可导且 $g''(x) \neq 0$. 若令

$$f_1(x) = \frac{x-b}{a-b}f(a) + \frac{x-a}{b-a}f(b)$$

$$g_1(x) = \frac{x-b}{a-b}g(a) + \frac{x-a}{b-a}g(b)$$

则存在 $\xi \in (a, b)$,使

$$\frac{f(x) - f_1(x)}{g(x) - g_1(x)} = \frac{f''(\xi)}{g''(\xi)} \tag{7}$$

证 令 $\dfrac{f(x) - f_1(x)}{g(x) - g_1(x)} = k$，则

$$f(x) - f_1(x) - k[g(x) - g_1(x)] = 0 \tag{8}$$

作辅助函数

$$\varphi(t) = f(t) - f_1(t) - k[g(t) - g_1(t)] \quad (a \leqslant t \leqslant b)$$

则由式（8）知 $\varphi(x) = 0$. 又易知 $\varphi(a) = \varphi(b) = 0$. 对 $\varphi(t)$ 反复运用 Rolle 定理知，存在 $\xi \in (a,b)$，使 $\varphi''(\xi) = 0$.

由于 $\varphi''(t) = f''(t) - kg''(t)$，又 $g''(t) \neq 0$，所以 $k = \dfrac{f''(\xi)}{g''(\xi)}$，因此式（7）成立.

特别在式（7）中取 $g(x) = x^2$，则由式（7）可得式（1），故式（7）为式（1）的推广.

例5 设 $f(x), g(x)$ 在 $[a,b]$ 上连续，在 (a,b) 内二阶可导且 $g''(x) > 0$. 若 $f(a) = f(b) = g(a) = g(b) = 0$，又存在 $c \in (a,b)$ 使 $f(c) > g(c) > 0$，证明：存在 $\xi \in (a,b)$，使 $f''(\xi) > g''(\xi)$.

证 由 $f(a) = f(b) = g(a) = g(b) = 0$ 及式（7）可知，存在 $\xi \in (a,b)$，使 $\dfrac{f(x)}{g(x)} = \dfrac{f''(\xi)}{g''(\xi)}$. 取 $x = c$，则由 $f(c) > g(c) > 0$ 及 $g''(x) > 0$ 知 $f''(\xi) > g''(\xi)$.

以下问题可利用定理 1 或定理 2 求解.

1. 设 $f(x)$ 在 $[a,b]$ 上二阶可导，$f(a) = f(b) = 0$. 证明：$\max\limits_{a \leqslant x \leqslant b} |f(x)| \leqslant \dfrac{1}{8}(b-a)^2 \max\limits_{a \leqslant x \leqslant b} |f''(x)|$.

2. 设 $f(x)$ 在 $[0,1]$ 上二阶可导，$f(0) = f(1) = 0$，$\max\limits_{0 \leqslant x \leqslant 1} f(x) = 2$. 证明：存在 $\xi \in (0,1)$，使 $f''(\xi) \leqslant -16$.

3. 设函数 $f(x)$ 在 $[0,1]$ 上连续，在 $(0,1)$ 内二阶可导，若 $f(x)$ 在 $[0,1]$ 上的最小值 -1 在 $(0,1)$ 内取得，且 $f(0), f(1)$ 中至少有一个非负. 试证：至少存在一点 $\xi \in (0,1)$，使 $f''(\xi) > 2$.

4. 设函数 $f(x)$ 在 $[a,b]$ 上二阶可导，$f(a) = f(b) = 0$，且在某点 $c \in (a,b)$ 处有 $f(c) > 0$. 证明：存在 $\xi \in (a,b)$，使 $f''(\xi) < 0$.

5. 设 $f(x)$ 在 $[a,b]$ 上连续，在 (a,b) 内二阶可导. 若 $a < c < b$. 证明：存在 $\xi \in (a,b)$，使

$$\frac{f(a)}{(a-b)(a-c)} + \frac{f(b)}{(b-a)(b-c)} + \frac{f(c)}{(c-a)(c-b)} = \frac{1}{2}f''(\xi)$$

6. 设函数 $f(x), g(x)$ 在 $[a,b]$ 上连续,在 (a,b) 内二阶可导且 $g''(x) \neq 0$. 证明:存在 $\xi \in (a,b)$,使

$$\frac{f(b) - 2f\left(\dfrac{a+b}{2}\right) + f(a)}{g(b) - 2g\left(\dfrac{a+b}{2}\right) + g(a)} = \frac{f''(\xi)}{g''(\xi)}$$

二、梯形公式

定理3 设函数 $f(x)$ 在 $[a,b]$ 上有二阶连续导数,则存在 $\eta \in (a,b)$,使

$$\int_a^b f(x)\,\mathrm{d}x = \frac{b-a}{2}[f(a) + f(b)] - \frac{(b-a)^3}{12}f''(\eta) \tag{9}$$

证法1 定理 1 中的式(1)两边对 x 从 a 到 b 积分,得

$$\int_a^b f(x)\,\mathrm{d}x = \frac{b-a}{2}[f(a) + f(b)] + \frac{1}{2}\int_a^b f''(\xi)(x-a)(x-b)\,\mathrm{d}x$$

由于 $(x-a)(x-b)$ 在 $[a,b]$ 上不变号,故由积分第一中值定理知

$$\int_a^b f''(\xi)(x-a)(x-b)\,\mathrm{d}x = f''(\eta)\int_a^b (x-a)(x-b)\,\mathrm{d}x = -\frac{(b-a)^3}{6}f''(\eta)$$

其中 $\eta \in (a,b)$. 因此

$$\int_a^b f(x)\,\mathrm{d}x = \frac{b-a}{2}[f(a) + f(b)] - \frac{(b-a)^3}{12}f''(\eta) \quad (a < \eta < b)$$

即式(9)成立.

注 定理 3 中 $f''(x)$ 连续的条件可减弱为 $f''(x)$ 在 $[a,b]$ 上可积.

证法2 令 $F(x) = \dfrac{x-a}{2}[f(a) + f(x)] - \displaystyle\int_a^x f(t)\,\mathrm{d}t$, $G(x) = (x-a)^3$,则 $F(a) = G(a) = 0$. 在 $[a,b]$ 上对 $F(x), G(x)$ 运用 Cauchy 中值定理,故存在 $\eta_1 \in (a,b)$,使

$$\frac{F(b)}{G(b)} = \frac{F(b) - F(a)}{G(b) - G(a)} = \frac{F'(\eta_1)}{G'(\eta_1)} = \frac{(\eta_1 - a)f'(\eta_1) + f(a) - f(\eta_1)}{6(\eta_1 - a)^2}$$

再令 $F_1(x) = (x-a)f'(x) + f(a) - f(x)$, $G_1(x) = 6(x-a)^2$,则 $F_1(a) = G_1(a) = 0$. 在 $[a, \eta_1]$ 上对 $F_1(x), G_1(x)$ 运用 Cauchy 中值定理,故存在 $\eta \in (a, \xi_1) \subset (a,b)$,使

$$\frac{F(b)}{G(b)} = \frac{F_1(\eta_1) - F_1(a)}{G_1(\eta_1) - G_1(a)} = \frac{F_1'(\eta)}{G_1'(\eta)} = \frac{f''(\eta)}{12}$$

即

$$F(b) = \frac{b-a}{2}[f(a)+f(b)] - \int_a^b f(x)\mathrm{d}x = \frac{(b-a)^3}{12}f''(\eta)$$

整理后即得式(9)

证法3　利用分部积分公式,有

$$\int_a^b f(x)\mathrm{d}x = \int_a^b f(x)\mathrm{d}(x-a) = f(x)(x-a)\Big|_a^b - \int_a^b (x-a)f'(x)\mathrm{d}x \qquad (10)$$

$$\int_a^b f(x)\mathrm{d}x = \int_a^b f(x)\mathrm{d}(x-b) = f(x)(x-b)\Big|_a^b - \int_a^b (x-b)f'(x)\mathrm{d}x \qquad (11)$$

式(10)和(11)两式相加后除以2,得

$$\begin{aligned}
\int_a^b f(x)\mathrm{d}x &= \frac{b-a}{2}[f(a)+f(b)] - \frac{1}{2}\int_a^b (x-a+x-b)f'(x)\mathrm{d}x \\
&= \frac{b-a}{2}[f(a)+f(b)] - \frac{1}{2}\int_a^b f'(x)\mathrm{d}(x-a)(x-b) \\
&= \frac{b-a}{2}[f(a)+f(b)] + \frac{1}{2}\int_a^b f''(x)(x-a)(x-b)\mathrm{d}x
\end{aligned}$$

由于$(x-a)(x-b)$在$[a,b]$上不变号,故由积分第一中值定理知,存在$\eta \in (a,b)$,使

$$\int_a^b f''(x)(x-a)(x-b)\mathrm{d}x = f''(\eta)\int_a^b (x-a)(x-b)\mathrm{d}x = -\frac{(b-a)^3}{6}f''(\eta)$$

因此

$$\int_a^b f(x)\mathrm{d}x = \frac{b-a}{2}[f(a)+f(b)] - \frac{(b-a)^3}{12}f''(\eta) \qquad (a < \eta < b)$$

即式(9)成立.

若记$T = \frac{b-a}{2}[f(a)+f(b)]$,则$T$表示由直线$x=a, x=b, y=0, y=L(x) = \frac{x-b}{a-b}f(a) + \frac{x-a}{b-a}f(b)$所围成梯形图形的面积,因而称

$$T = \frac{b-a}{2}[f(a)+f(b)] \qquad (12)$$

为近似计算积分$\int_a^b f(x)\mathrm{d}x$的梯形公式,而将

$$R_T = \int_a^b f(x)\mathrm{d}x - \frac{b-a}{2}[f(a)+f(b)] = -\frac{(b-a)^3}{12}f''(\eta) \qquad (13)$$

称为用梯形公式近似表示$\int_a^b f(x)\mathrm{d}x$的误差或余项.

容易验证,若函数$f(x)$是一次多项式时,近似公式

$$\int_a^b f(x)\,\mathrm{d}x \approx \frac{b-a}{2}[f(a)+f(b)] \tag{14}$$

精确成立,即此时有

$$\int_a^b f(x)\,\mathrm{d}x = \frac{b-a}{2}[f(a)+f(b)] \tag{15}$$

反之,若式(15)对任意的 a,b 成立,则 $f(x)$ 也一定是一次多项式函数.

例6 设函数 $f(x)$ 在区间 $[a,b]$ 上连续,且满足方程

$$\frac{1}{x_2-x_1}\int_{x_1}^{x_2} f(x)\,\mathrm{d}x = \frac{1}{2}[f(x_1)+f(x_2)]$$

$x_1 \neq x_2$,且 $x_1,x_2 \in [a,b]$,求 $f(x)$.(浙江大学高等数学竞赛,1982)

解 当 $x \in [a,b]$ 时,由题设条件得

$$\frac{1}{x-a}\int_a^x f(t)\,\mathrm{d}t = \frac{1}{2}[f(x)+f(a)]$$

即

$$\int_a^x f(t)\,\mathrm{d}t = \frac{1}{2}(x-a)[f(x)+f(a)]$$

上式两边对 x 求导数,得

$$f'(x) - \frac{1}{x-a}f(x) = -\frac{f(a)}{x-a}$$

解此一阶线性非齐次微分方程,得

$$f(x) = C(x-a) + f(a)$$

其中 C 为任意常数.

令 $x=b$,得 $C = \dfrac{f(b)-f(a)}{b-a}$,所以

$$f(x) = \frac{f(b)-f(a)}{b-a}(x-a)+f(a)$$

$$= \frac{x-b}{a-b}f(a) + \frac{x-a}{b-a}f(b) \quad (x \in [a,b])$$

此时 $f(x)$ 就是过 $(a,f(a))$,$(b,f(b))$ 两点的 Lagrange 线性插值函数.

由上可知,使得式(15)成立的充分必要条件为 $f(x)$ 是一次多项式函数,因此我们也称梯形公式具有一次代数精确度.

下面再举两个例子说明式(9)的应用.

例7 设 $f(x)$ 在 $[a,b]$ 上有二阶连续导数且 $f''(x) \geqslant 0$,证明

$$\int_a^b f(x)\,\mathrm{d}x \leqslant \frac{b-a}{2}[f(a)+f(b)] \tag{16}$$

证 由于在 $[a,b]$ 上 $f''(x) \geqslant 0$,故由式(9)即可得到式(16).由于 $f(x)$ 在 $[a$,

$b]$上是下凸函数,因此式(16)有明显的几何解释.

例8 设$f(x)$在$[a,b]$上有连续的二阶导数. 对任意自然数n,令$x_k = a + k\dfrac{b-a}{n}$,其中$0 \leqslant k \leqslant n$,有

$$\triangle_n = \frac{b-a}{2n}[f(a) + 2\sum_{k=1}^{n-1} f(x_k) + f(b)] - \int_a^b f(x)\,\mathrm{d}x$$

证明

$$\lim_{n\to\infty} n^2 \triangle_n = \frac{(b-a)^2}{12}[f'(b) - f'(a)] \qquad (17)$$

证 在$[x_k, x_{k+1}]$上对$f(x)$运用式(9),有

$$\int_k^{x_{k+1}} f(x)\,\mathrm{d}x = \frac{b-a}{2n}[f(x_k) + f(x_{k+1})] - \frac{(b-a)^3}{12n^3}f''(\eta_k) \quad (x_k < y_k < x_{k+1})$$

上式对k从0到$n-1$求和,可得

$$\int_a^b f(x)\,\mathrm{d}x = \frac{b-a}{2n}[f(a) + 2\sum_{k=1}^{n-1} f(x_k) + f(b)] - \frac{(b-a)^3}{12n^3}\sum_{k=0}^{n-1} f''(\eta_k)$$

由此知

$$n^2 \triangle_n = \frac{(b-a)^2}{12} \cdot \frac{b-a}{n} \sum_{k=0}^{n-1} f''(\eta_k)$$

所以

$$\lim_{n\to\infty} n^2 \triangle_n = \frac{(b-a)^2}{12} \int_a^b f''(x)\,\mathrm{d}x = \frac{(b-a)^2}{12}[f'(b) - f'(a)]$$

特别在式(17)中取$a=0, b=1, f(x) = \dfrac{1}{1+x}$,则有

$$\lim_{n\to\infty} n^2 \Big[\Big(\frac{1}{n+1} + \frac{1}{n+2} + \cdots + \frac{1}{2n-1} + \frac{1}{2n}\Big) + \frac{1}{4n} - \ln 2 \Big] = \frac{1}{16} \qquad (18)$$

下面我们将式(9)作进一步推广.

定理4 设函数$f(x), g(x)$在$[a,b]$上有二阶连续导数且$g''(x) \neq 0$,则存在$\eta \in (a,b)$,使

$$\frac{\displaystyle\int_a^b f(x)\,\mathrm{d}x - \frac{b-a}{2}[f(a) + f(b)]}{\displaystyle\int_a^b g(x)\,\mathrm{d}x - \frac{b-a}{2}[g(a) + g(b)]} = \frac{f''(\eta)}{g''(\eta)} \quad (a < \eta < b) \qquad (19)$$

证 令

$$\frac{\int_a^b f(x)\,\mathrm{d}x - \dfrac{b-a}{2}[f(a)+f(b)]}{\int_a^b g(x)\,\mathrm{d}x - \dfrac{b-a}{2}[g(a)+g(b)]} = M$$

亦即

$$\int_a^b f(x)\,\mathrm{d}x - \frac{b-a}{2}[f(a)+f(b)] - M\Big\{\int_a^b g(x)\,\mathrm{d}x - \frac{b-a}{2}[g(a)+g(b)]\Big\} = 0$$

设

$$P(x) = \int_a^x f(t)\,\mathrm{d}t - \frac{x-a}{2}[f(a)+f(x)] - M\Big\{\int_a^x g(t)\,\mathrm{d}t - \frac{x-a}{2}[g(a)+g(x)]\Big\}$$

则有 $P(a)=P(b)=0$. 对 $P(x)$ 在 $[a,b]$ 上运用 Rolle 定理知,存在 $\eta_1 \in (a,b)$,使 $P'(\eta_1)=0$.

由于

$$P'(x) = \frac{1}{2}[f(x)-f(a)-(x-a)f'(x)] - \frac{M}{2}[g(x)-g(a)-(x-a)g'(x)]$$

所以 $P'(a)=0$. 对 $P'(x)$ 在 $[a,\eta_1]$ 上再次运用 Rolle 定理知,存在 $\eta \in (a,\eta_1) \subset (a,b)$,使 $P''(\eta)=0$,即

$$(\eta-a)[f''(\eta)-Mg''(\eta)]=0$$

所以 $M = \dfrac{f''(\eta)}{g''(\eta)}$,因此式(19)成立.

特别在式(19)中取 $g(x)=x^2$,即可得到式(9),故式(19)为式(9)的推广.

下面的问题可利用定理 3 或定理 4 求解.

1. 设函数 $f(x)$ 在 $[a,b]$ 上有连续的二阶导数,且

$$\frac{1}{b-a}\int_a^b f(x)\,\mathrm{d}x = \frac{1}{2}[f(a)+f(b)] \quad (a<b)$$

求证:存在 $x_0 \in (a,b)$,使 $f''(x_0)=0$.

2. 设函数 $f(x),g(x)$ 在 $[a,b]$ 上有连续的三阶导数,且 $g'''(x) \neq 0$. 证明:存在 $\eta \in (a,b)$,使

$$\frac{2[f(b)-f(a)]-(b-a)[f'(a)+f'(b)]}{2[g(b)-g(a)]-(b-a)[g'(a)+g'(b)]} = \frac{f'''(\eta)}{g'''(\eta)}$$

第8章 中矩形公式

用来近似计算定积分的公式有很多,下面我们介绍中矩形公式及其相关问题.

定理1 设函数 $f(x)$ 在 $[a,b]$ 上有二阶连续导数,则存在 $\xi\in(a,b)$,使

$$\int_a^b f(x)\mathrm{d}x = (b-a)f\left(\frac{a+b}{2}\right) + \frac{(b-a)^3}{24}f''(\xi) \tag{1}$$

证 由 Taylor 公式知,当 $x\in[a,b]$ 时

$$f(x) = f\left(\frac{a+b}{2}\right) + f'\left(\frac{a+b}{2}\right)\left(x - \frac{a+b}{2}\right) + \frac{f''(\eta)}{2}\left(x - \frac{a+b}{2}\right)^2$$

其中 η 介于 x 与 $\dfrac{a+b}{2}$ 之间.

上式对 x 从 a 到 b 积分,得

$$\int_a^b f(x)\mathrm{d}x = (b-a)f\left(\frac{a+b}{2}\right) + \frac{1}{2}\int_a^b f''(y)\left(x - \frac{a+b}{2}\right)^2\mathrm{d}x$$

由于 $\left(x - \dfrac{a+b}{2}\right)^2$ 在 $[a,b]$ 上不变号,故由积分第一中值定理知,存在 $\xi\in(a,b)$,使

$$\int_a^b f''(\eta)\left(x - \frac{a+b}{2}\right)^2\mathrm{d}x = f''(\xi)\int_a^b\left(x - \frac{a+b}{2}\right)^2\mathrm{d}x = \frac{(b-a)^3}{12}f''(\xi)$$

因此

$$\int_a^b f(x)\mathrm{d}x = (b-a)f\left(\frac{a+b}{2}\right) + \frac{(b-n)^3}{24}f''(\xi) \quad (a < \xi < b)$$

即式(1)成立.

若记 $M = (b-a)f\left(\dfrac{a+b}{2}\right)$,则 M 表示长为 $f\left(\dfrac{a+b}{2}\right)$,宽为 $b-a$ 的矩形图形的面积,又 $x = \dfrac{a+b}{2}$ 为 $x=a$ 和 $x=b$ 的中点,因而称

$$M = (b-a)f\left(\frac{a+b}{2}\right) \tag{2}$$

为近似计算积分 $\displaystyle\int_a^b f(x)\mathrm{d}x$ 的中矩形公式,而将

$$R_M = \int_a^b f(x)\,\mathrm{d}x - (b-a)f\left(\frac{a+b}{2}\right) = \frac{(b-a)^3}{24}f''(\xi) \tag{3}$$

称为用中矩形公式近似表示 $\int_a^b f(x)\,\mathrm{d}x$ 的误差或余项.

容易验证,若函数 $f(x)$ 是一次多项式,则近似公式

$$\int_a^b f(x)\,\mathrm{d}x \approx (b-a)f\left(\frac{a+b}{2}\right) \tag{4}$$

精确成立,即此时有

$$\int_a^b f(x)\,\mathrm{d}x = (b-a)f\left(\frac{a+b}{2}\right) \tag{5}$$

反之,若式(5)对任意的 a,b 成立,则 $f(x)$ 也一定是一次多项式函数.

例1 设函数 $f(x)$ 在区间 $[a,b]$ 上连续,且满足方程

$$\int_{x_1}^{x_2} f(x)\,\mathrm{d}x = (x_2 - x_1)f\left(\frac{x_1 + x_2}{2}\right) \tag{6}$$

$x_1 \neq x_2$ 且 $x_1, x_2 \in [a,b]$,求 $f(x)$.

解 因为 $f(x)$ 在 $[a,b]$ 上连续,所以 $\int_{x_1}^{x_2} f(x)\,\mathrm{d}x$ 作为 x_1 或 x_2 的函数在 $[a,b]$ 上可导,从而 $f\left(\frac{x_1+x_2}{2}\right)$ 关于 x_1 或 x_2 也可导. 式(6)两边对 x_2 求导数,得

$$f(x_2) = f\left(\frac{x_1+x_2}{2}\right) + \frac{1}{2}(x_2 - x_1)f'\left(\frac{x_1+x_2}{2}\right)$$

由上式知 $f'\left(\frac{x_1+x_2}{2}\right)$ 关于 x_1 或 x_2 也可导,上式两边对 x_1 求导数,得

$$\frac{1}{2}f'\left(\frac{x_1+x_2}{2}\right) - \frac{1}{2}f'\left(\frac{x_1+x_2}{2}\right) + \frac{1}{4}(x_2-x_1)f''\left(\frac{x_1+x_2}{2}\right) = 0$$

由 $x_1 \neq x_2$ 知 $f''\left(\frac{x_1+x_2}{2}\right) = 0$. 再由 x_1, x_2 的任意性,所以 $f''(x) = 0$,因此 $f(x)$ 为一次多项式函数.

由例1可知,等式(5)成立的充分必要条件是 $f(x)$ 为一次多项式函数,因此我们称中矩形公式(2)具有一次代数精确度.

例2 设 $f(x)$ 在 $[a,b]$ 上有二阶连续导数且 $f''(x) \geq 0$,证明

$$\int_a^b f(x)\,\mathrm{d}x \geq (b-a)f\left(\frac{a+b}{2}\right) \tag{7}$$

证 由于在 $[a,b]$ 上 $f''(x) \geq 0$,故由式(1)即可得到式(7).

例3 设 $f(x)$ 在 $[a,b]$ 上有连续的二阶导数,证明:差式

$$\triangle_n' = \int_a^b f(x)\,\mathrm{d}x - \frac{b-a}{n}\sum_{k=1}^{n} f\Big[a + (2k-1)\frac{b-a}{2n}\Big]$$

趋于 0 与 $\dfrac{1}{n^2}$ 同阶. 更确切地说, $\lim\limits_{n\to\infty} n^2\triangle_n'$ 存在, 试确定它的值.

解 将区间 $[a,b]$ n 等分, 设 $x_0 = a, x_n = b, x_k = a + k\dfrac{b-a}{n}, k = 0,1,2,\cdots,n$. 记 $[x_{k-1}, x_k]$ 的中点为 $x_{k-\frac{1}{2}} = x_0 + \dfrac{2k-1}{2}h\,(k=1,2,\cdots,n)$, 则由式 (1) 可知

$$\int_{x_{k-1}}^{x_k} f(x)\,\mathrm{d}x = hf(x_{k-\frac{1}{2}}) + \frac{h^3}{24}f''(\xi_k)\quad(x_{k-1} < \xi_k < x_k)$$

上式对 k 从 1 到 n 求和, 可得

$$\begin{aligned}
\triangle_n' &= \int_a^b f(x)\,\mathrm{d}x - \frac{b-a}{n}\sum_{k=1}^{n} f\Big[a + (2k-1)\frac{b-a}{2n}\Big] \\
&= \frac{(b-a)^3}{24n^2}\cdot\frac{b-a}{n}\sum_{k=1}^{n} f''(\xi_k)
\end{aligned}$$

由于 $f''(x)$ 在 $[a,b]$ 上连续, 从而 $f''(x)$ 在 $[a,b]$ 上可积, 故由上式可得

$$\lim_{n\to\infty} n^2\triangle_n' = \frac{(b-a)^2}{24}\int_a^b f''(x)\,\mathrm{d}x = \frac{(b-a)^2}{24}[f'(b) - f'(a)] \qquad (8)$$

由此知差式 $\triangle_n'$ 趋于 0 与 $\dfrac{1}{n^2}$ 同阶.

特别在式 (8) 中取 $a=0, b=1, f(x) = \dfrac{1}{1+x}$, 则有

$$\lim_{n\to\infty} n^2\Big[\ln 2 - \Big(\frac{2}{2n+1} + \frac{2}{2n+3} + \cdots + \frac{2}{4n-1}\Big)\Big] = \frac{1}{32} \qquad (9)$$

式 (9) 说明, 数列 $\Big\{\dfrac{2}{2n+1} + \dfrac{2}{2n+3} + \cdots + \dfrac{2}{4n-1}\Big\}$ 收敛于 $\ln 2$ 的速度与数列 $\Big\{\dfrac{1}{32n^2}\Big\}$ 收敛于 0 的速度是相同的.

由定理 1 可得如下的:

推论 1 设函数 $f(x)$ 在 $[a,b]$ 上有三阶连续导数, 则存在 $\xi \in (a,b)$, 使

$$f(b) = f(a) + (b-a)f'\Big(\frac{a+b}{2}\Big) + \frac{(b-a)^3}{24}f'''(\xi) \qquad (10)$$

证 在式 (1) 中用 $f'(x)$ 代替 $f(x)$ 即得所证. 反之, 若式 (10) 成立, 对 $F(x) = \int_a^x f(t)\,\mathrm{d}t$ 运用式 (10) 也可以得到式 (1).

下面我们再给出式 (10) 的几种不同证法 (也可以视为给出式 (1) 的几种不同

证法），另外说明式(10)的应用.

证法 1 利用 Taylor 公式.

将 $f(x)$ 在 $x_0 = \dfrac{a+b}{2}$ 处展成二阶 Taylor 公式，并分别令 $x=b, x=a$，可得

$$f(b) = f\left(\frac{a+b}{2}\right) + f'\left(\frac{a+b}{2}\right)\left(b - \frac{a+b}{2}\right) + \frac{1}{2}f''\left(\frac{a+b}{2}\right)\left(b - \frac{a+b}{2}\right)^2 +$$
$$\frac{1}{6}f'''(\xi_1)\left(b - \frac{a+b}{2}\right)^3$$

$$f(a) = f\left(\frac{a+b}{2}\right) + f'\left(\frac{a+b}{2}\right)\left(a - \frac{a+b}{2}\right) + \frac{1}{2}f''\left(\frac{a+b}{2}\right)\left(a - \frac{a+b}{2}\right)^2 +$$
$$\frac{1}{6}f'''(\xi_2)\left(a - \frac{a+b}{2}\right)^3$$

其中 $\xi_1, \xi_2 \in (a,b)$.

以上两式相减，得

$$f(b) = f(a) + (b-a)f'\left(\frac{a+b}{2}\right) + \frac{1}{48}[f'''(\xi_1) + f'''(\xi_2)](b-a)^3$$

由于 $f''(x)$ 在 $[a,b]$ 上连续，从而在 $[\xi_1,\xi_2]$ 上也连续，由闭区间上连续函数的性质知，存在 m 及 M，使

$$m \leqslant f'''(x) \leqslant M \quad (\xi_1 \leqslant x \leqslant \xi_2)$$

于是有

$$m \leqslant \frac{1}{2}[f'''(\xi_1) + f'''(\xi_2)] \leqslant M$$

再由连续函数的介值定理知，存在 $\xi \in [\xi_1,\xi_2] \subset (a,b)$，使

$$f'''(\xi) = \frac{1}{2}[f'''(\xi_1) + f'''(\xi_2)]$$

因此

$$f(b) = f(a) + (b-a)f'\left(\frac{a+b}{2}\right) + \frac{(b-a)^3}{24}f'''(\xi) \quad (a < \xi < b)$$

即式(10)成立.

注 若利用导函数的介值性即关于导函数的 Darboux 定理，推论 1 中 $f(x)$ 在 $[a,b]$ 上有三阶连续导数的条件可减弱为 $f(x)$ 在 $[a,b]$ 上三阶可导.

证法 2 利用待定 K 值法.

设

$$f(b) = f(a) + (b-a)f'\left(\frac{a+b}{2}\right) + \frac{(b-a)^3}{24}K \tag{11}$$

并令

$$\varphi(x) = f(x) - f(a) - (x-a)f'\left(\frac{a+x}{2}\right) - \frac{(x-a)^3}{24}K$$

则 $\varphi(x)$ 在 $[a,b]$ 上连续，在 (a,b) 内可导且 $\varphi(a) = \varphi(b) = 0$，故由 Rolle 定理知，存在 $x_0 \in (a,b)$，使 $\varphi'(x_0) = 0$，而

$$\varphi'(x) = f'(x) - f'\left(\frac{a+x}{2}\right) - \frac{x-a}{2}f''\left(\frac{a+x}{2}\right) - \frac{(x-a)^2}{8u}K$$

于是

$$f'(x_0) - f'\left(\frac{a+x_0}{2}\right) - \frac{x_0-a}{2}f''\left(\frac{a+x_0}{2}\right) - \frac{(x_0-a)^2}{8}K = 0 \qquad (12)$$

由 Taylor 公式知

$$f'(x_0) = f'\left(\frac{a+x_0}{2}\right) + \frac{x_0-a}{2}f''\left(\frac{a+x_0}{2}\right) + \frac{(x_0-a)^2}{8}f'''(\xi) \qquad (13)$$

其中 $\xi \in \left(\frac{a+x_0}{2}, x_0\right) \subset (a,b)$.

由式 (12)，(13) 得 $K = f'''(\xi)$，代入式 (11)，即得

$$f(b) = f(a) + (b-a)f'\left(\frac{a+b}{2}\right) + \frac{(b-a)^3}{24}f'''(\xi) \qquad (a < \xi < b)$$

即式 (10) 成立.

证法3 利用插值方法.

构造三次多项式 $P_3(x) = a_0 + a_1 x + a_2 x^2 + a_3 x^3$，使

$$P_3(a) = f(a), P_3(b) = f(b), P_3\left(\frac{a+b}{2}\right) = f\left(\frac{a+b}{2}\right), P_3'\left(\frac{a+b}{2}\right) = f'\left(\frac{a+b}{2}\right)$$

令 $\varphi(x) = f(x) - P_3(x)$，则 $\varphi(x)$ 在 $[a,b]$ 上有三阶连续导数且 $\varphi(a) = \varphi(b) = \varphi\left(\frac{a+b}{2}\right) = 0, \varphi'\left(\frac{a+b}{2}\right) = 0$. 反复运用 Rolle 定理知，存在 $\xi \in (a,b)$，使 $\varphi'''(\xi) = 0$. 而 $\varphi'''(x) = f'''(x) - 6a_3$，所以 $f'''(\xi) = 6a_3$.

由于 a_0, a_1, a_2, a_3 满足

$$a_0 + a_1 a + a_2 a^2 + a_3 a^3 = f(a)$$

$$a_0 + a_1 b + a_2 b^2 + a_3 b^3 = f(b)$$

$$a_0 + a_1\left(\frac{a+b}{2}\right) + a_2\left(\frac{a+b}{2}\right)^2 + a_3\left(\frac{a+b}{2}\right)^3 = f\left(\frac{a+b}{2}\right)$$

$$a_1 + 2a_2\left(\frac{a+b}{2}\right) + 3a_3\left(\frac{a+b}{2}\right)^2 = f'\left(\frac{a+b}{2}\right)$$

从以上四式中消去 a_0, a_1, a_2, 解得

$$a_3 = \frac{4}{(b-a)^3}\left[f(b) - (b-a)f'\left(\frac{a+b}{2}\right) - f(a)\right]$$

所以

$$f(b) = f(a) + (b-a)f'\left(\frac{a+b}{2}\right) + \frac{(b-a)^3}{24}f'''(\xi) \quad (a < \xi < b)$$

证法4 利用行列式构造辅助函数. 令

$$\varphi(x) = \begin{vmatrix} 1 & 1 & 1 & 1 & 0 \\ x & a & b & \dfrac{a+b}{2} & 1 \\ x^2 & a^2 & b^2 & \left(\dfrac{a+b}{2}\right)^2 & a+b \\ x^3 & a^3 & b^3 & \left(\dfrac{a+b}{2}\right)^3 & \dfrac{3}{2}\left(\dfrac{a+b}{2}\right)^2 \\ f(x) & f(a) & f(b) & f\left(\dfrac{a+b}{2}\right) & f'\left(\dfrac{a+b}{2}\right) \end{vmatrix}$$

则 $\varphi(x)$ 在 $[a,b]$ 上具有三阶连续导数且

$$\varphi(a) = \varphi(b) = \varphi\left(\frac{a+b}{2}\right) = 0, \varphi'\left(\frac{a+b}{2}\right) = 0$$

反复运用 Rolle 定理知, 存在 $\xi \in (a,b)$, 使 $\varphi'''(\xi) = 0$, 即有

$$\begin{vmatrix} 0 & 1 & 1 & 1 & 0 \\ 0 & a & b & \dfrac{a+b}{2} & 1 \\ 0 & a^2 & b^2 & \left(\dfrac{a+b}{2}\right)^2 & a+b \\ 6 & a^3 & b^3 & \left(\dfrac{a+b}{2}\right)^3 & \dfrac{3}{2}\left(\dfrac{a+b}{2}\right)^2 \\ f'''(\xi) & f(a) & f(b) & f\left(\dfrac{a+b}{2}\right) & f'\left(\dfrac{a+b}{2}\right) \end{vmatrix} = 0$$

左边行列式按第 1 列展开并整理, 即得

$$f(b) = f(a) + (b-a)f'\left(\frac{a+b}{2}\right) + \frac{(b-a)^3}{24}f'''(\xi) \quad (a < \xi < b)$$

即式(10)成立.

例 4 设 $f(x)$ 在 $[0,1]$ 上具有三阶连续导数, 且 $f(0) = 1, f(1) = 2, f'\left(\dfrac{1}{2}\right) = 0$,

证明在$(0,1)$内至少存在一点ξ,使$|f'''(\xi)|\geqslant24$.(全国,1987年副卷)

证 取$a=0,b=1$,则由题设知$f(a)=1,f(b)=2,f'\left(\dfrac{a+b}{2}\right)=0$,则由式(10)可知$f'''(\xi)=24$,因此要证的结论成立.

例5 设$f(x)$在区间$[-1,1]$上三次可微,证明存在实数$\xi\in(-1,1)$,使得

$$\frac{f'''(\xi)}{6}=\frac{f(1)-f(-1)}{2}-f'(0)$$

(第十二届国际大学生数学竞赛试题,2005;第十八届北京市大学生数学竞赛试题,2007)

证 取$a=-1,b=1$,由式(10)并稍加整理即得所证等式.

同梯形公式一节类似,我们也可以将式(1)推广为两个函数的情形.

定理2 设函数$f(x),g(x)$在$[a,b]$上有二阶连续导数且$g''(x)\neq0$,则存在$\xi\in(a,b)$,使

$$\frac{\displaystyle\int_a^b f(x)\,\mathrm{d}x-(b-a)f\left(\frac{a+b}{2}\right)}{\displaystyle\int_a^b g(x)\,\mathrm{d}x-(b-a)g\left(\frac{a+b}{2}\right)}=\frac{f''(\xi)}{g''(\xi)}\tag{14}$$

证 设

$$\frac{\displaystyle\int_a^b f(x)\,\mathrm{d}x-(b-a)f\left(\frac{a+b}{2}\right)}{\displaystyle\int_a^b g(x)\,\mathrm{d}x-(b-a)g\left(\frac{a+b}{2}\right)}=K$$

则

$$\int_a^b f(x)\,\mathrm{d}x-(b-a)f\left(\frac{a+b}{2}\right)-K\left[\int_a^b g(x)\,\mathrm{d}x-(b-a)g\left(\frac{a+b}{2}\right)\right]=0\tag{15}$$

设

$$F(x)=\int_a^x f(t)\,\mathrm{d}t-(x-a)f\left(\frac{a+x}{2}\right)-K\left[\int_a^x g(t)\,\mathrm{d}t-(x-a)g\left(\frac{a+x}{2}\right)\right]$$

则有$F(a)=F(b)=0$.对$F(x)$在$[a,b]$上运用Rolle定理知,存在$x_0\in(a,b)$,使$F'(x_0)=0$.亦即

$$f(x_0)-f\left(\frac{a+x_0}{2}\right)-\frac{x_0-a}{2}f'\left(\frac{a+x_0}{2}\right)-K\left[g(x_0)-g\left(\frac{a+x_0}{2}\right)-\frac{x_0-a}{2}g'\left(\frac{a+x_0}{2}\right)\right]=0\tag{16}$$

设$H(x)=f(x)-Kg(x)$,将$H(x_0)$在$\dfrac{a+x_0}{2}$处展开,有

$$f(x_0) - Kg(x_0) = f\left(\frac{a+x_0}{2}\right) - Kg\left(\frac{a+x_0}{2}\right) + \frac{x_0 - a}{2}f'\left(\frac{a+x_0}{2}\right) -$$

$$K\frac{x_0 - a}{2}g'\left(\frac{a+x_0}{2}\right) + \frac{(x_0 - a)^2}{8}f''(\xi) - K\frac{(x_0 - a)^2}{8}g''(\xi) \quad (17)$$

其中 $\xi \in (a,b)$.

由式(16),(17),$K = \dfrac{f''(\xi)}{g''(\xi)}$,因而式(14)成立.

特别在式(14)中取 $g(x) = x^2$ 即可得到式(1).

若在式(14)中用 $f'(x),g'(x)$ 分别代替 $f(x),g(x)$ 则有:

推论2 设函数 $f(x),g(x)$ 在 $[a,b]$ 上有三阶连续导数且 $g'''(x) \neq 0$,则存在 $\xi \in (a,b)$,使

$$\frac{f(b) - f(a) - (b-a)f'\left(\frac{a+b}{2}\right)}{g(b) - g(a) - (b-a)g'\left(\frac{a+b}{2}\right)} = \frac{f'''(\xi)}{g'''(\xi)} \quad (18)$$

特别在式(18)中取 $g(x) = x^3$ 即可得到式(10).

下面的问题可利用本节的定理或推论求解.

1. 设函数 $f(x)$ 在 $[a,b]$ 上有连续的二阶导数,且

$$\frac{1}{b-a}\int_a^b f(x)\,\mathrm{d}x = f\left(\frac{a+b}{2}\right) \quad (a < b)$$

求证:存在 $x_0 \in (a,b)$,使 $f''(x_0) = 0$.

2. 设函数 $f(x)$ 在闭区间 $[-1,1]$ 上具有三阶连续导数,且 $f(-1) = 0,f(1) = 1,f'(0) = 0$,证明:在开区间 $(-1,1)$ 内至少存在一点 ξ,使 $f'''(\xi) = 3$.(全国,1999)

3. 设函数 $f(x)$ 在闭区间 $[-\delta,\delta]$ $(\delta > 0)$ 上具有三阶连续导数,且 $f(-\delta) = -\delta,f(\delta) = \delta,f'(0) = 0$,证明在开区间 $(-\delta,\delta)$ 内至少存在一点 ξ,使 $\delta^2 f'''(\xi) = 6$.(陕西省第四次大学生高等数学竞赛试题,2001)

第 9 章　Simpson 公式

这一节我们介绍积分近似计算中著名的 Simpson(辛甫生)公式及其相关问题.

定理 1　设函数 $f(x)$ 在 $[a,b]$ 上有 4 阶连续导数,则存在 $\xi \in (a,b)$,使

$$\int_a^b f(x)\,\mathrm{d}x = \frac{b-a}{6}\left[f(a) + 4f\left(\frac{a+b}{2}\right) + f(b)\right] - \frac{(b-a)^5}{2\,880}f^{(4)}(\xi) \tag{1}$$

定理 1 的证明因涉及数值分析的相关知识,故这里略去其证明.

若记

$$S = \frac{b-a}{6}\left[f(a) + 4f\left(\frac{a+b}{2}\right) + f(b)\right] \tag{2}$$

则称式(2)为近似计算积分 $\int_a^b f(x)\,\mathrm{d}x$ 的 Simpson 公式,而将

$$R_S = \int_a^b f(x)\,\mathrm{d}x - \frac{b-a}{6}\left[f(a) + 4f\left(\frac{a+b}{2}\right) + f(b)\right] = -\frac{(b-a)^5}{2\,880}f^{(4)}(\xi) \tag{3}$$

称为用 Simpson 公式近似表示 $\int_a^b f(x)\,\mathrm{d}x$ 的误差或余项.

与梯形公式、中矩形公式类似,Simpson 公式(2)也有其几何解释.

设抛物线 $P_2(x)$ 的对称轴平行于 y 轴且经过三点:$A(a,f(a))$,$B(b,f(b))$,$C(c,f(c))$,其中 $c = \dfrac{a+b}{2}$,可以证明(2)中的 S 表示由直线 $x=a$,$x=b$,$y=0$ 及抛物线 $P_2(x)$ 所围成曲边梯形的面积. 因而 Simpson 公式(2)也称为抛物线求积公式.

设抛物线的方程为

$$f(x) = \alpha x^2 + \beta x + \gamma$$

其中常数 α,β,γ 由方程组

$$\begin{cases} \alpha a^2 + \beta a + \gamma = f(a) \\ \alpha b^2 + \beta b + \gamma = f(b) \\ \alpha c^2 + \beta c + \gamma = f(c) \end{cases}$$

所确定,则曲边梯形的面积为

$$\int_a^b (\alpha x^2 + \beta x + \gamma)\, dx$$

$$= \frac{\alpha}{3}(b^3 - a^3) + \frac{\beta}{2}(b^2 - a^2) + \gamma(b - a)$$

$$= \frac{b-a}{6}\big[(\alpha a^2 + \beta a + \gamma) + (\alpha b^2 + \beta b + \gamma) + \alpha(a+b)^2 + 2\beta(a+b) + 4\gamma\big]$$

$$= \frac{b-a}{6}\big[f(a) + f(b) + 4(\alpha c^2 + \beta c + \gamma)\big]$$

$$= \frac{b-a}{6}\Big[f(a) + 4f\Big(\frac{a+b}{2}\Big) + f(b)\Big]$$

$$= S$$

容易验证:若函数 $f(x)$ 分别取为 $1, x, x^2, x^3$ 时,近似公式

$$\int_a^b f(x)\, dx \approx \frac{b-a}{6}\Big[f(a) + 4f\Big(\frac{a+b}{2}\Big) + f(b)\Big] \tag{4}$$

精确成立,即此时有

$$\int_a^b f(x)\, dx = \frac{b-a}{6}\Big[f(a) + 4f\Big(\frac{a+b}{2}\Big) + f(b)\Big]$$

因而由定积分的性质知,对 $1, x, x^2, x^3$ 的线性组合亦即任意的 3 次多项式,式(4)精确成立,因此 Simpson 公式具有 3 次代数精确度.

与对梯形公式、中矩形公式的讨论相类似,若从反面去考虑问题,我们有如下的:

命题 1 设函数 $f(x)$ 为 $(-\infty, +\infty)$ 上的连续函数,且对任意的实数 $a, b\,(a \neq b)$ 有

$$\int_a^b f(x)\, dx = \frac{b-a}{6}\Big[f(a) + 4f\Big(\frac{a+b}{2}\Big) + f(b)\Big] \tag{5}$$

则 $f(x)$ 为次数不超过 3 的多项式.

证 因为 $f(x)$ 为连续函数,故由式(5)知 $f(x)$ 具有任意阶导数.

式(5)两端乘以 6 并对 b 求导数,得

$$6f(b) = f(a) + 4f\Big(\frac{a+b}{2}\Big) + f(b) + (b-a)\Big[2f'\Big(\frac{a+b}{2}\Big) + f'(b)\Big]$$

上式两边对 a 求导数,得

$$0 = f'(a) + 2f'\Big(\frac{a+b}{2}\Big) - 2f'\Big(\frac{a+b}{2}\Big) - f'(b) + (b-a)f''\Big(\frac{a+b}{2}\Big)$$

即

$$f'(b) - f'(a) = (b-a)f''\left(\frac{a+b}{2}\right)$$

上式两边对 b 求导数, 得

$$f''(b) = f''\left(\frac{a+b}{2}\right) + \frac{b-a}{2}f'''\left(\frac{a+b}{2}\right)$$

两边再对 a 求导数, 得

$$0 = \frac{1}{2}f'''\left(\frac{a+b}{2}\right) - \frac{1}{2}f'''\left(\frac{a+b}{2}\right) + \frac{b-a}{4}f^{(4)}\left(\frac{a+b}{2}\right)$$

即

$$(b-a)f^{(4)}\left(\frac{a+b}{2}\right) = 0$$

由于 $a \neq b$, 所以 $f^{(4)}\left(\frac{a+b}{2}\right) = 0$. 再由 a, b 的任意性, 故对任意的 $x, f^{(4)}(x) = 0$, 从而 $f(x)$ 为次数不超过 3 的多项式.

由命题 1 可知, 等式 (5) 成立的充分必要条件是 $f(x)$ 为 3 次多项式函数.

利用类似的方法, 我们还可以证明比命题 1 更为一般的结论, 即有如下的:

命题 2 设 $\alpha_0, \alpha_1, \alpha_2, \lambda_0, \lambda_1$ 均为正数, 且 $\alpha_0 + \alpha_1 + \alpha_2 = 1, \lambda_0 + \lambda_1 = 1$. 若对任意的实数 a, b, 有

$$\int_a^b f(x)\,dx = (b-a)\left[\alpha_0 f(a) + \alpha_1 f(\lambda_0 a + \lambda_1 b) + \alpha_2 f(b)\right] \tag{6}$$

则 $f(x)$ 为次数不超过 3 的多项式.

若考虑式 (3) 积分余项中 ξ 的渐近性质, 我们有如下的:

命题 3 设函数 $f(x)$ 在 $[a, b]$ 上有连续的 5 阶导数且 $f^{(5)}(a) \neq 0$, 则对于 (3) 中的 ξ, 有

$$\lim_{b \to a^+} \frac{\xi - a}{b - a} = \frac{1}{2} \tag{7}$$

证 由于所考虑的极限为 $b \to a^+$ 的情形, 故由题设条件与带有 Peano 余项的 Taylor 公式, 有

$$\int_a^b f(x)\,dx = f(a)(b-a) + \frac{f'(a)}{2!}(b-a)^2 + \frac{f''(a)}{3!}(b-a)^3 +$$

$$\frac{f'''(a)}{4!}(b-a)^4 + \frac{f^{(4)}(a)}{5!}(b-a)^5 + \frac{f^{(5)}(a)}{6!}(b-a)^6 + o((b-a)^6)$$

$$f\left(\frac{a+b}{2}\right) = f(a) + f'(a)\left(\frac{b-a}{2}\right) + \frac{f''(a)}{2!}\left(\frac{b-a}{2}\right)^2 + \frac{f'''(a)}{3!}\left(\frac{b-a}{2}\right)^3 +$$

$$\frac{f^{(4)}(a)}{4!}\left(\frac{b-a}{2}\right)^4 + \frac{f^{(5)}(a)}{5!}\left(\frac{b-a}{2}\right)^5 + o((b-a)^5)$$

$$f(b) = f(a) + f'(a)(b-a) + \frac{f''(a)}{2!}(b-a)^2 + \frac{f'''(a)}{3!}(b-a)^3 +$$

$$\frac{f^{(4)}(a)}{4!}(b-a)^4 + \frac{f^{(5)}(a)}{5!}(b-a)^5 + o((b-a)^5)$$

$$f^{(4)}(\xi) = f^{(4)}(a) + f^{(5)}(a)(\xi-a) + o((\xi-a))$$

将以上各式代入式(1)并化简,得

$$\frac{1}{2}f^{(5)}(a)(b-a) + o((b-a)) = f^{(5)}(a)(\xi-a) + o((\xi-a))$$

由于 $b \to a^+$, $\xi \in (a,b)$,故当 $b \to a^+$ 时,$\xi \to a^+$. 又 $f^{(5)}(a) \neq 0$,所以

$$\lim_{b \to a^+}\frac{\xi-a}{b-a} = \frac{1}{2}$$

即式(7)成立.

若取 $\frac{\xi-a}{b-a} \approx \frac{1}{2}$,则 $\xi \approx \frac{a+b}{2}$,由此我们可对式(3)中的积分余项作出估计,即

$$-\frac{(b-a)^5}{2\ 880}f^{(4)}(\xi) \approx -\frac{(b-a)^5}{2\ 880}f^{(4)}\left(\frac{a+b}{2}\right)$$

从而由式(1)知

$$\int_a^b f(x)\,\mathrm{d}x \approx \frac{b-a}{6}\left[f(a) + 4f\left(\frac{a+b}{2}\right) + f(b)\right] - \frac{(b-a)^5}{2\ 880}f^{(4)}\left(\frac{a+b}{2}\right) \tag{8}$$

经简单计算可以验证,对于任意次数不超过 5 的多项式函数 $f(x)$,式(8)精确成立,也就是说式(8)具有 5 次代数精确度,因而式(8)比式(4)更精确.

例 1 证明:夹在两平行平面之间的几何体,如果被平行于这两个平面的任何平面所截,截得的截面面积是截面距底平面高度的不超过 3 次的多项式函数,则此几何体的体积为

$$V = \frac{h}{6}(A_上 + 4A_中 + A_下) \tag{9}$$

其中 h 是几何体的高,$A_上$,$A_下$ 和 $A_中$ 分别表示几何体的上、下底面和中截面面积.

证 利用平行截面面积为已知,求立体体积的应积分方法很容易得到式(9).

设此立体的底面垂直于 x 轴,下底面过坐标原点,立体的高为 h,平行于底面的截面面积 $A(x) = ax^3 + bx^2 + cx + d$,其中 a,b,c,d 为常数,则此立体体积

$$V = \int_0^h A(x)\,\mathrm{d}x = \int_0^h (ax^3 + bx^2 + cx + d)\,\mathrm{d}x$$

$$= \frac{1}{4}ah^4 + \frac{1}{3}bh^3 + \frac{1}{2}ch^2 + dh$$

由于

$$A_{下} = A(0) = d$$

$$A_{中} = A\left(\frac{h}{2}\right) = \frac{1}{8}ah^3 + \frac{1}{4}bh^2 + \frac{1}{2}ch + d$$

$$A_{上} = A(h) = ah^3 + bh^2 + ch + d$$

故

$$V = \frac{h}{6}(A_{上} + 4A_{中} + A_{下})$$

即式(9)成立.

由于 Simpson 公式(2)具有 3 次代数精确度,即当 $f(x)$ 为 x 的不超过 3 次的多项式函数时式(5)成立,故不需要计算积分 $\int_0^h A(x)\,\mathrm{d}x$,利用式(5)便可直接得式(9),因而很多微积分课外读物也将式(9)称为 Simpson 公式.

例 2 求由曲面 $ax = y^2 + z^2$ 及 $x = \sqrt{y^2 + z^2}\,(a>0)$ 所围立体的体积. (鞍山钢铁学院,1982)

解 解方程组

$$\begin{cases} ax = y^2 + z^2 \\ x = \sqrt{y^2 + z^2} \end{cases}$$

得 $x = a$,即两曲面相交于平面 $x = a$. 用平面 $x = t\,(0 \le t \le a)$ 去截已知立体,则截面为一圆环,其面积为 $f(t) = \pi(at - t^2)$. 由于 $f(0) = 0, f\left(\frac{a}{2}\right) = \pi\left(\frac{a^2}{2} - \frac{a^2}{4}\right) = \frac{\pi}{4}a^2$,$f(a) = 0$. 故由式(5)[或式(9)]知所求立体体积

$$V = \frac{a}{6}\left(0 + 4 \cdot \frac{\pi}{4}a^2 + 0\right) = \frac{\pi}{6}a^3$$

例 3 已知点 A 与 B 的直角坐标分别为 $(1,0,0)$ 与 $(0,1,1)$. 线段 AB 绕 z 轴旋转一周所成的旋转曲面为 S,求 S 及两平面 $z = 0, z = 1$ 所围成的立体体积. (全国,1994)

解 直线 AB 的方程为 $\frac{x-1}{-1} = \frac{y}{1} = \frac{z}{1}$,即

$$\begin{cases} x = 1 - z \\ y = z \end{cases}$$

在 z 轴上截距为 z 的水平面截此旋转体所得截面为一个圆,如图 9.1,此截面与 z 轴交于点 $Q(0,0,z)$,与 AB 交于点 $M(1-z,z,z)$,故截面圆半径

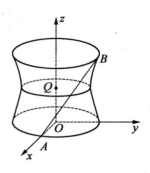

$$r(z) = \sqrt{(1-z)^2 + z^2} = \sqrt{1 - 2z + 2z^2}$$

从而截面面积 $f(z) = \pi(1 - 2z + 2z^2)$ $(0 \le z \le 1)$. 由

于 $f(0) = \pi, f\left(\dfrac{1}{2}\right) = \pi\left(1 - 1 + \dfrac{1}{2}\right) = \dfrac{\pi}{2}, f(1) = \pi$. 故

由式(5)知所求旋转体体积

$$V = \frac{1}{6}\left(\pi + 4 \cdot \frac{\pi}{2} + \pi\right) = \frac{2}{3}\pi$$

图 9.1

例4 计算 $I = \iint\limits_{\Sigma} \dfrac{axdydz + (z+a)^2 dxdy}{(x^2 + y^2 + z^2)^{1/2}}$,其中 Σ

为下半球面 $z = -\sqrt{a^2 - x^2 - y^2}$ 的上侧,a 为大于零

的常数.(全国,1998)

解 $I = \iint\limits_{\Sigma} \dfrac{axdydz + (z+a)^2 dxdy}{(x^2 + y^2 + z^2)^{1/2}} = \dfrac{1}{a} \iint\limits_{\Sigma} axdydz + (z+a)^2 dxdy$

补一块有向平面

$$S^- : \begin{cases} x^2 + y^2 \le a^2 \\ z = 0 \end{cases}$$

其法向量与 z 轴正向相反,从而得到

$$I = \frac{1}{a}\left[\iint\limits_{\Sigma + S^-} axdydz + (z+a)^2 dxdy - \iint\limits_{S^-} axdydz + (z+a)^2 dxdy \right]$$

$$= \frac{1}{a}\left[-\iiint\limits_{\Omega} (3a + 2z) dV + \iint\limits_{D} a^2 dxdy \right]$$

其中 Ω 为 $\Sigma + S^-$ 围成的空间区域,D 为 $z = 0$ 上的平面区域 $x^2 + y^2 \le a^2$.

用 $z = t$ $(-a \le t \le 0)$ 去截 Ω,所得截面为圆域,其面积为 $\pi(a^2 - t^2)$,故

$$\iiint\limits_{\Omega} zdV = \pi \int_{-a}^{0} t(a^2 - t^2) dt$$

记 $f(t) = t(a^2 - t^2)$ $(-a \le t \le 0)$,由于 $f(-a) = 0, f\left(-\dfrac{a}{2}\right) = -\dfrac{3}{8}a^3, f(0) = 0$,

故由式(5)可知

$$\iiint\limits_{\Omega} zdV = -\frac{\pi}{4}a^4$$

又由二重积分、三重积分的几何意义知

$$\iint\limits_{D} dxdy = \pi a^2, \quad \iiint\limits_{\Omega} dV = \frac{2}{3}\pi a^3$$

因此
$$I = \frac{1}{a}\left(-2\pi a^4 + \frac{\pi}{2} a^4 + \pi a^4 \right) = -\frac{\pi}{2} a^3$$

下面的问题供做练习之用.

1. 设函数 $f(x)$ 在 $[a,b]$ 上有 3 阶连续导数, ξ_1, ξ_2 分别由

$$\int_a^b f(x)\,\mathrm{d}x = \frac{b-a}{2}[f(a) + f(b)] - \frac{(b-a)^3}{12} f''(\xi_1) \quad (a < \xi_1 < b)$$

$$\int_a^b f(x)\,\mathrm{d}x = (b-a)f\left(\frac{a+b}{2}\right) + \frac{(b-a)^3}{24} f''(\xi_2) \quad (a < \xi_2 < b)$$

两式所确定,若 $f^{(3)}(a) \neq 0$,证明

$$\lim_{b \to a^+} \frac{\xi_1 - a}{b - a} = \frac{1}{2}$$

$$\lim_{b \to a^+} \frac{\xi_2 - a}{b - a} = \frac{1}{2}$$

并证明:当 $f(x)$ 为次数不超过 3 的多项式函数时,有

$$\int_a^b f(x)\,\mathrm{d}x = \frac{b-a}{2}[f(a) + f(b)] - \frac{(b-a)^3}{12} f''\left(\frac{a+b}{2}\right)$$

$$\int_a^b f(x)\,\mathrm{d}x = (b-a)f\left(\frac{a+b}{2}\right) + \frac{(b-a)^3}{24} f''\left(\frac{a+b}{2}\right)$$

2. 利用本节中的公式(5)或第 1 题中的两个积分计算公式计算以下各题.

（ⅰ）曲面 $x^2 + y^2 + az = 4a^2$ 将以 $x^2 + y^2 + z^2 = 4az\ (a > 0)$ 为球面的球体分成两部分,求此两部分体积之比.（北方交通大学,1981）

（ⅱ）已知两个球的半径分别为 a 和 $b\ (a > b)$ 且小球球心在大球球面上,试求小球在大球内那一部分体积.（山东大学,1980）

（ⅲ）设平面图形 A 由 $x^2 + y^2 \leq 2x$ 与 $y \geq x$ 所确定,求图形 A 绕直线 $x = 2$ 旋转一周所得旋转体的体积.（全国,1993）

第 10 章　一个积分不等式及其应用

这一节我们将给出一个新的积分不等式,然后说明其应用.

定理　设 $\varphi(x),f(x)$ 为 $[a,b]$ 上的正值连续函数,实数 l,m,r,s 满足 $l+m=r+s$ 且 $l\geqslant r\geqslant s\geqslant m$,则有

$$\int_a^b \varphi(x)f^l(x)\mathrm{d}x \int_a^b \varphi(x)f^m(x)\mathrm{d}x \geqslant \int_a^b \varphi(x)f^r(x)\mathrm{d}x \int_a^b \varphi(x)f^s(x)\mathrm{d}x \quad (1)$$

其中等号当且仅当 $m=s(l=r)$ 时成立.

证　当 $x>a$ 时,令

$$F(x) = \int_a^x \varphi(t)f^l(t)\mathrm{d}t \int_a^x \varphi(t)f^m(t)\mathrm{d}t - \int_a^x \varphi(t)f^r(t)\mathrm{d}t \int_a^x \varphi(t)f^s(t)\mathrm{d}t$$

则

$$F'(x) = \varphi(x)f^l(x)\int_a^x \varphi(t)f^m(t)\mathrm{d}t + \varphi(x)f^m(x)\int_a^x \varphi(t)f^l(t)\mathrm{d}t -$$

$$\varphi(x)f^r(x)\int_a^x \varphi(t)f^s(t)\mathrm{d}t - \varphi(x)f^s(x)\int_a^x \varphi(t)f^r(t)\mathrm{d}t$$

$$= \varphi(x)\int_a^x \varphi(t)[f^l(x)f^m(t) + f^m(x)f^l(t) - f^r(x)f^s(t) - f^s(x)f^r(t)]\mathrm{d}t$$

$$(2)$$

由于 $f(x)>0,f(t)>0,l\geqslant r\geqslant s\geqslant m$ 且 $l+m=r+s$,所以
$$[f^{r-m}(x) - f^{r-m}(t)][f^{s-m}(x) - f^{s-m}(t)] \geqslant 0$$

展开后得
$$f^{r+s-2m}(x) + f^{r+s-2m}(t) \geqslant f^{r-m}(x)f^{s-m}(t) + f^{s-m}(x)f^{r-m}(t)$$

上式两边同乘以 $f^m(x)f^m(t)$ 并整理,得
$$f^l(x)f^m(t) + f^m(x)f^l(t) \geqslant f^r(x)f^s(t) + f^s(x)f^r(t) \quad (3)$$

由式(2),(3)知,当 $x>a$ 时,$F'(x)\geqslant 0$,从而当 $x>a$ 时,$F(x)$ 单调递增. 又 $F(a)=0$,故 $F(x)\geqslant 0$. 特别有 $F(b)\geqslant 0$,即不等式(1)成立.

由于不等式(3)中等号当且仅当 $m=s($ 从而 $l=r)$ 时成立,故式(1)中等号当且仅当 $m=s(l=r)$ 时成立.

在式(1)中令 $l=1,m=-1,r=s=0$,则有

$$\int_a^b \varphi(x)f(x)\,\mathrm{d}x \int_a^b \frac{\varphi(x)}{f(x)}\mathrm{d}x \geqslant \left[\int_a^b \varphi(x)\,\mathrm{d}x\right]^2 \tag{4}$$

若 $h(x),g(x)$ 为 $[a,b]$ 上的连续函数 $[g(x)\neq 0]$,在式(4)中取 $\varphi(x)=|h(x)g(x)|,f(x)=\dfrac{|h(x)|}{|g(x)|}$,则有

$$\int_a^b h^2(x)\,\mathrm{d}x \int_a^b g^2(x)\,\mathrm{d}x \geqslant \left[\int_a^b |h(x)||g(x)|\mathrm{d}x\right]^2$$

从而

$$\int_a^b h^2(x)\,\mathrm{d}x \int_a^b g^2(x)\,\mathrm{d}x \geqslant \left[\int_a^b h(x)g(x)\,\mathrm{d}x\right]^2 \tag{5}$$

不等式(5)即著名的积分形式的 Cauchy-Schwarz 不等式($h(x),g(x)$ 的条件可减弱为在 $[a,b]$ 上可积).

在式(4)中取 $\varphi(x)\equiv 1$,则有

$$\frac{1}{b-a}\int_a^b f(x)\,\mathrm{d}x \geqslant \frac{b-a}{\displaystyle\int_a^b \frac{\mathrm{d}x}{f(x)}} \tag{6}$$

不等式(6)即连续形式的算术 - 调和平均不等式.

下面再给出两个例子说明式(1)的应用.

例 1 设有正项等比数列 $\{p_i\}(i=1,2,\cdots)$(公比 $q\neq 1$),自然数 l,m,r,s 满足 $l+m=r+s$ 且 $l\geqslant r\geqslant s\geqslant m$,证明

$$\left(\frac{1}{l}\sum_{i=1}^l p_i\right)\left(\frac{1}{m}\sum_{i=1}^m p_i\right) \geqslant \left(\frac{1}{r}\sum_{i=1}^r p_i\right)\left(\frac{1}{s}\sum_{i=1}^s p_i\right) \tag{7}$$

证 设数列 $\{p_i\}$ 的公比 $q=\dfrac{b}{a}>1,b>a>0$,在不等式(1)中取 $f(x)=x$,$\varphi(x)=\dfrac{1}{x}$,则有

$$\int_a^b x^{l-1}\,\mathrm{d}x \int_a^b x^{m-1}\,\mathrm{d}x \geqslant \int_a^b x^{r-1}\,\mathrm{d}x \int_a^b x^{s-1}\,\mathrm{d}x$$

即

$$\frac{1}{l}(b^l-a^l)\cdot\frac{1}{m}(b^m-a^m) \geqslant \frac{1}{r}(b^r-a^r)\cdot\frac{1}{s}(b^s-a^s)$$

或

$$\left(\frac{1}{l}\sum_{k=0}^{l-1}a^k b^{l-k-1}\right)\left(\frac{1}{m}\sum_{k=0}^{m-1}a^k b^{m-k-1}\right) \geqslant \left(\frac{1}{r}\sum_{k=0}^{r-1}a^k b^{r-k-1}\right)\left(\frac{1}{s}\sum_{k=0}^{s-1}a^k b^{s-k-1}\right)$$

对上式稍加变形即得式(7).

当公比 $0 < q < 1$ 时同理可证式(7)也成立.

例2 设函数 $f(x)$ 连续且恒大于零

$$F(t) = \frac{\underset{V_l(t)}{\iint \cdots \int} f(x_1^2 + x_2^2 + \cdots + x_l^2) dx_1 dx_2 \cdots dx_l}{\underset{V_p(t)}{\iint \cdots \int} f(x_1^2 + x_2^2 + \cdots + x_p^2) dx_1 dx_2 \cdots dx_p}$$

$$G(t) = \frac{\underset{V_q(t)}{\iint \cdots \int} f(x_1^2 + x_2^2 + \cdots + x_q^2) dx_1 dx_2 \cdots dx_q}{\underset{V_m(t)}{\iint \cdots \int} f(x_1^2 + x_2^2 + \cdots + x_m^2) dx_1 dx_2 \cdots dx_m}$$

其中 l, m, p, q 为自然数,且 $l \geqslant p \geqslant q \geqslant m$, $l + m = p + q$.

$V_n(t) = \{(x_1, x_2, \cdots, x_n) \mid x_1^2 + x_2^2 + \cdots + x_n^2 \leqslant t^2\}$, $n = l, m, p, q$, 证明:

(i) $F(t), G(t)$ 为区间 $(0, +\infty)$ 内的单调递增函数;

(ii) 当 $t > 0$ 时

$$F(t) \geqslant \frac{\Gamma\left(\dfrac{p}{2}\right) \Gamma\left(\dfrac{q}{2}\right)}{\Gamma\left(\dfrac{l}{2}\right) \Gamma\left(\dfrac{m}{2}\right)} G(t) \tag{8}$$

其中 $\Gamma(x)$ 表示 Γ – 函数.

证 引入 n 维球坐标变换

$$x_1 = r \cos \varphi_1$$
$$x_2 = r \sin \varphi_1 \cos \varphi_2$$
$$x_3 = r \sin \varphi_1 \sin \varphi_2 \cos \varphi_3$$
$$\vdots$$
$$x_n = r \sin \varphi_1 \sin \varphi_2 \cdots \sin \varphi_{n-2} \sin \varphi_{n-1}$$

经计算可知

$$\underset{V_n(t)}{\iint \cdots \int} f(x_1^2 + x_2^2 + \cdots + x_n^2) dx_1 dx_2 \cdots dx_n = \frac{2\pi^{\frac{n}{2}}}{\Gamma\left(\dfrac{n}{2}\right)} \int_0^t r^{n-1} f(r^2) dr$$

(可参阅:Γ·Μ·菲赫金哥尔茨著,吴亲仁,路见可译,微积分学教程(三卷二分册),人民教育出版社,1957),故有

$$F(t) = \pi^{\frac{l-p}{2}} \frac{\Gamma\left(\dfrac{p}{2}\right)}{\Gamma\left(\dfrac{l}{2}\right)} \cdot \frac{\displaystyle\int_0^t r^{l-1} f(r^2)\,\mathrm{d}r}{\displaystyle\int_0^t r^{p-1} f(r^2)\,\mathrm{d}r} \qquad (9)$$

$$G(t) = \pi^{\frac{q-m}{2}} \frac{\Gamma\left(\dfrac{m}{2}\right)}{\Gamma\left(\dfrac{q}{2}\right)} \cdot \frac{\displaystyle\int_0^t r^{q-1} f(r^2)\,\mathrm{d}r}{\displaystyle\int_0^t r^{m-1} f(r^2)\,\mathrm{d}r} \qquad (10)$$

由于

$$F'(t) = \pi^{\frac{l-p}{2}} \frac{\Gamma\left(\dfrac{p}{2}\right)}{\Gamma\left(\dfrac{l}{2}\right)} \cdot \frac{t^{l-1} f(t^2) \displaystyle\int_0^t r^{p-1} f(r^2)\,\mathrm{d}r - t^{p-1} f(t^2) \displaystyle\int_0^t r^{l-1} f(r^2)\,\mathrm{d}r}{\left[\displaystyle\int_0^t r^{p-1} f(r^2)\,\mathrm{d}r\right]^2}$$

$$= \pi^{\frac{l-p}{2}} \frac{\Gamma\left(\dfrac{p}{2}\right)}{\Gamma\left(\dfrac{l}{2}\right)} t^{p-1} f(t^2) \frac{\displaystyle\int_0^t r^{p-1} (t^{l-p} - r^{p-p}) f(r^2)\,\mathrm{d}r}{\left[\displaystyle\int_0^t r^{p-1} f(r^2)\,\mathrm{d}r\right]^2}$$

故在 $(0, +\infty)$ 内 $F'(t) > 0$，从而 $F(t)$ 在 $(0, +\infty)$ 内单调递增.

同理可证 $G(t)$ 在 $(0, +\infty)$ 内也单调递增.

由式(8),(9),(10)知,要证明的不等式(8)等价于

$$\int_0^t r^{l-1} f(r^2)\,\mathrm{d}r \cdot \int_0^t r^{m-1} f(r^2)\,\mathrm{d}r \geqslant \int_0^t r^{p-1} f(r^2)\,\mathrm{d}r \cdot \int_0^t r^{q-1} f(r^2)\,\mathrm{d}r \qquad (11)$$

但由不等式(1)知不等式(11)成立,故不等式(8)成立.

特别在例 2 中取 $l = 3, p = q = 2, m = 1, \Gamma\left(\dfrac{1}{2}\right) = \sqrt{\pi}, \Gamma(1) = 1, \Gamma\left(\dfrac{3}{2}\right) = \dfrac{1}{2}\Gamma\left(\dfrac{1}{2}\right) = \dfrac{1}{2}\sqrt{\pi}$,即可求解 2003 年全国硕士研究生入学考试数学一的第八题:

设函数 $f(x)$ 连续且恒大于零

$$F(t) = \frac{\displaystyle\iiint_{\Omega(t)} f(x^2 + y^2 + z^2)\,\mathrm{d}v}{\displaystyle\iint_{D(t)} f(x^2 + y^2)\,\mathrm{d}\sigma}, \quad G(t) = \frac{\displaystyle\iint_{D(t)} f(x^2 + y^2)\,\mathrm{d}\sigma}{\displaystyle\int_{-t}^t f(x^2)\,\mathrm{d}x}$$

其中 $\Omega(t) = \{(x,y,z) \mid x^2 + y^2 + z^2 \leqslant t^2\}, D(t) = \{x, y \mid x^2 + y^2 \leqslant t^2\}$.

（ⅰ）讨论 $F(t)$ 在区间 $(0, +\infty)$ 内的单调性;

（ⅱ）证明当 $t > 0$ 时,$F(t) > \dfrac{2}{\pi} G(t)$.

下面的问题与例 2 类似,求解过程这里略去.

设函数 $f(x)$ 连续且恒大于零

$$F(t) = \frac{\iint\cdots\int\limits_{V_l(t)} f(x_1 + x_2 + \cdots + x_l)\,\mathrm{d}x_1\mathrm{d}x_2\cdots\mathrm{d}x_l}{\iint\cdots\int\limits_{V_r(t)} f(x_1 + x_2 + \cdots + x_r)\,\mathrm{d}x_1\mathrm{d}x_2\cdots\mathrm{d}x_r}$$

$$G(t) = \frac{\iint\cdots\int\limits_{V_s(t)} f(x_1 + x_2 + \cdots + x_s)\,\mathrm{d}x_1\mathrm{d}x_2\cdots\mathrm{d}x_s}{\iint\cdots\int\limits_{V_m(t)} f(x_1 + x_2 + \cdots + x_m)\,\mathrm{d}x_1\mathrm{d}x_2\cdots\mathrm{d}x_m}$$

其中 l, m, r, s 为自然数,$l \geq r \geq s \geq m$,且 $l + m = r + s$.

$V_n(t) = \{(x_1, x_2, \cdots, x_n) \mid x_1 + x_2 + \cdots + x_n \leq t, x_1 \geq 0, x_2 \geq 0, \cdots, x_n \geq 0\}$,$n = l$, m, r, s.

证明:(i) $F(t), G(t)$ 在区间 $(0, +\infty)$ 内为单调递增函数;

(ii) 当 $t > 0$ 时

$$F(t) \geq \frac{\binom{l+m-2}{l-1}}{\binom{r+s-2}{r-1}} G(t) \tag{12}$$

其中 $\binom{l+m-2}{l-1} = \dfrac{(l+m-2)!}{(l-1)!\,(m-1)!}$ 为组合数.

第 11 章　一类几何最值问题

一、引例

1994 年及 2008 年全国硕士研究生入学考试有如下两道试题：

例 1　在椭圆 $x^2 + 4y^2 = 4$ 上求一点，使其到直线 $2x + 3y - 6 = 0$ 的距离最短．

例 2　已知曲线 $L: \begin{cases} x^2 + y^2 - 2z^2 = 0 \\ x + y + 3z = 5 \end{cases}$，求 L 上距离 xOy 面最远的点和最近的点．

大家知道，这一类问题通常是利用解条件极值的 Lagrange 乘数法求解的. 当然也还有其他解法，如，转化为无条件极值问题求解；利用初等方法求解，等. 由于这一类问题通常称为几何最值问题，因而我们将从几何的角度介绍这一类问题的解法. 为此，我们先给出几个相关结论，然后通过实例说明其应用.

二、几个结论

命题 1　设平面曲线 C 的方程为：$f(x,y) = 0$，平面直线 l 的方程为：$ax + by + c = 0$，其中 f 具有一阶连续偏导数，a, b 不同时为零且 $C \cap l = \varnothing$. 若曲线 C 上存在到直线 l 最近或最远的点 $P_0(x_0, y_0)$，则

$$\frac{f'_x(P_0)}{a} = \frac{f'_y(P_0)}{b} \tag{1}$$

即曲线 C 在 $P_0(x_0, y_0)$ 处的法向量 $\{f'_x(P_0), f'_y(P_0)\}$ 与直线 l 的法向量 $\{a, b\}$ 平行.

命题 2　设空间曲面 Σ 的方程为：$F(x,y,z) = 0$，平面 π 的方程为：$Ax + By + Cz + D = 0$，其中 F 具有一阶连续偏导数，A, B, C 不同时为零且 $\Sigma \cap \pi = \varnothing$. 若曲面 Σ 上存在到平面 π 最近或最远的点 $P_0(x_0, y_0, z_0)$，则

$$\frac{F'_x(P_0)}{A} = \frac{F'_y(P_0)}{B} = \frac{F'_z(P_0)}{C} \tag{2}$$

即曲面 Σ 在点 $P_0(x_0, y_0, z_0)$ 处的法向量 $\{F'_x(P_0), F'_y(P_0), F'_z(P_0)\}$ 与平面 π 的法向量 $\{A, B, C\}$ 平行.

命题 3 设空间曲线 L 的方程为：$\begin{cases} F(x,y,z)=0 \\ G(x,y,z)=0 \end{cases}$，平面 π 的方程为：$Ax + By + Cz + D = 0$，其中 F,G 具有一阶连续偏导数，A,B,C 不同时为零且 $L \cap \pi = \varphi$. 若曲线 L 上存在到平面 π 最近或最远的点 $P_0(x_0,y_0,z_0)$，则

$$\begin{vmatrix} A & B & C \\ F'_x(P_0) & F'_y(P_0) & F'_z(P_0) \\ G'_x(P_0) & G'_y(P_0) & G'_z(P_0) \end{vmatrix} = 0 \tag{3}$$

即曲线 L 在 $P_0(x_0,y_0,z_0)$ 处的切向量 s 与平面 π 的法向量 $\{A,B,C\}$ 垂直，这里

$$s = n_1 \times n_2 = \begin{vmatrix} i & j & k \\ F'_x(P_0) & F'_y(P_0) & F'_z(P_0) \\ G'_x(P_0) & G'_y(P_0) & G'_z(P_0) \end{vmatrix}$$

其中 $n_1 = \{F'_x(P_0),F'_y(P_0),F'_z(P_0)\}$，$n_2 = \{G'_x(P_0),G'_y(P_0),G'_z(P_0)\}$ 分别表示曲面 $F(x,y,z)=0$，$G(x,y,z)=0$ 在 $P_0(x_0,y_0,z_0)$ 处的法向量.

命题 4 设平面曲线 C 的方程为：$f(x,y)=0$，其中 f 具有一阶连续偏导数；又 $Q(\alpha,\beta)$ 为平面上一定点且 $Q \notin C$. 若曲线 C 上存在到 Q 最近或最远的点 $P_0(x_0,y_0)$，则

$$\frac{f'_x(P_0)}{\alpha - x_0} = \frac{f'_y(P_0)}{\beta - y_0} \tag{4}$$

即曲线 C 在 $P_0(x_0,y_0)$ 处的法向量与向量 $\overrightarrow{P_0Q}$ 平行.

命题 5 设空间曲面 Σ 的方程为：$F(x,y,z)=0$ 其中 F 具有一阶连续偏导数；又 $Q(\alpha,\beta,\gamma)$ 为空间内一定点且 $Q \notin \Sigma$. 若曲面 Σ 上存在到 Q 最近或最远的点 $P_0(x_0,y_0,z_0)$，则

$$\frac{F'_x(P_0)}{\alpha - x_0} = \frac{F'_y(P_0)}{\beta - y_0} = \frac{F'_z(P_0)}{\gamma - z_0} \tag{5}$$

即曲面 Σ 在 $P_0(x_0,y_0,z_0)$ 处的法向量 $\{F'_x(P_0),F'_y(P_0),F'_z(P_0)\}$ 与向量 $\overrightarrow{P_0Q}$ 平行.

命题 6 设空间曲线 L 的方程为：$\begin{cases} F(x,y,z)=0 \\ G(x,y,z)=0 \end{cases}$，其中 F,G 具有一阶连续的偏导数；又 $Q(\alpha,\beta,\gamma)$ 为空间内一定点且 $Q \notin L$. 若曲线 L 上存在到 Q 最近或最远的点 $P_0(x_0,y_0,z_0)$，则

$$\begin{vmatrix} \alpha - x_0 & \beta - y_0 & \gamma - z_0 \\ F'_x(P_0) & F'_y(P_0) & F'_z(P_0) \\ G'_x(P_0) & G'_y(P_0) & G'_z(P_0) \end{vmatrix} = 0 \tag{6}$$

即曲线 L 在 $P_0(x_0,y_0,z_0)$ 处的切向量 s 与向量 $\overrightarrow{P_0Q}$ 垂直,这里

$$s = n_1 \times n_2 = \begin{vmatrix} i & j & k \\ F'_x(P_0) & F'_y(P_0) & F'_z(P_0) \\ G'_x(P_0) & G'_y(P_0) & G'_z(P_0) \end{vmatrix}$$

其中 $n_1 = \{F'_x(P_0), F'_y(P_0), F'_z(P_0)\}$, $n_2 = \{G'_x(P_0), G'_y(P_0), G'_z(P_0)\}$ 分别表示曲面 $F(x,y,z)=0, G(x,y,z)=0$ 在 $P_0(x_0,y_0,z_0)$ 处的法向量.

我们仅证明命题 2,3 及命题 5,6.

命题 2 的证明

曲面 Σ 上任意一点 $P(x,y,z)$ 到平面 π 的距离

$$d = \frac{1}{K}|Ax + By + Cz + D|$$

其中 $K = \sqrt{A^2 + B^2 + C^2}$.

考虑 $d^2 = \frac{1}{K^2}(Ax + By + Cz + D)^2$,由 Lagrange 乘数法,作函数

$$M(x,y,z) = \frac{1}{K^2}(Ax + By + Cz + D) + \lambda F(x,y,z)$$

令 $M'_x = M'_y = M'_z = M'_\lambda = 0$,即

$$\frac{2A}{K^2}(Ax + By + Cz + D) + \lambda F'_x(P) = 0 \tag{7}$$

$$\frac{2B}{K^2}(Ax + By + Cz + D) + \lambda F'_y(P) = 0 \tag{8}$$

$$\frac{2C}{K^2}(Ax + By + Cz + D) + \lambda F'_z(P) = 0 \tag{9}$$

$$F(P) = 0 \tag{10}$$

由于 $\Sigma \cap \pi = \varnothing$,故 $Ax + By + Cz + D \neq 0$,又 $K \neq 0$,于是由式(7),(8),(9)知

$$\frac{F'_x(P)}{A} = \frac{F'_y(P)}{B} = \frac{F'_z(P)}{C} \tag{11}$$

又因为 $P_0(x_0,y_0,z_0) \in \Sigma$ 且为到平面 π 最近或最远的点,故 P_0 的坐标应满足式(11),因而式(2)成立.

命题 3 的证明

曲线 L 上任意一点 $P(x,y,z)$ 到平面 π 的距离

$$d = \frac{1}{K}|Ax + By + Cx + D|$$

其中 $K = \sqrt{A^2 + B^2 + C^2}$.

考虑 $d^2 = \dfrac{1}{K^2}(Ax + By + Cz + D)^2$,由 Lagrange 乘数法,作函数

$$R(x,y,z,\lambda,\mu) = \frac{1}{K^2}(Ax + By + Cz + D)^2 + \lambda F(x,y,z) + \mu G(x,y,z)$$

令 $R'_x = R'_y = R'_z = R'_\lambda = R'_\mu = 0$,即

$$\frac{2A}{K^2}(Ax + By + Cz + D) + \lambda F'_x(P) + \mu G'_x(P) = 0 \tag{12}$$

$$\frac{2B}{K^2}(Ax + By + Cz + D) + \lambda F'_y(P) + \mu G'_y(P) = 0 \tag{13}$$

$$\frac{2C}{K^2}(Ax + By + Cz + D) + \lambda F'_z(P) + \mu G'_z(P) = 0 \tag{14}$$

$$F(P) = 0 \tag{15}$$

$$G(P) = 0 \tag{16}$$

由式(12),(13),(14),考虑以 $1,\lambda,\mu$ 为未知数的齐次线性方程组,显然有非零解,从而其系数行列式等于零.又 $\dfrac{2}{K^2}(Ax + By + Cz + D) \neq 0$(因 $L \cap \pi = \varnothing$),故

$$\begin{vmatrix} A & F'_x(P) & G'_x(P) \\ B & F'_y(P) & G'_y(P) \\ C & F'_z(P) & G'_z(P) \end{vmatrix} = 0 \tag{17}$$

又 $P_0(x_0,y_0,z_0) \in L$ 且为到平面 π 最近或最远的点,故 P_0 的坐标应满足式(17),因而式(3)成立.

命题 5 的证明

曲面 Σ 上任意一点 $P(x,y,z)$ 到 Q 的距离

$$d = \sqrt{(x-\alpha)^2 + (y-\beta)^2 + (z-\gamma)^2}$$

考虑 $d^2 = (x-\alpha)^2 + (y-\beta)^2 + (z-\gamma)^2$,由 Lagrange 乘数法,作函数

$$H(x,y,z,\lambda) = (x-\alpha)^2 + (y-\beta)^2 + (z-\gamma)^2 + \lambda F(x,y,z)$$

令 $H'_x = H'_y = H'_z = H'_\lambda = 0$,即

$$2(x-\alpha) + \lambda F'_x(P) = 0 \tag{18}$$

$$2(y-\beta) + \lambda F'_y(P) = 0 \tag{19}$$

$$2(z-\gamma) + \lambda F'_z(P) = 0 \tag{20}$$

$$F(P) = 0 \tag{21}$$

由式(18),(19),(20)可得

$$\frac{F'_x(P)}{\alpha - x} = \frac{F'_y(P)}{\beta - y} = \frac{F'_z(P)}{\gamma - z} \tag{22}$$

又 $P_0(x_0, y_0, z_0) \in \Sigma$ 且为到 Q 最近或最远的点,故 P_0 的坐标应满足式(22),因而式(5)成立.

命题6的证明

曲线 L 上任意一点 $P(x, y, z)$ 到 Q 的距离

$$d = \sqrt{(x - \alpha)^2 + (y - \beta)^2 + (z - \gamma)^2}$$

考虑 $d^2 = (x - \alpha)^2 + (y - \beta)^2 + (z - \gamma)^2$,由 Lagrange 乘数法,作函数

$$I(x, y, z, \lambda, \mu) = (x - \alpha)^2 + (y - \beta)^2 + (z - \gamma)^2 + \lambda F(x, y, z) + \mu G(x, y, z)$$

令 $I'_x = I'_y = I'_z = I'_\lambda = I'_\mu = 0$,即

$$2(x - \alpha) + \lambda F'_x(P) + \mu G'_\lambda(P) = 0 \tag{23}$$

$$2(y - \beta) + \lambda F'_y(P) + \mu G'_y(P) = 0 \tag{24}$$

$$2(z - \gamma) + \lambda F'_z(P) + \mu G'_z(P) = 0 \tag{25}$$

$$F(P) = 0 \tag{26}$$

$$G(P) = 0 \tag{27}$$

由式(23),(24),(25),考虑以 $2, \lambda, \mu$ 为未知数的齐次线性方程组,显然有非零解,从而其系数行列式等于零,故

$$\begin{vmatrix} x - \alpha & F'_x(P) & G'_x(P) \\ y - \beta & F'_y(P) & G'_y(P) \\ z - \gamma & F'_z(P) & G'_z(P) \end{vmatrix} = 0 \tag{28}$$

又 $P_0(x_0, y_0, z_0) \in L$ 且为到 Q 最近或最远的点,故 P_0 的坐标应满足式(28),因而式(6)成立.

三、应用举例

例1的解答

$f(x, y) = x^2 + 4y^2 - 4 = 0, f'_x = 2x, f'_y = 8y$,故由式(1)知 $\dfrac{2x}{2} = \dfrac{8y}{3}$ 或 $y = \dfrac{3}{8}x$. 解方程组

$$\begin{cases} y = \dfrac{3}{8}x \\ x^2 + 4y^2 = 4 \end{cases}$$

得 $\begin{cases} x_1 = \dfrac{8}{5}, \\ y_1 = \dfrac{3}{5} \end{cases} \begin{cases} x_2 = -\dfrac{8}{5} \\ y_2 = -\dfrac{3}{5} \end{cases}$. 于是由 $d = \dfrac{1}{\sqrt{13}} |2x + 3y - 6|$ 知 $d_1 \bigg|_{(x_1, y_1)} = \dfrac{1}{\sqrt{13}}, d_2 \bigg|_{(x_2, y_2)} =$

$\dfrac{11}{\sqrt{13}}$.

由问题的实际意义知最短距离存在,因此 $\left(\dfrac{8}{5}, \dfrac{3}{5}\right)$ 即为所求点.

例 2 的解答

$F(x, y, z) = x^2 + y^2 - 2z^2 = 0, G(x, y, z) = x + y + 3z - 5 = 0, F_x' = 2x, F_y' = 2y, F_z' = -4z, G_x' = G_y' = 1, G_z' = 3$,而 xOy 平面的方程为 $z = 0$,故由式(3)知

$$\begin{vmatrix} 0 & 0 & 1 \\ 2x & 2y & -4z \\ 1 & 1 & 3 \end{vmatrix} = 0$$

或 $x = y$. 解方程组

$$\begin{cases} x^2 + y^2 - 2z^2 = 0 \\ x + y + 3z = 5 \\ x = y \end{cases}$$

得 $\begin{cases} x_1 = 1 \\ y_1 = 1; \\ z_1 = 1 \end{cases} \begin{cases} x_2 = -5 \\ y_2 = -5 \\ z_2 = 5 \end{cases}$

由问题的实际意义知 L 上最远点和最近点存在,因此 L 上距离 xOy 面最远的点为 $(-5, -5, 5)$,最近的点为 $(1, 1, 1)$,最远和最近距离分别为 5 和 1.

例 3 求椭球面 $\dfrac{x^2}{96} + y^2 + z^2 = 1$ 上距平面 $3x + 4y + 12z = 228$ 最近和最远的点.

(中国科学院数学与系统科学研究院,2003)

解 $F(x, y, z) = \dfrac{x^2}{96} + y^2 + z^2 - 1 = 0, F_x' = \dfrac{x}{48}, F_y' = 2y, F_z' = 2z$,由式(2)知

$$\dfrac{\frac{x}{48}}{3} = \dfrac{2y}{4} = \dfrac{2z}{12}, 即 \dfrac{x}{72} = \dfrac{y}{1} = \dfrac{z}{3}$$

解放程组

$$\begin{cases} \dfrac{x}{72} = y = \dfrac{z}{3} \\ \dfrac{x^2}{96} + y^2 + z^2 = 1 \end{cases}$$

得

$$\begin{cases} x_1 = 9 \\ y_1 = \dfrac{1}{8} \\ z_1 = \dfrac{3}{8} \end{cases} ; \quad \begin{cases} x_2 = -9 \\ y_2 = -\dfrac{1}{8} \\ z_2 = -\dfrac{3}{8} \end{cases}$$

于是由 $d = \dfrac{1}{13} |3x + 4y + 12z - 228|$ 知

$$d_1 \bigg|_{(x_1, y_1, z_1)} = \dfrac{196}{13}; d_2 \bigg|_{(x_2, y_2, z_2)} = 20$$

因此所求的最近和最远点分别为 $\left(9, \dfrac{1}{8}, \dfrac{1}{8}\right)$ 和 $\left(-9, -\dfrac{1}{8}, -\dfrac{3}{8}\right)$.

例4 求点 $(2,8)$ 到抛物线 $y^2 = 4x$ 的最短距离.(武汉测绘学院,1979)

解 $f(x,y) = 4x - y^2 = 0, f'_x = 4, f'_y = -2y$,故由式(4)知 $\dfrac{4}{2-x} = \dfrac{-2y}{8-y}$,即 $xy = 16$. 解方程组

$$\begin{cases} xy = 16 \\ y^2 = 4x \end{cases}$$

得 $x = 4, y = 4$.

由问题的实际意义知最短距离存在,因而所求最短距离为

$$d = \sqrt{(4-2)^2 + (4-8)^2} = 2\sqrt{5}$$

例5 求原点到曲面 $\Sigma : (x-y)^2 - z^2 = 1$ 的最短距离.

解 $F(x,y,z) = x^2 - 2xy + y^2 - z^2 - 1 = 0. \ F'_x = 2x - 2y, F'_y = -2x + 2y, F'_z = -2z$,故由式(5)知

$$\dfrac{x-y}{x} = \dfrac{-(x-y)}{y} = \dfrac{-z}{z} \tag{29}$$

若 $z \neq 0$,则由式(29)知 $x - y = -x, -x + y = -y$,从而 $x = y = 0$,这与 $(x - y)^2 - z^2 = 1$ 矛盾,故 $z = 0$. 又由 $(x-y)^2 - z^2 = 1$ 知 $x - y \neq 0$,故由式(29)知 $y = -x$. 解方程组

$$\begin{cases} y = -x \\ z = 0 \\ (x-y)^2 - z^2 = 1 \end{cases}$$

得

$$\begin{cases} x_1 = \dfrac{1}{2} \\ y_1 = -\dfrac{1}{2}; \\ z_1 = 0 \end{cases} \qquad \begin{cases} x_2 = -\dfrac{1}{2} \\ y_2 = \dfrac{1}{2} \\ z_2 = 0 \end{cases}$$

由问题的实际意义知最短距离存在,因而原点到曲面 Σ 的最矩距离为

$$\sqrt{\left(\pm\frac{1}{2}\right)^2 + \left(\mp\frac{1}{2}\right)^2} = \frac{\sqrt{2}}{2}.$$

例 6 求两曲面 $x + 2y = 1$ 和 $x^2 + 2y^2 + z^2 = 1$ 的交线距原点最近的点.(中国科学院数学与系统科学研究院,2002)

解 $F(x,y,z) = x + 2y - 1, F'_x = 1, F'_y = 2, F'_z = 0; G(x,y,z) = x^2 + 2y^2 + z^2 - 1,$ $G'_x = 2x, G'_y = 4y, G'_z = 2z,$ 故由式(6)知

$$\begin{vmatrix} x & y & z \\ 1 & 2 & 0 \\ x & 2y & z \end{vmatrix} = 0,$$

即 $yz = 0,$ 解方程组

$$\begin{cases} yz = 0 \\ x + 2y = 1 \\ x^2 + 2y^2 + z^2 = 1 \end{cases}$$

得 $x = 1, y = 0, z = 0.$

由问题的实际意义知曲线距原点最近的点为 $(1,0,0)$.

以下问题均可利用命题 1～6 求解.

1. 求抛物线 $y = x^2$ 到直线 $x + y + 2 = 0$ 之间的最矩距离.(华东师范大学,1984)

2. 设曲面 S 的方程 $z = \sqrt{4 + x^2 + 4y^2}$,平面 π 的方程为 $x + 2y + 2z = 2$. 试在曲面 S 上求一个点的坐标,使该点与平面 π 的距离最近,并求此最近距离.(广东省大学生数学竞赛题,1991)

3. 在曲线 $\begin{cases} z = x^2 + 2y^2 \\ z = 6 - x^2 - y^2 \end{cases}$ 上,求竖坐标分别为最大值和最小值的点.(苏州丝绸

学院,1985)

4. 求曲面 $2x^2 + y^2 + z^2 + 2xy - 2x - 2y - 4z + 4 = 0$ 的最高点和最低点.

5. 求原点到曲线 $17x^2 + 12xy + 8y^2 = 100$ 的最大与最小距离.

6. 求圆周 $(x-1)^2 + y^2 = 1$ 上的点与定点 $(0,1)$ 的距离的最大值与最小值.

7. 求曲面 $z = xy - 1$ 上与原点最近的点的坐标. (中山大学,1983)

8. 设抛物面 $z = x^2 + y^2$ 与平面 $x + y + z = 1$ 的交线为 l,求 l 上的点到原点的最大距离与最小距离. (南京大学,1981;同济大学,1999)

四、问题的推广

由于直线是曲线的特例,平面是曲面的特例,因而对前述命题作进一步探讨,可得如下更一般的结果.

命题 7 设两条平面曲线的方程分别为 $l_1: f(x,y) = 0$;$l_2: g(x,y) = 0$,其中 f,g 具有一阶连续偏导数且 $l_1 \cap l_2 = \varnothing$. 若 $P_1(\alpha,\beta) \in l_1$,$P_2(\xi,\eta) \in l_2$,且 P_1,P_2 是这两条曲线上相距最近或最远的点,则有

$$\frac{\alpha - \xi}{\beta - \eta} = \frac{f'_x(\alpha,\beta)}{f'_y(\alpha,\beta)} = \frac{g'_x(\xi,\eta)}{g'_y(\xi,\eta)} \tag{30}$$

命题 8 设两个空间曲面的方程分别为 $S_1: F(x,\eta,z) = 0$;$S_2: G(x,\eta,z) = 0$,其中 F,G 具有一阶连续偏导数且 $S_1 \cap S_2 = \varnothing$. 若 $P_1(\alpha,\beta,\gamma) \in S_1$,$P_2(\xi,\eta,\zeta) \in S_2$,且 P_1,P_2 是这两个曲面上相距最近或最远的点,则有

$$\frac{\alpha - \xi}{F'_x(P_1)} = \frac{\beta - \eta}{F'_y(P_1)} = \frac{\gamma - \zeta}{F'_z(P_1)} \tag{31}$$

$$\frac{\alpha - \xi}{G'_x(P_2)} = \frac{\beta - \eta}{G'_y(P_2)} = \frac{\gamma - \zeta}{G'_z(P_2)} \tag{32}$$

命题 9 设空间曲面的方程为 $S: H(x,y,z) = 0$;空间曲线的方程为 $L:$ $\begin{cases} F(x,y,z) = 0 \\ G(x,y,z) = 0 \end{cases}$,其中 H,F,G 具有一阶连续偏导数且 $S \cap L = \varnothing$. 若 $P_1(\alpha,\beta,\gamma) \in S$,$P_2(\xi,\eta,\zeta) \in L$,且 P_1,P_2 是此曲面和曲线上相距最近或最远的点,则有

$$\frac{\alpha - \xi}{H'_x(P_1)} = \frac{\beta - \eta}{H'_y(P_1)} = \frac{\gamma - \zeta}{H'_z(P_1)} \tag{33}$$

$$\begin{vmatrix} \alpha - \xi & \beta - \eta & \gamma - \zeta \\ F'_x(P_2) & F'_y(P_2) & F'_z(P_2) \\ G'_x(P_2) & G'_y(P_2) & G'_z(P_2) \end{vmatrix} = 0 \tag{34}$$

命题 10 设两条空间曲线的方程分别为

$$L_1: \begin{cases} F(x,y,z) = 0 \\ G(x,y,z) = 0 \end{cases}; L_2: \begin{cases} H(x,y,z) = 0 \\ N(x,y,z) = 0 \end{cases}$$

其中 F, G, H, N 具有一阶连续偏导数且 $L_1 \cap L_2 = \varnothing$. 若 $P_1(\alpha, \beta, \gamma) \in L_1$, $P_2(\xi, \eta, \zeta) \in L_2$, 且 P_1, P_2 是这两条曲线上相距最近或最远的点, 则有

$$\begin{vmatrix} \alpha - \xi & \beta - \eta & \gamma - \zeta \\ F'_x(P_1) & F'_y(P_1) & F'_z(P_1) \\ G'_x(P_1) & G'_y(P_1) & G'_z(P_1) \end{vmatrix} = 0 \tag{35}$$

$$\begin{vmatrix} \alpha - \xi & \beta - \eta & \gamma - \zeta \\ H'_x(P_2) & H'_y(P_2) & H'_z(P_2) \\ N'_x(P_2) & N'_y(P_2) & N'_z(P_2) \end{vmatrix} = 0 \tag{36}$$

我们仅给出命题 8、命题 9 的证明.

命题 8 的证明

设 (x_1, y_1, z_1) 及 (x_2, y_2, z_2) 分别是曲面 S_1 及 S_2 上任意两点, 则所论问题转化为求

$$d^2 = (x_1 - x_2)^2 + (y_1 - y_2)^2 + (z_1 - z_2)^2$$

在条件 $F(x_1, y_1, z_1) = 0$, $G(x_2, y_2, z_2) = 0$ 下的最值. 作 Lagrange 函数

$$T = (x_1 - x_2)^2 + (y_1 - y_2)^2 + (z_1 - z_2)^2 + \lambda F(x_1, y_1, z_1) + \mu G(x_2, y_2, z_2)$$

令 $T'_{x_1} = T'_{y_1} = T'_{z_1} = T'_{x_2} = T'_{y_2} = T'_{z_2} = 0$, 即

$$2(x_1 - x_2) + \lambda F'_{x_1} = 0$$
$$2(y_1 - y_2) + \lambda F'_{y_1} = 0$$
$$2(z_1 - z_2) + \lambda F'_{z_1} = 0$$
$$-2(x_1 - x_2) + \mu G'_{x_2} = 0$$
$$-2(y_1 - y_2) + \mu G'_{y_2} = 0$$
$$-2(z_1 - z_2) + \mu G'_{z_2} = 0$$

由此知

$$\frac{x_1 - x_2}{F'_{x_1}(x_1, y_1, z_1)} = \frac{y_1 - y_2}{F'_{y_1}(x_1, y_1, z_1)} = \frac{z_1 - z_2}{F'_{z_1}(x_1, y_1, z_1)} \tag{37}$$

$$\frac{x_1 - x_2}{G'_{x_2}(x_2, y_2, z_2)} = \frac{y_1 - y_2}{G'_{y_2}(x_2, y_2, z_2)} = \frac{z_1 - z_2}{G'_{z_2}(x_2, y_2, z_2)} \tag{38}$$

若 d^2 在 $x_1 = \alpha, y_1 = \beta, z_1 = \gamma, x_2 = \xi, y_2 = \eta, z_2 = \zeta$ 处达到最值, 其中 $F(\alpha, \beta, \gamma) = 0$, $G(\xi, \eta, \zeta) = 0$, 则由式(37), (38)知式(31), (32)成立.

命题 9 的证明

设 (x_1, y_1, z_1) 及 (x_2, y_2, z_2) 分别是曲面 S 及曲线 L 上任意两点,则所论问题转化为求

$$d^2 = (x_1 - x_2)^2 + (y_1 - y_2)^2 + (z_1 - z_2)^2$$

在条件 $H(x_1, y_1, z_1) = 0, F(x_2, y_2, z_2) = 0, G(x_2, y_2, z_2) = 0$ 下的最值.

作 Lagrange 函数

$$W = (x_1 - x_2)^2 + (y_1 - y_2)^2 + (z_1 - z_2)^2 + \lambda F(x_1, y_1, z_1) +$$
$$\mu F(x_2, y_2, z_2) + \upsilon G(x_2, y_2, z_2)$$

令 $w'_{x_1} = w'_{y_1} = w'_{z_1} = w'_{x_2} = w'_{y_2} = w'_{z_2} = 0$,即

$$2(x_1 - x_2) + \lambda H'_{x_1} = 0$$
$$2(y_1 - y_2) + \lambda H'_{y_1} = 0$$
$$2(z_1 - z_2) + \lambda H'_{z_1} = 0$$
$$-2(x_1 - x_2) + \mu F'_{x_2} + \upsilon G'_{x_2} = 0$$
$$-2(y_1 - y_2) + \mu F'_{y_2} + \upsilon G'_{y_2} = 0$$
$$-2(z_1 - z_2) + \mu F'_{z_2} + \upsilon G'_{z_2} = 0$$

由前 3 个方程知

$$\frac{x_1 - x_2}{H'_{x_1}(x_1, y_1, z_1)} = \frac{y_1 - y_2}{H'_{y_1}(x_1, y_1, z_1)} = \frac{z_1 - z_2}{H'_{z_1}(x_1, y_1, z_1)} \tag{39}$$

又后 3 个方程组成以 $-2, \mu, \upsilon$ 为未知数的齐次线性方程组,显然有非零解,故其系数行列式为零,即

$$\begin{vmatrix} x_1 - x_2 & y_1 - y_2 & z_1 - z_2 \\ F'_{x_2}(x_2, y_2, z_2) & F'_{y_2}(x_2, y_2, z_2) & F'_{z_2}(x_2, y_2, z_2) \\ G'_{x_2}(x_2, y_2, z_2) & G'_{y_2}(x_2, y_2, z_2) & G'_{z_2}(x_2, y_2, z_2) \end{vmatrix} = 0 \tag{40}$$

若 d^2 在 $x_1 = \alpha, y_1 = \beta, z_1 = \gamma, x_2 = \xi, y_2 = \eta, z = \zeta$ 处达到最值,其中 $H(\alpha, \beta, \gamma) = 0, F(\xi, \eta, \zeta) = 0, G(\xi, \eta, \zeta) = 0$,则由式 (39),(40) 知式 (33),(34) 成立.

第 12 章　微元法

微元法又称元素法,这种方法是借助于定积分求解实际问题而引入的. 我们在这里仅介绍这种思想方法在多元函数积分学中的某些应用.

多元函数积分一般指曲线积分、曲面积分、二重及二重以上的积分,这一类积分往往是根据积分的定义、积分的几何意义或物理意义、积分的变量替换等方法转化为计算一个或若干个定积分来完成的.

众所周知,一个积分量是由积分区域及积分的被积函数确定的,因而当积分的积分区域或被积函数具有某种特殊性时,我们也可以采用特殊的方法求解. 下面介绍几种特殊方法来求解一类具有特殊性质的多元函数积分,而这些方法均与微元法相关联.

一、三重积分的"先二后一"法

三重积分可以通过转化为三个累次积分进行计算,但当用垂直于某一坐标轴(如 z 轴)的平面去截积分区域所得的截面有某种规律时,则可先在该截面上积分,然后再关于第三个变量(如变量 z)积分,这种先计算某两个变量的二重积分再计算另一个变量的积分方法通常称为"先二后一"法或"先重后单"法,也称"坐标轴投影法",而这种方法实质上是定积分中用截面法求体积的推广.

设空间区域 $\Omega = \{(x,y,z) \mid (x,y) \in D(z), z_1 \leqslant z \leqslant z_2\}$,其中 $D(z)$ 是过点 $(0,0,z)$ 且平行于 xOy 的平面截 Ω 所得的平面区域,如图 12.1. 如果函数 $f(x,y,z)$ 在 Ω 上有界可积,对任意的 $z \in [z_1, z_2]$,$f(x,y,z)$ 作为 x, y 的函数在 $D(z)$ 上可积,则

$$\iiint\limits_{\Omega} f(x,y,z)\,\mathrm{d}x\mathrm{d}y\mathrm{d}z = \int_{z_1}^{z_2} \mathrm{d}z \iint\limits_{D(z)} f(x,y,z)\,\mathrm{d}x\mathrm{d}y$$

（1）

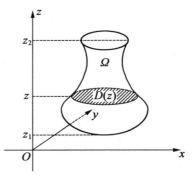

图 12.1

注　(i)公式(1)从物理上可以给出这样的解释:把 Ω 看作是一个空间物体,

$f(x,y,z)$ 为物体在 Ω 上的分布密度. 式（1）左端的三重积分即物体的质量,而式（1）右端则表示先把物体切成薄片,再把所有薄片的质量累积起来,故这种方法也称为"切片法".

（ⅱ）"先二后一"法也适用于垂直 x 轴或 y 轴的平面与 Ω 相截而得到的积分公式

$$\iiint\limits_{\Omega} f(x,y,z)\,\mathrm{d}x\mathrm{d}y\mathrm{d}z = \int_{x_1}^{x_2}\mathrm{d}x \iint\limits_{D(x)} f(x,y,z)\,\mathrm{d}y\mathrm{d}z \tag{2}$$

其中 $\Omega = \{(x,y,z)\mid (y,z)\in D(x),x_1\leqslant x\leqslant x_2\}$;

$$\iiint\limits_{\Omega} f(x,y,z)\,\mathrm{d}x\mathrm{d}y\mathrm{d}z = \int_{y_1}^{y_2}\mathrm{d}y \iint\limits_{D(y)} f(x,y,z)\,\mathrm{d}z\mathrm{d}x \tag{3}$$

其中 $\Omega = \{(x,y,z)\mid (z,x)\in D(y),y_1\leqslant y\leqslant y_2\}$.

例 1　设 Ω 为区域 $x^2+y^2+z^2\leqslant 1$,求积分 $I = \iiint\limits_{\Omega}\left(\dfrac{x^2}{a^2}+\dfrac{y^2}{b^2}+\dfrac{z^2}{c^2}\right)\mathrm{d}V$.（第十三届北京市大学生数学竞赛题,2001）

解　$I = \iiint\limits_{\Omega}\dfrac{x^2}{a^2}\mathrm{d}V + \iiint\limits_{\Omega}\dfrac{y^2}{b^2}\mathrm{d}V + \iiint\limits_{\Omega}\dfrac{z^2}{c^2}\mathrm{d}V = I_1 + I_2 + I_3$,根据积分的轮换对称性,只需计算 I_3.

用垂直于 z 轴的平面去截 Ω,得平面区域

$$D(z) = \{(x,y)\mid x^2+y^2\leqslant 1-z^2\}$$

其中 $-1\leqslant z\leqslant 1$.

由于 $D(z)$ 的面积为 $\pi(1-z^2)$,所以

$$I_3 = \iiint\limits_{\Omega}\dfrac{z^2}{c^2}\mathrm{d}V = \dfrac{1}{c^2}\int_{-1}^{1}z^2\mathrm{d}z \iint\limits_{D(z)}\mathrm{d}x\mathrm{d}y = \dfrac{\pi}{c^2}\int_{-1}^{1}z^2(1-z^2)\mathrm{d}z = \dfrac{4\pi}{15c^2}$$

由轮换对称性,$I_1 = \dfrac{4\pi}{15a^2},I_2 = \dfrac{4\pi}{15b^2}$,故所求积分 $I = \dfrac{4\pi}{15}\left(\dfrac{1}{a^2}+\dfrac{1}{b^2}+\dfrac{1}{c^2}\right)$

例 2　曲线 $\begin{cases} x^2=2z \\ y=0 \end{cases}$ 绕 z 轴旋转一周生成的曲面与 $z=1,z=2$ 所围成的立体区域记为 Ω.

（ⅰ）求 $\iiint\limits_{\Omega}\dfrac{\mathrm{d}x\mathrm{d}y\mathrm{d}z}{x^2+y^2+z^2}$;

（ⅱ）求 $\iiint\limits_{\Omega}(x^2+y^2+z^2)\mathrm{d}x\mathrm{d}y\mathrm{d}z$.

（江苏省高等数学竞赛题,2006）

解　曲面方程为 $x^2 + y^2 = 2z$. 记 $D(z): x^2 + y^2 \leqslant (\sqrt{2z})^2$，则

$$\iiint\limits_{\Omega} \frac{\mathrm{d}x\mathrm{d}y\mathrm{d}z}{x^2 + y^2 + z^2} = \int_1^2 \mathrm{d}z \iint\limits_{D(z)} \frac{\mathrm{d}x\mathrm{d}y}{x^2 + y^2 + z^2} = \int_1^2 \mathrm{d}z \int_0^{2\pi} \mathrm{d}\theta \int_0^{\sqrt{2z}} \frac{r\mathrm{d}r}{r^2 + z^2}$$

$$= \pi \int_1^2 \ln\left(1 + \frac{2}{z}\right)\mathrm{d}z = 3\pi\ln\frac{4}{3}$$

类似方法可求得

$$\iiint\limits_{\Omega} (x^2 + y^2 + z^2)\mathrm{d}x\mathrm{d}y\mathrm{d}z = \int_1^2 \mathrm{d}z \int_0^{2\pi} \mathrm{d}\theta \int_0^{\sqrt{2z}} (r^2 + z^2)r\mathrm{d}r = \frac{73}{6}\pi$$

例3　设 $f(u)$ 为连续函数，证明

$$\iiint\limits_{\Omega} f(z)\mathrm{d}V = \pi \int_{-1}^{1} f(u)(1 - u^2)\mathrm{d}u$$

其中 Ω 为 $x^2 + y^2 + z^2 \leqslant 1$.（大连工学院，1981；北方工业大学高等数学竞赛题，1999；昆明理工大学，2009）

证　用垂直于 z 轴的平面去截 Ω，则截口曲线为圆：$x^2 + y^2 = 1 - z^2$，此圆的面积为 $\pi(1 - z^2)$，故

$$\iiint\limits_{\Omega} f(z)\mathrm{d}V = \int_{-1}^{1} f(z)\mathrm{d}z \iint\limits_{D(z)} \mathrm{d}x\mathrm{d}y = \pi \int_{-1}^{1} (1 - z^2)f(z)\mathrm{d}z = \pi \int_{-1}^{1} f(u)(1 - u^2)\mathrm{d}u$$

例4　计算三重积分 $I = \iiint\limits_{\Omega} (x + y)\mathrm{d}x\mathrm{d}y\mathrm{d}z$，其中 Ω 由 $x = 0$，$x = 1$，$x^2 + 1 = \dfrac{y^2}{a^2} + \dfrac{z^2}{b^2}$ 所围成.

解　用垂直于 x 轴的平面去截 Ω，得截面区域 $D(x)$，则

$$I = \int_0^1 \mathrm{d}x \iint\limits_{D(x)} (x + y)\mathrm{d}y\mathrm{d}z$$

其中 $D(x) = \left\{ (y,z) \left| \dfrac{y^2}{a^2(1 + x^2)} + \dfrac{z^2}{b^2(1 + x^2)} \leqslant 1 \right. \right\}$ $(0 \leqslant x \leqslant 1)$.

对于二重积分 $\iint\limits_{D(x)} y\mathrm{d}y\mathrm{d}t$，由于 $D(x)$ 在 yOz 平面上的投影关于原点对称且 $f(y,z) = y = -f(-y, -z)$，故 $\iint\limits_{D(x)} y\mathrm{d}y\mathrm{d}z = 0$，而 $\iint\limits_{D(x)} \mathrm{d}y\mathrm{d}z = \pi ab(1 + x^2)$，故

$$I = \int_0^1 \mathrm{d}x \iint\limits_{D(x)} x\mathrm{d}y\mathrm{d}t = \pi ab \int_0^1 x(1 + x^2)\mathrm{d}x = \frac{3}{4}\pi ab$$

例5　求闭曲面 $\left(\dfrac{x^2}{a^2} + \dfrac{y^2}{b^2} + z^2\right)^2 = c^3 z$ $(a, b, c > 0)$ 所围立体之体积.（昆明工学

院,1981)

解 显然 $z \geqslant 0$. 用垂直于 z 轴的平面去截所给立体, 截口曲线为一椭圆: $\dfrac{x^2}{a^2} + \dfrac{y^2}{b^2} = \sqrt{c^3 z} - z^2$, 此椭圆所围面积为 $\pi ab (\sqrt{c^3 z} - z^2)$. 因为 $\sqrt{c^3 z} - z^2 \geqslant 0$, 所以 $0 \leqslant z \leqslant c$, 故所求立体体积为

$$V = \int_0^c \mathrm{d}z \iint_{D(x)} \mathrm{d}x\mathrm{d}y = \pi ab \int_0^c (\sqrt{c^3 z} - z^2) \,\mathrm{d}z = \frac{\pi}{3} abc^3$$

例6 计算曲面 $\dfrac{x^2}{a^2} + \dfrac{y^2}{b^2} + \dfrac{z^2}{c^2} = 2$ 与 $\dfrac{y^2}{b^2} + \dfrac{z^2}{c^2} = \dfrac{x}{a}$ 围成的体积 ($a > 0$, 取 $x \geqslant 0$ 部分). (东北师范大学,1981)

解 设曲面 $\dfrac{x^2}{a^2} + \dfrac{y^2}{b^2} + \dfrac{z^2}{c^2} = 2$ 与 $\dfrac{y^2}{b^2} + \dfrac{z^2}{c^2} = \dfrac{x}{a}$ 所围区域为 Ω. 由方程 $\dfrac{x^2}{a^2} + \dfrac{y^2}{b^2} + \dfrac{z^2}{c^2} = 2$ 与 $\dfrac{y^2}{b^2} + \dfrac{z^2}{c^2} = \dfrac{x}{a}$ 消去 $\dfrac{y^2}{b^2} + \dfrac{z^2}{c^2}$ 得 $\dfrac{x^2}{a^2} + \dfrac{x}{a} - 2 = 0$, 解得 $x = a, x = -2a$ (舍去). 平面 $x = a$ 将区域 Ω 分为两部分

$$\Omega_1 : \begin{cases} \dfrac{x^2}{a^2} + \dfrac{y^2}{b^2} + \dfrac{z^2}{c^2} \leqslant 2 \\ a \leqslant x \leqslant \sqrt{2}\,a \end{cases} ; \quad \Omega_2 : \begin{cases} \dfrac{y^2}{b^2} + \dfrac{z^2}{c^2} \leqslant \dfrac{x}{a} \\ 0 \leqslant x \leqslant a \end{cases}$$

设 Ω_1, Ω_2 的体积分别为 V_1, V_2, 则所求体积

$$V = V_1 + V_2 = \int_a^{\sqrt{2}a} \mathrm{d}x \iint_{D_1(x)} \mathrm{d}y\mathrm{d}z + \int_0^a \mathrm{d}x \iint_{D_2(x)} \mathrm{d}y\mathrm{d}z$$

其中

$$D_1(x) = \left\{ (y,z) \left| \dfrac{y^2}{b^2} + \dfrac{z^2}{c^2} \leqslant 2 - \dfrac{x^2}{a^2} \right. \right\} \quad (a \leqslant x \leqslant \sqrt{2}a)$$

$$D_2(x) = \left\{ (y,z) \left| \dfrac{y^2}{b^2} + \dfrac{z^2}{c^2} \leqslant \dfrac{x}{a} \right. \right\} \quad (0 \leqslant x \leqslant a)$$

由于 $\displaystyle\iint_{D_1(x)} \mathrm{d}y\mathrm{d}z = \pi bc\left(2 - \dfrac{x^2}{a^2}\right)$, $\displaystyle\iint_{D_2(x)} \mathrm{d}y\mathrm{d}z = \dfrac{\pi bc}{a} x$, 所以

$$V = \pi bc \int_a^{\sqrt{2}a} \left(2 - \frac{x^2}{a^2}\right) \mathrm{d}x + \frac{\pi bc}{a} \int_0^a x\mathrm{d}x = \frac{\pi}{2} abc + \frac{\pi}{3} abc(4\sqrt{2} - 5) = \frac{\pi}{6} abc(8\sqrt{2} - 7)$$

二、等值面(线)法

我们以三重积分 $I = \displaystyle\iiint_{\Omega} f(x,y,z) \mathrm{d}x\mathrm{d}y\mathrm{d}z$ 的计算来说明这种方法.

设 $f(x,y,z)$ 为连续函数,$f(x,y,z)=t$ 是函数 $f(x,y,z)$ 的等值面,又 $(f(x,y,z)\leqslant t)\cap\Omega$ 的体积为 $V(t)$. 设 f 在 Ω 上的值域为 $[\alpha,\beta]$,在 $[\alpha,\beta]$ 中引进分划

$$\alpha=t_0\leqslant t_1\leqslant t_2\leqslant\cdots\leqslant t_n=\beta$$

则和式

$$\sum_{i=1}^{n}t_i\big[V(t_i)-V(t_{i-1})\big]\qquad(4)$$

在分划最大长度 $\|\lambda\|\to0$ 时的极限为 I. 若 $V(t)$ 为连续可微函数,则式(4)以 $\int_{\alpha}^{\beta}tV'(t)\mathrm{d}t$ 为极限,故由极限的唯一性知

$$\iiint_{\Omega}f(x,y,z)\mathrm{d}x\mathrm{d}y\mathrm{d}z=\int_{\alpha}^{\beta}tV'(t)\mathrm{d}t=\int_{\alpha}^{\beta}t\mathrm{d}V(t)\qquad(5)$$

由此可将三重积分化为一重积分(定积分).

注 对于二重积分及三重以上的积分有类似结论;当被积函数是 $f(x,y,z)=t$ 的函数时,也有类似结论.

例7 求由曲面 $z=x^2+y^2$ 和 $z=2-\sqrt{x^2+y^2}$ 所围成的体积 V 和表面积 S. (第一届北京市大学生数学竞赛题)

解 由 $z=x^2+y^2$ 和 $z=2-\sqrt{x^2+y^2}$ 得 $z^2-5z+4=0$,解得 $z_1=1$,$z_2=4$(舍去),所以投影区域为 $D:x^2+y^2\leqslant1$.

$$V=\iint_{D}\big[2-\sqrt{x^2+y^2}-(x^2+y^2)\big]\mathrm{d}x\mathrm{d}y;$$

$$S=\iint_{D}\sqrt{1+4x^2+4y^2}\,\mathrm{d}x\mathrm{d}y+\iint_{D}\sqrt{2}\,\mathrm{d}x\mathrm{d}y.$$

取 $x^2+y^2=t$ 为等值线,则 $0\leqslant t\leqslant1$,图形 $x^2+y^2\leqslant t$ 的面积为 $A(t)=\pi t$,从而 $\mathrm{d}A(t)=\pi\mathrm{d}t$,于是

$$V=\pi\int_0^1(2-\sqrt{t}-t)\mathrm{d}t=\frac{5}{6}\pi$$

$$S=\pi\int_0^1\sqrt{1+4t}\,\mathrm{d}t+\sqrt{2}\pi=\Big[\frac{1}{6}(5\sqrt{5}-1)+\sqrt{2}\Big]\pi$$

例8 计算积分:$I=\iint_{D}f(xy)\mathrm{d}x\mathrm{d}y$,其中 D 是由曲线 $xy=1$,$xy=2$,$y=x$,$y=4x(x>0,y>0)$ 所围成的区域. (天津大学,1983)

解 取 $xy=t$ 为等值线,则 $1\leqslant t\leqslant2$. 等值线 $xy=t$ 与直线 $y=x$,$y=4x$ 的交点横坐标分别为 $x_1=\sqrt{t}$,$x_2=\dfrac{\sqrt{t}}{2}$,故等值线 $xy=t$ 与直线 $y=x$,$y=4x$ 所围图形面积为

$$S(t) = \int_0^{\frac{\sqrt{t}}{2}} 4x\,dx + \int_{\frac{\sqrt{t}}{2}}^{\sqrt{t}} \frac{t}{x}\,dx - \int_0^{\sqrt{t}} x\,dx = t\ln 2$$

故 $dS(t) = \ln 2\,dt$,从而 $I = \ln 2\int_0^1 f(t)\,dt$.

例9 证明等式

$$\iint\limits_{D} f(x+y)\,dx\,dy = \int_{-1}^1 f(u)\,du$$

其中 $D = \{(x,y) \mid |x| + |y| \leqslant 1\}$.(第二十一届北京市大学生数学竞赛题,2010)

证 设 $x+y=t$ 为等值线,则 $-1 \leqslant t \leqslant 1$. 在 D 上,直线 $x+y=t$ 与 $x+y=-1$,$x-y=-1$,$x-y=1$ 所围成图形(图12.2中阴影部分)的面积为

$$S(t) = \sqrt{2} \cdot \frac{|-1-t|}{\sqrt{2}} = t + 1$$

故 $dS(t) = dt$,于是

$$\iint\limits_{D} f(x+y)\,dx\,dy = \int_{-1}^1 f(t)\,dt = \int_{-1}^1 f(u)\,du$$

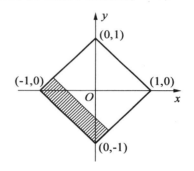

图 12.2

例10 计算积分 $I = \iint\limits_{D} \sqrt{\dfrac{2x-x^2-y^2}{x^2+y^2-2x+2}}\,dx\,dy$,

其中 D 为扇形(图12.3)(浙江工学院,1982)

解 取 $x^2-2x+1+y^2=t$,即 $(x-1)^2+y^2=t$ 为等值线,则有 $0 \leqslant t \leqslant 1$. 曲线 $(x-1)^2+y^2=t$ 与直线 $y=x-1$,$y=0$ 所围图形面积为 $S(t) = \dfrac{\pi}{8}t$,故

$dS(t) = \dfrac{\pi}{8}dt$,于是

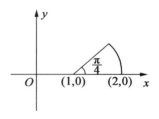

图 12.3

$$I = \frac{\pi}{8} \int_0^1 \sqrt{\frac{1-t}{1+t}}\,dt = \frac{\pi}{8}\left(\frac{\pi}{2}-1\right)$$

例11 计算积分 $I = \iint\limits_{D} |\cos(x+y)|\,dx\,dy$,其中 $D = \left\{(x,y) \,\middle|\, 0 \leqslant x \leqslant \dfrac{\pi}{2}, 0 \leqslant y \leqslant \dfrac{\pi}{2}\right\}$.(湘潭大学,1982)

解 积分区域关于 $x+y=\dfrac{\pi}{2}$ 对称且 $|\cos(x+y)|$ 关于 $x+y$ 为偶函数. 若记

$D_1 = \left\{(x,y) \mid x+y \leqslant \dfrac{\pi}{2}, x \geqslant 0, y \geqslant 0\right\}$,则

$$I = 2 \iint\limits_{D_1} \cos(x+y)\,\mathrm{d}x\mathrm{d}y$$

取 $x+y=t$ 为等值线，则 $0 \leqslant t \leqslant \dfrac{\pi}{2}$. 如图 12.4，直

线 $x+y=t$ 与 $x=0$，$y=0$ 所围图形面积 $S(t)=\dfrac{1}{2}t^2$，

故 $\mathrm{d}S(t)=t\mathrm{d}t$，于是 $I=2\displaystyle\int_a^{\frac{\pi}{2}} t\cos t\mathrm{d}t = \pi - 2$.

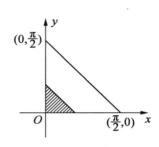

图 12.4

例 12 计算 $I = \displaystyle\iint\limits_{D} \mathrm{e}^{\frac{y}{x+y}}\mathrm{d}x\mathrm{d}y$，其中 D 为由 $x=0$，

$y=0$ 及 $x+y=1$ 所围成的平面区域.（中南矿冶学院，1982；湖北大学，2002）

解 取 $\dfrac{y}{x+y}=t$ 为等值线，则 $0 \leqslant t \leqslant 1$. 由 $\dfrac{y}{x+y}=t$

得 $y = \dfrac{t}{1-t}x$. 直线 $y = \dfrac{t}{1-t}x$ 与 $x+y=1$ 的交点坐标为

$(1-t,t)$，图 12.5 中阴影部分面积为 $S(t)=\dfrac{1}{2}t$，故

$\mathrm{d}S(t)=\dfrac{1}{2}\mathrm{d}t$，于是

$$I = \frac{1}{2}\int_0^1 \mathrm{e}^t\mathrm{d}t = \frac{1}{2}(\mathrm{e}-1)$$

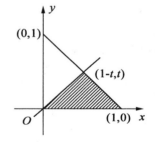

图 12.5

例 13 计算二重积分 $I = \displaystyle\iint\limits_{D} (\sqrt{x}+\sqrt{y})\,\mathrm{d}x\mathrm{d}y$，其中 D 是由抛物线 $\sqrt{x}+\sqrt{y}=1$，

$x=0$ 及 $y=0$ 所围的区域.（复旦大学，2000；四川大学，2007）

解 设 $\sqrt{x}+\sqrt{y}=t$ 为等值线，易知 $0 \leqslant t \leqslant 1$. 由 $\sqrt{x}+\sqrt{y}=t$ 知 $y=(t-\sqrt{x})^2$，由

$0 \leqslant \sqrt{x} \leqslant t$ 知 $0 \leqslant x \leqslant t^2$.

等值线 $\sqrt{x}+\sqrt{y}=t$ 与坐标轴所围成图形的面积

$$S(t) = \int_0^{t^2} (t^2 - 2t\sqrt{x} + x)\,\mathrm{d}x = \frac{1}{6}t^4$$

故 $\mathrm{d}S(t)=\dfrac{2}{3}t^3\mathrm{d}t$，从而

$$I = \frac{2}{3}\int_0^1 t^4\mathrm{d}t = \frac{2}{15}$$

例 14 计算积分 $I = \displaystyle\iiint\limits_{\Omega} \left(\frac{x^2}{a^2} + \frac{y^2}{b^2} + \frac{z^2}{c^2}\right)\mathrm{d}x\mathrm{d}y\mathrm{d}z$，其中 $\Omega = \left\{(x,y,z)\,\middle|\,\frac{x^2}{a^2} + \frac{y^2}{b^2} + \frac{z^2}{c^2} \leqslant 1\right\}$.

（复旦大学,1980;河海大学,2006;中国矿业大学,2010）

解 取 $\dfrac{x^2}{a^2} + \dfrac{y^2}{b^2} + \dfrac{z^2}{c^2} = t$ 为等值面,则 $0 \leqslant t \leqslant 1$. 曲面 $\dfrac{x^2}{a^2} + \dfrac{y^2}{b^2} + \dfrac{z^2}{c^2} = t$ 所围成立体

的体积 $V(t) = \dfrac{4}{3}\pi abct^{3/2}$,故 $\mathrm{d}V(t) = 2\pi abct^{1/2}\mathrm{d}t$,于是

$$I = 2\pi abc \int_0^1 t^{3/2}\mathrm{d}t = \frac{4}{5}\pi abc$$

注 本例不难推广为一般情形:

设 f 为连续函数,若 $\Omega = \left\{ (x,y,z) \left| \dfrac{x^2}{a^2} + \dfrac{y^2}{b^2} + \dfrac{z^2}{c^2} \leqslant 1 \right. \right\}$,则

$$\iiint_\Omega f\left(\frac{x^2}{a^2} + \frac{y^2}{b^2} + \frac{z^2}{c^2} \right)\mathrm{d}x\mathrm{d}y\mathrm{d}z = 2\pi abc \int_0^1 t^{1/2}f(t)\,\mathrm{d}t \tag{6}$$

由公式（6）很容易计算下列问题.

（ⅰ）计算积分 $\iiint_\Omega \sqrt{1 - x^2 - 2y^2 - 6z^2}\,\mathrm{d}x\mathrm{d}y\mathrm{d}z$,其中 Ω 为:$x^2 + 2y^2 + 6z^2 \leqslant 1$.（中国科学技术大学,1982）

（ⅱ）计算积分 $\iiint_\Omega \dfrac{\cos \sqrt{x^2 + y^2 + z^2}}{\sqrt{x^2 + y^2 + z^2}}\,\mathrm{d}x\mathrm{d}y\mathrm{d}z$,其中 Ω 为:$\pi^2 \leqslant x^2 + y^2 + z^2 \leqslant 4\pi^2$.
（同济大学,1979）

例15 证明

$$\iiint_\Omega f(x^2 + y^2)\,\mathrm{d}x\mathrm{d}y\mathrm{d}z = 2\pi h \int_0^R tf(t^2)\,\mathrm{d}t$$

其中 $\Omega = \{ (x,y,t) \mid x^2 + y^2 \leqslant R^2, 0 \leqslant z \leqslant h \}$.

证 取 $x^2 + y^2 = t^2 (t \geqslant 0)$ 为等值线,易知 $0 \leqslant t \leqslant R$ 由曲面 $x^2 + y^2 = t^2$ 及平面 $z = 0, z = h$ 所围立体的体积 $V(t) = \pi ht^2$,故 $\mathrm{d}V(t) = 2\pi ht\mathrm{d}t$,于是

$$\iiint_\Omega f(x^2 + y^2)\,\mathrm{d}x\mathrm{d}y\mathrm{d}z = 2\pi h \int_0^R tf(t^2)\,\mathrm{d}t$$

三、微元法

从公式（5）可以看出,利用等值面法将三重积分化为一重积分（定积分）可理解为作变量替换:$f(x,y,z) = t$,所以我们除了要知道 t 的取值范围即新的积分变量的上、下限以外,还要知道原来的体积元素 $\mathrm{d}x\mathrm{d}y\mathrm{d}z$ 在变量替换下新的体积元素 $\mathrm{d}V(t)$. 但问题是求 $\mathrm{d}V(t)$ 并不那么简单,例如求例8,例13 中的 $\mathrm{d}S(t)$. 但由于 $\mathrm{d}V(t)(\mathrm{d}S(t))$ 是 $V(t)(S(t))$ 关于 t 的微分,因而启发我们可直接用微元法求

$\mathrm{d}V(t)(\mathrm{d}S(t))$,而不必先求出 $V(t)(S(t))$ 再去对 t 微分. 利用等值面(线)法将其他类型的积分(如曲面积分)化为一重积分(定积分)时也可类似进行处理.

例 16 求由直线 $x+y=c,x+y=d,y=ax,y=bx(0<c<d,0<a<b)$ 所围成的闭区域 D 的面积.

解 取 $x+y=t$ 为等值线,则 $0<c<t<d$. 通过解方程组可求得直线 $x+y=t$ 与 $y=ax,y=bx$ 的交点坐标分别为 $A\left(\dfrac{t}{1+a},\dfrac{at}{1+a}\right)$, $B\left(\dfrac{t}{1+b},\dfrac{bt}{1+b}\right)$. A,B 两点间的距离为 $|AB|=\dfrac{\sqrt{2}(b-a)t}{(1+a)(1+b)}$,原点到直线 $x+y=t$ 的距离为 $\dfrac{|t|}{\sqrt{2}}=\dfrac{t}{\sqrt{2}}$.

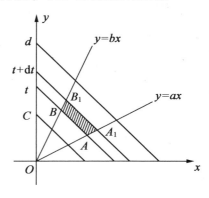

图 12.6

直线 $x+y=t,x+y=t+\mathrm{d}t(\mathrm{d}t>0),y=ax,y=bx$ 所围图形为梯形(图12.6). 以 $|AB|$ 为长,$\dfrac{\mathrm{d}t}{\sqrt{2}}$ 为宽的矩形面积近似代替此梯形面积(注),从而得到面积元素 $\mathrm{d}S(t)$ 为

$$\mathrm{d}S(t)=\frac{\sqrt{2}(b-a)t}{(1+a)(1+b)}\cdot\frac{\mathrm{d}t}{\sqrt{2}}=\frac{(b-a)t}{(1+a)(1+b)}\mathrm{d}t$$

由此可知所求闭区域 D 的面积为

$$S=\int_c^d\frac{(b-a)t}{(1+a)(1+b)}\mathrm{d}t=\frac{(b-a)(d^2-c^2)}{2(1+a)(1+b)}$$

注 由于 $|AB|=\dfrac{\sqrt{2}(b-a)t}{(1+a)(1+b)}$,$|A_1B_1|=\dfrac{\sqrt{2}(b-a)(t+\mathrm{d}t)}{(1+a)(1+b)}$,而 AB,A_1B_1 两直线之间的距离为 $\dfrac{\mathrm{d}t}{\sqrt{2}}$,故梯形 ABB_1A_1 的面积为 $\dfrac{(b-a)\mathrm{d}t}{(1+a)(1+b)}\left(t+\dfrac{\mathrm{d}t}{2}\right)$,此式与 $\mathrm{d}S(t)$ 之差当 $\mathrm{d}t\to0^+$ 时为 $\mathrm{d}t$ 的二阶无穷小,因此可用矩形面积近似代替梯形面积. 以下各例中有类似情形,我们不再进行讨论.

例 17 设 $f(t)$ 为连续函数,证明

$$\iint\limits_D f(x-y)\mathrm{d}x\mathrm{d}y=\int_{-A}^A f(t)(A-|t|)\mathrm{d}t \tag{7}$$

其中 $A > 0$ 为常数，$D = \{(x,y) \mid |x| \leqslant \dfrac{A}{2}, |y| \leqslant \dfrac{A}{2}\}$．（北京航空学院，1982；湖南大学，1984；北京理工大学高等数学竞赛题，1999；天津市大学生数学竞赛题，2009）

证 令 $x - y = t$，则在 D 上，$-A \leqslant t \leqslant A$．如图 12.7，直线 $y = x$ 将 D 分成 D_1，D_2 两部分．在 D_1 上，$x - y > 0$，从而 $t > 0$．

如图 12.7，设直线 $A_0 B_0$ 的方程为 $x - y = t$，$C_0 D_0$ 的方程为 $x - y = t + \mathrm{d}t$（$\mathrm{d}t > 0$）．易知 A_0，B_0 的坐标分别为 $\left(\dfrac{A}{2}, \dfrac{A}{2} - t\right)$，$\left(-\dfrac{A}{2} + t, -\dfrac{A}{2}\right)$，$A_0$，$B_0$ 两点间的距离为 $|A_0 B_0| = \sqrt{2}(A - t)$，坐标原点到直线 $A_0 B_0$ 的距离为 $\dfrac{|t|}{\sqrt{2}} = \dfrac{t}{\sqrt{2}}$．

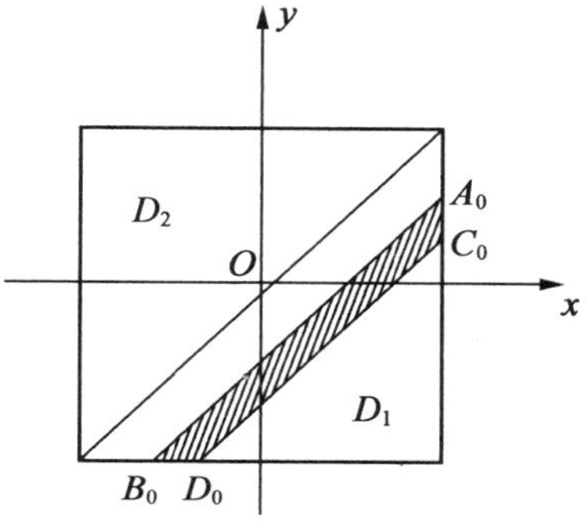

以 $|A_0 B_0|$ 为长，$\dfrac{\mathrm{d}t}{\sqrt{2}}$ 为宽的矩形的面积作为面积元素 $\mathrm{d}S(t)$，即

$$\mathrm{d}S(t) = \sqrt{2}(A - t)\frac{\mathrm{d}t}{\sqrt{2}} = (A - t)\mathrm{d}t$$

从而在 D_1 上有

$$\iint_{D_1} f(x - y)\,\mathrm{d}x\mathrm{d}y = \int_0^A f(t)(A - t)\,\mathrm{d}t$$

同理可知，在 D_2 上有

$$\iint_{D_2} f(x - y)\,\mathrm{d}x\mathrm{d}y = \int_{-A}^0 f(t)(A + t)\,\mathrm{d}t \quad (t < 0)$$

于是

$$\iint_D f(x - y)\,\mathrm{d}x\mathrm{d}y = \iint_{D_1} f(x - y)\,\mathrm{d}x\mathrm{d}y + \iint_{D_2} f(x - y)\,\mathrm{d}x\mathrm{d}y = \int_{-A}^A f(t)(A - |t|)\,\mathrm{d}t$$

由本题结论不难证明：

设 $f(x)$ 为连续偶函数，则有

$$\iint_D f(x - y)\,\mathrm{d}x\mathrm{d}y = 2\int_0^{2a} (2a - u)f(u)\,\mathrm{d}u \tag{8}$$

其中 $a > 0$ 为常数，$D = \{(x,y) \mid |x| \leqslant a, |y| \leqslant a\}$．（第八届北京市大学生数学竞赛题，1996）

图 12.7

例 18 求三重积分 $I = \iiint\limits_{\Omega} \dfrac{\mathrm{d}x\mathrm{d}y\mathrm{d}z}{(1+x+y+z)^3}$，其中 $\Omega = \{(x,y,z) \mid x+y+z \leqslant 1,$ $x \geqslant 0, y \geqslant 0, z \geqslant 0\}$.

解法 1　（等值面法）设 $x+y+z = t$ 为被积函数的等值面，易知 $0 \leqslant t \leqslant 1$，取
$$V(t) = \{(x,y,z) \mid x+y+z \leqslant t, x \geqslant 0, y \geqslant 0, z \geqslant 0\}$$
则 $V(t)$ 的体积 $V(t) = \dfrac{1}{6}t^3$，从而 $\mathrm{d}V(t) = \dfrac{1}{2}t^2\mathrm{d}t$，所以
$$I = \frac{1}{2}\int_0^1 \frac{t^2}{(1+t)^3}\mathrm{d}t = \frac{1}{2}\left(\ln 2 - \frac{5}{8}\right)$$

解法 2　（微元法）设 $x+y+z = t$，则 $0 \leqslant t \leqslant 1$. 被积函数的等值面 $x+y+z = t$ 与 Ω 交成一个边长为 $\sqrt{2}t$ 的等边三角形，其面积为 $\dfrac{\sqrt{3}}{2}t^2$. 坐标原点到三角形所在平面的距离为 $\dfrac{t}{\sqrt{3}}$. 用柱体体积近似代替平面 $x+y+z = t, x+y+z = t+\mathrm{d}t\,(\mathrm{d}t > 0)$ 与坐标面在第一卦限围成封闭区域（台体）的体积作为体积元素 $\mathrm{d}V(t)$（积分方向沿矢量 $\boldsymbol{n} = \{1,1,1\}$ 的方向），即
$$\mathrm{d}V(t) = \frac{\sqrt{3}}{2}t^2\mathrm{d}\left(\frac{t}{\sqrt{3}}\right) = \frac{1}{2}t^2\mathrm{d}t$$
从而
$$I = \iiint\limits_{\Omega} \frac{\mathrm{d}x\mathrm{d}y\mathrm{d}z}{(1+x+y+z)^3} = \frac{1}{2}\int_0^1 \frac{t^2}{(1+t)^3}\mathrm{d}t = \frac{1}{2}\left(\ln 2 - \frac{5}{8}\right)$$

注　本问题的一般形式为：

设 $f(u)$ 为连续函数，$a > 0, b > 0, c > 0, \Omega = \{(x,y,z) \mid ax+by+cz \leqslant m, x \geqslant 0, y \geqslant 0, z \geqslant 0\}$，则
$$\iiint\limits_{\Omega} f(ax+by+cz)\mathrm{d}x\mathrm{d}y\mathrm{d}t = \frac{1}{2abc}\int_0^m t^2 f(t)\mathrm{d}t \tag{9}$$

例 19　设 $f(t)$ 为连续函数，证明
$$\iiint\limits_{\Omega} f(ax+by+cz)\mathrm{d}x\mathrm{d}y\mathrm{d}z = \pi\int_{-1}^1 (1-u^2)f(ku)\mathrm{d}u \tag{10}$$
其中 $\Omega = \{(x,y,z) \mid x^2+y^2+z^2 \leqslant 1\}$，$k = \sqrt{a^2+b^2+c^2} > 0$.（南京大学，2007）

证法 1　（等值面法）令 $\dfrac{1}{k}(ax+by+cz) = u$，则由 Cauchy-Schwarz 不等式知
$$(ax+by+cz)^2 \leqslant (a^2+b^2+c^2)(x^2+y^2+z^2) \leqslant k^2$$

所以 $-1 \le u \le 1$. 球体 $x^2 + y^2 + z^2 \le 1$ 夹在平面 $\dfrac{1}{k}(ax + by + cz) = -1$ 与 $\dfrac{1}{k}(ax + by + cz) = u$ 之间部分(球缺)的体积为

$$V(u) = \frac{1}{3}\pi[3 - (1 + u)](1 + u)^2 = \frac{1}{3}\pi(2 - u)(1 + u)^2$$

从而 $dV(u) = \pi(1 - u^2)du$,于是

$$\iiint_{\Omega} f(ax + by + cz)dxdydz = \pi\int_{-1}^{1}(1 - u^2)f(ku)du$$

即式(10)成立.

证法2 (微元法)令 $\dfrac{1}{k}(ax + by + cz) = u$,同证法1知 $-1 \le u \le 1$. 坐标原点到平面 $\dfrac{1}{k}(ax + by + cz) = u$ 的距离为 $h = |u|$. 由勾股定理知平面 $\dfrac{1}{k}(ax + by + cz) = u$ 与球体 $x^2 + y^2 + z^2 \le 1$ 相交所成圆的半径为 $\sqrt{1 - h^2} = \sqrt{1 - u^2}$. 取球体夹在平面 $\dfrac{1}{k}(ax + by + cz) = u$ 与 $\dfrac{1}{k}(ax + by + cz) = u + du(du > 0)$ 之间的部分体积作为体积元素 dV,则 $dV(u) = \pi(1 - u^2)du$(积分方向沿 $\boldsymbol{n} = \dfrac{1}{k}\{1, 1, 1\}$ 的方向),从而

$$\iiint_{\Omega} f(ax + by + cz)dxdydz = \pi\int_{-1}^{1}(1 - u^2)f(ku)du$$

即式(10)成立.

例20 计算三重积分 $I = \iiint_{\Omega} x^2\sqrt{x^2 + y^2}\,dxdydz$,其中 Ω 是曲面 $z = \sqrt{x^2 + y^2}$ 与 $z = x^2 + y^2$ 围成的有界区域.(北京大学,2002)

解 由轮换对称性知 $I = \iiint_{\Omega} y^2\sqrt{x^2 + y^2}\,dxdydz$,故

$$I = \frac{1}{2}\iiint_{\Omega}(x^2 + y^2)^{3/2}dxdydz$$

取两圆柱面 $x^2 + y^2 = t^2(t \ge 0)$ 与 $x^2 + y^2 = (t + dt)^2(dt > 0)$ 截 Ω 所得柱体体积作为体积微元. 由于柱体的高为 $t - t^2$,底面面积取为 $2\pi t\,dt$,故

$$dV(t) = 2\pi t(t - t^2)dt = 2\pi(t^2 - t^3)dt$$

由于 Ω 是由曲面 $z = \sqrt{x^2 + y^2}$ 与 $z = x^2 + y^2$ 围成,所以 $0 \le t \le 1$,从而

$$I = \frac{1}{2}\int_0^1 2\pi(t^2 - t^3)t^3dt = \pi\int_0^1(t^5 - t^6)dt = \frac{\pi}{42}$$

例 21 证明 Poisson(普阿松)公式:

设 $f(t)$ 为连续函数,则有

$$\iint_{\Sigma} f(ax + by + cz) \, dS = 2\pi R \int_{-R}^{R} f(\sqrt{a^2 + b^2 + c^2}\, u) \, du \tag{11}$$

其中 a, b, c 为常数,$a^2 + b^2 + c^2 > 0$,$\Sigma = \{(x, y, z) \mid x^2 + y^2 + z^2 \leqslant R^2\}$. (浙江大学, 2010)

证 令 $\dfrac{1}{k}(ax + by + cz) = u$,其中 $k = \sqrt{a^2 + b^2 + c^2}$,则由 Cauchy-Schwarz 不等式知 $-R \leqslant u \leqslant R$. 坐标原点到平面 $\dfrac{1}{k}(ax + by + cz) = u$ 的距离为 $h = |u|$. 两个平面 $\dfrac{1}{k}(ax + by + cz) = u$ 与 $\dfrac{1}{k}(ax + by + cz) = u + du (du > 0)$ 之间的距离为 $dh = du$. 取它们截 Σ 所得球带面积为面积元素 $dS(u)$(积分方向沿矢量 $\boldsymbol{n} = \dfrac{1}{\sqrt{a^2 + b^2 + c^2}}\{1, 1, 1\}$ 的方向),则 $dS(u) = 2\pi R \, du$,从而

$$\iint_{\Sigma} f(ax + by + cz) \, dS = 2\pi R \int_{-R}^{R} f(\sqrt{a^2 + b^2 + c^2}\, u) \, du$$

例 22 计算曲面积分 $I = \iint_{\Sigma} (x^2 + y^2 + z^2) \, dS$,其中 $\Sigma : x^2 + y^2 + z^2 = 2ax$. (北京工业学院,1985)

解 由曲面 Σ 的方程知 $I = 2a \iint_{\Sigma} x \, dS$.

取平面 $x = t$ 与 $x = t + dt (dt > 0)$ 去截 Σ 所得球带面积作为面积微元,则 $dS = 2\pi a \, dt$,从而

$$I = 2a \int_{0}^{2a} 2\pi a t \, dt = 8\pi a^4$$

例 23 求第一型曲面积分 $I = \iint_{\Sigma} \dfrac{ds}{\sqrt{x^2 + y^2 + (z - h)^2}}$,其中曲面 $\Sigma : x^2 + y^2 + z^2 = R^2, h < R.$ (浙江大学,2002)

解 由曲面 Σ 的方程知 $I = \iint_{\Sigma} \dfrac{dS}{\sqrt{R^2 + h^2 - 2hz}}$. 由于 $dS = 2\pi R \, dz$,故

$$I = 2\pi R \int_{-R}^{R} \dfrac{dz}{\sqrt{R^2 + h^2 - 2hz}} = 4\pi R$$

例 24　计算曲面积分：$F(t) = \iint\limits_{x^2+y^2+z^2=t^2} f(x,y,z)\,\mathrm{d}S$，其中

$$f(x,y,z) = \begin{cases} x^2 + y^2 & z \geqslant \sqrt{x^2+y^2} \\ 0 & z < \sqrt{x^2+y^2} \end{cases}$$

（哈尔滨工业大学，1982；华东师范大学，2003）

解　参数 t 表示球的半径，故可设 $t \geqslant 0$. 由 $z = \sqrt{x^2+y^2}$ 及 $x^2+y^2+z^2 = t^2$ 可得 $z = \dfrac{t}{\sqrt{2}}$. 用 Σ_1 表示球面 $x^2+y^2+z^2 = t^2$ 上被锥面 $z = \sqrt{x^2+y^2}$ 所割下的较小部分，则

$$F(t) = \iint\limits_{\Sigma_1} (x^2+y^2)\,\mathrm{d}S = \iint\limits_{\Sigma_1} (t^2 - z^2)\,\mathrm{d}S$$

由于 $\mathrm{d}S = 2\pi t\,\mathrm{d}z$，所以

$$F(t) = 2\pi \int_{\frac{t}{\sqrt{2}}}^{t} t(t^2 - z^2)\,\mathrm{d}z = \frac{\pi}{6}(8 - 5\sqrt{2})t^4$$

例 25　设函数 $f(z)$ 在光滑柱面 $\Sigma = \{(x,y,z) \mid F(x,y) = 0, a \leqslant z \leqslant b\}$ 上连续，曲线 $C = \{(x,y,z) \mid F(x,y) = 0, z = 0\}$ 的弧长为 l，证明

$$\iint\limits_{\Sigma} f(z)\,\mathrm{d}S = l \int_a^b f(z)\,\mathrm{d}z \tag{12}$$

证　取 $z = t$ 为被积函数的等值面，则 $a \leqslant t \leqslant b$. 取柱面夹在平面 $z = t$ 与 $z = t + \mathrm{d}t\,(\mathrm{d}t > 0)$ 之间的面积为面积元素 $\mathrm{d}S(t)$，则 $\mathrm{d}S(t) = l\,\mathrm{d}t$，从而

$$\iint\limits_{\Sigma} f(z)\,\mathrm{d}S = l \int_a^b f(t)\,\mathrm{d}t = l \int_a^b f(z)\,\mathrm{d}z$$

例 26　设 $f(u)$ 为连续函数，证明

$$\iint\limits_{\Sigma} f(z)\,\mathrm{d}S = \frac{2\pi}{a^2}\sqrt{1+a^2} \int_0^h zf(z)\,\mathrm{d}z \tag{13}$$

其中曲面 $\Sigma = \{(x,y,z) \mid z = a\sqrt{x^2+y^2}, 0 \leqslant z \leqslant h\}$，$a > 0$ 为常数.

证　取 $z = t$ 为被积函数的等值面，则 $0 \leqslant t \leqslant h$. 考虑圆锥面 Σ 夹在平面 $z = t$ 与 $z = t + \mathrm{d}t\,(\mathrm{d}t > 0)$ 之间部分的面积.

曲面 $z = a\sqrt{x^2+y^2}$ 可视为 xOz 平面上的直线 $z = ax\,(z \geqslant 0)$ 绕 z 轴旋转一周而生成，由旋转体侧面积公式知所考虑的面积为

$$2\pi \int_t^{t+\mathrm{d}t} \frac{z}{a}\sqrt{1 + \frac{1}{a^2}}\,\mathrm{d}z = \frac{\pi}{a^2}\sqrt{1+a^2}\,[2t\,\mathrm{d}t + (\mathrm{d}t)^2]$$

故面积元素 $\mathrm{d}S(t) = \dfrac{2\pi}{a^2}\sqrt{1+a^2}\,t\,\mathrm{d}t$，从而

$$\iint\limits_{\Sigma} f(z)\,\mathrm{d}S = \frac{2\pi}{a^2}\sqrt{1+a^2}\int_0^h tf(t)\,\mathrm{d}t = \frac{2\pi}{a^2}\sqrt{1+a^2}\int_0^h zf(z)\,\mathrm{d}z$$

即式(13)成立.

注 （ⅰ）$\mathrm{d}S(t) = \dfrac{2\pi}{a^2}\sqrt{1+a^2}\,t\mathrm{d}t$ 也可由圆台侧面积公式得到.

（ⅱ）由式(13)及 $z = a\sqrt{x^2+y^2}$ 可知

$$\iint\limits_{\Sigma} f(x^2+y^2)\,\mathrm{d}S = \iint\limits_{\Sigma} f\left(\frac{z^2}{a^2}\right)\,\mathrm{d}S = \frac{2\pi}{a^2}\sqrt{1+a^2}\int_0^h zf\left(\frac{z^2}{a^2}\right)\,\mathrm{d}z \tag{14}$$

（ⅲ）用类似方法可以证明:设 $f(u)$ 为连续函数,$a>0$ 为常数,则

$$\iint\limits_{\Sigma} f(z)\,\mathrm{d}S = \frac{\pi}{a}\int_0^h \sqrt{1+4az}\,f(z)\,\mathrm{d}z \tag{15}$$

其中曲面 $\Sigma = \{(x,y,z)\,|\,z = a(x^2+y^2),0\leqslant z\leqslant h\}$.

例27 求椭圆柱面 $\dfrac{x^2}{5} + \dfrac{y^2}{9} = 1$ 位于 xOy 平面上方和平面 $z = y$ 下方的那部分的侧面积.（湖南大学,1984）

解 在 xOy 平面上的椭圆 $C:\dfrac{x^2}{5} + \dfrac{y^2}{9} = 1$ 的右半部分上取小弧段 $\mathrm{d}s$,过小弧段端点作柱面的母线,在所给曲面上截出侧面面积微元 $\mathrm{d}A$,则 $\mathrm{d}A = z\mathrm{d}s$,从而 $A = \displaystyle\int_C z\mathrm{d}s$.

由于 C 的参数方程为 $x = \sqrt{5}\cos t, y = 3\sin t\,(0\leqslant t\leqslant\pi)$,所以

$$A = \int_C z\mathrm{d}s = \int_C y\mathrm{d}s = \int_0^\pi 3\sin t\sqrt{5\sin^2 t + 9\cos^2 t}\,\mathrm{d}t$$

$$= -3\int_0^\pi \sqrt{5+4\cos^2 t}\,\mathrm{d}\cos t = \frac{3}{2}\int_{-2}^2 \sqrt{5+u^2}\,\mathrm{d}u$$

$$= 3\int_0^2 \sqrt{5+u^2}\,\mathrm{d}u = 9 + \frac{15}{4}\ln 5$$

例28 求曲线 $l:y = \dfrac{1}{3}x^3 + \dfrac{1}{4x}(1\leqslant x\leqslant 2)$ 绕直线 $4x+3y=0$ 旋转所得旋转曲面的面积.

解 在曲线 l 上任取一点 $M(x,y)$ 及含有该点的小弧段 $\mathrm{d}l$,点 M 到直线 $4x+3y=0$ 的距离 $h = \dfrac{1}{5}|4x+3y|$,$\mathrm{d}l$ 绕直线 $4x+3y=0$ 旋转所得面积元素 $\mathrm{d}A = 2\pi h\mathrm{d}l = \dfrac{2}{5}\pi(4x+3y)\mathrm{d}l$,故所求旋转曲面面积

$$A = \int_l \frac{2}{5}\pi(4x+3y)\mathrm{d}l = \frac{2}{5}\pi\int_1^2\left[4x+3\left(\frac{1}{3}x^3+\frac{1}{4x}\right)\right]\sqrt{1+\left(x^2-\frac{1}{4x^2}\right)^2}\mathrm{d}x$$

$$= \frac{2}{5}\pi\int_1^2\left(x^3+4x+\frac{3}{4x}\right)\left(x^2+\frac{1}{4x^2}\right)\mathrm{d}x = \frac{3\,459}{320}\pi+\frac{2}{5}\pi\ln 2$$

例29 设 $y=f(x)$ 为 $[a,b]$ 上的连续可微函数,如图 12.8,证明:曲边梯形 $ABB'A'$ 绕直线 $l:y=mx$ 旋转一周所得的旋转体体积为

$$V = \frac{\pi}{(1+m^2)^{3/2}}\int_a^b\left[mx-f(x)\right]^2|1+mf'(x)|\mathrm{d}x \tag{16}$$

证 任取 $x\in[a,b]$,易知点 $(x,f(x))$ 到直线 l 的距离为 $r=\dfrac{|mx-f(x)|}{\sqrt{1+m^2}}$.

过点 $(x,f(x))$ 作垂直于 l 的直线 s. 若以 (X,Y) 表示 s 上的动点坐标,则 s 的方程为 $X+mY-mf(x)-x=0$. 于是从原点到直线 s 的距离为 $\dfrac{|mf(x)+x|}{\sqrt{1+m^2}}$. 若将 l 看成一数轴,数 $\dfrac{(mf(x)+x)}{\sqrt{1+m^2}}$ 看成直线 s 与 l 交点的坐标,则 $\mathrm{d}l=\dfrac{1}{\sqrt{1+m^2}}[1+mf'(x)]\mathrm{d}x$. 由微元法可知所求旋转体体积

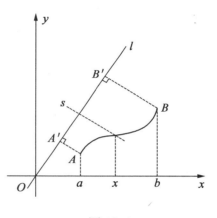

图 12.8

$$V = \pi\int_A^B r^2|\mathrm{d}l| = \pi\int_a^b\frac{[mx-f(x)]^2}{1+m^2}\left|\frac{1}{\sqrt{1+m^2}}[1+mf'(x)]\right|\mathrm{d}x$$

$$= \frac{\pi}{(1+m^2)^{3/2}}\int_a^b[mx-f(x)]^2|1+mf'(x)|\mathrm{d}x$$

注 若 l 为过任一点 (x_0,y_0) 的直线:$y-y_0=m(x-x_0)$,则曲边梯形 $ABB'A'$ 绕 l 旋转一周所产生的旋转体体积为

$$V = \frac{\pi}{(1+m^2)^{3/2}}\int_a^b[mx-f(x)-mx_0+y_0]^2|1+mf'(x)|\mathrm{d}x \tag{17}$$

例30 计算:由曲线 $y=x^2$ 与直线 $y=mx(m>0)$ 在第一象限内所围成的图形绕该直线旋转所产生的体积. (第二届北京市大学生数学竞赛题,1990)

解 曲线 $y=x^2$ 与直线 $y=mx$ 的交点坐标为 $(0,0)$ 及 (m,m^2),由式(16)知所求体积为

$$V = \frac{\pi}{(1+m^2)^{3/2}} \int_0^m (mx - x^2)^2 (1 + 2mx)\,\mathrm{d}x = \frac{m^5 \pi}{30\sqrt{1+m^2}}$$

习 题

1. 计算三重积分 $\iiint\limits_V z\,\mathrm{d}x\mathrm{d}y\mathrm{d}z$, 其中 V 是由曲面 $x^2 + y^2 + z^2 = 4$ 和 $x^2 + y^2 = 3z$ 所界的区域. (山东大学, 1987)

2. 已知两个球的半径分别是 a 和 $b(a>b)$ 且小球球心在大球球面上, 试求小球在大球内的那一部分体积. (江苏省高等数学竞赛题, 2000)

3. 计算三重积分 $\iiint\limits_\Omega (x^2 + y^2 + z^2)\,\mathrm{d}x\mathrm{d}y\mathrm{d}z$, 其中 $\Omega\{(x,y,z) | x^2 + y^2 \leq 2az, x^2 + y^2 + z^2 \leq 3a^2\}(a>0)$.

4. 求曲面 $x^2 + y^2 + az = 4a^2$ 将球 $x^2 + y^2 + z^2 \leq 4az$ 分成两部分的体积之比 $(a>0)$. (北方交通大学, 1981)

5. 求由椭球面 $\frac{x^2}{a^2} + \frac{y^2}{b^2} + \frac{z^2}{c^2} = 1$ 与锥面 $\frac{x^2}{a^2} + \frac{y^2}{b^2} - \frac{z^2}{c^2} = 0(z \geq 0, a>0, b>0, c>0)$ 所围立体的体积. (华东师范大学, 2001)

6. 计算 $\iiint\limits_G z^2\mathrm{d}V$, 其中 G 是介于椭球面 $\frac{x^2}{4^2} + \frac{y^2}{4^2} + z^2 = 1$ 及球面 $x^2 + y^2 + z^2 = 1$ 之间的区域. (北京科学技术大学高等数学竞赛题, 1997)

7. 求曲面 $\left(\frac{x^2}{a^2} + \frac{y^2}{b^2} + \frac{z^2}{c^2}\right)^2 = \frac{x}{h}$ 所围立体体积.

8. 求曲面 $\left(\frac{x}{a} + \frac{y}{b}\right)^2 + \left(\frac{z}{c}\right)^2 = 1(x>0, y>0, z>0, a>0, b>0, c>0)$ 所围立体体积.

9. 求 $\iint\limits_D \sin\sqrt{\frac{x^2}{a^2} + \frac{y^2}{b^2}}\,\mathrm{d}x\mathrm{d}y$, 其中 $D = \{(x,y) | \frac{x^2}{a^2} + \frac{y^2}{b^2} \leq \pi^2\}$. (北京大学, 1987)

10. 计算二重积分 $\iint\limits_D \cos\sqrt{x^2 + y^2}\,\mathrm{d}x\mathrm{d}u$, D 是以原点为圆心, 半径为 π 的圆域. (华南理工大学, 2003)

11. 求由曲面 $\frac{x^2}{12} + \frac{y^2}{36} = 2z$ 和曲面 $\frac{x^2}{6} + \frac{y^2}{12} = 2(2-z)$ 所围成的体积. (吉林大学, 1984; 山西大学, 1987)

12. 计算积分 $\iint\limits_D (x+y)\,\mathrm{d}x\mathrm{d}y$, 其中 $D = \{(x,y) | y^2 \leq 2x, 4 \leq x+y \leq 12\}$.

13. 求积分 $\iint\limits_{D}\left(\sqrt{\dfrac{x-c}{a}}+\sqrt{\dfrac{y-c}{b}}\right)\mathrm{d}x\mathrm{d}y$，其中 D 由曲线 $\sqrt{\dfrac{x-c}{a}}+\sqrt{\dfrac{y-c}{b}}=1$ 和 $x=c,y=c(a>0,b>0,c>0)$ 所围成.（华南理工大学，2010）

14. 计算 $\iint\limits_{\sqrt{x}+\sqrt{y}\leqslant 1}\sqrt[3]{\sqrt{x}+\sqrt{y}}\,\mathrm{d}x\mathrm{d}y$.（浙江省大学生数学竞赛题，2011）

15. 计算 $\iint\limits_{D}\mathrm{e}^{\frac{x-y}{x+y}}\mathrm{d}x\mathrm{d}y$，其中 D 由直线 $x+y=2,x=0$ 及 $y=0$ 所围成的区域.（南京航空航天大学，2007）

16. 计算二重积分 $\iint\limits_{D}(x^{2/3}+y^{2/3})^{\alpha}\mathrm{d}x\mathrm{d}y\,(\alpha>0)$，其中 D 是 $a^{2/3}\leqslant x^{2/3}+y^{2/3}\leqslant b^{2/3}(0<a<b)$.

17. 设 $f(u)$ 为连续函数，$A>0$ 为常数，证明
$$\int_0^A\int_0^A f(x-y)\mathrm{d}x\mathrm{d}y=\int_0^A tf(t-A)\mathrm{d}t+\int_0^A(A-t)f(t)\mathrm{d}t$$

18. 计算三重积分 $\iiint\limits_{\Omega}\dfrac{\mathrm{d}x\mathrm{d}y\mathrm{d}z}{(x^2+y^2+z^2)^{n/2}}$，其中 $\Omega=\{(x,y,z)\mid 1\leqslant x^2+y^2+z^2\leqslant 4\}$.（西南交通大学，1981）

19. 求积分 $\iiint\limits_{V}(x^2+y^2+z^2)^{\alpha}\mathrm{d}x\mathrm{d}y\mathrm{d}z$，$V$ 是球体：$x^2+y^2+z^2\leqslant R^2,\alpha>0$.（北京大学，2000）

20. 已知椭圆抛物面 $\Sigma_1:z=1+x^2+2y^2$ 和 $\Sigma_2:z=2(x^2+3y^2)$，计算 Σ_1 被 Σ_2 截下部分的面积.（华东师范大学，1984）

21. 试证 $\iiint\limits_{\Omega}\mathrm{e}^{\alpha x+\beta y+\gamma z}\mathrm{d}V=\iiint\limits_{\Omega_1}\mathrm{e}^{a\zeta}\mathrm{d}V_1$. 其中 $\Omega:x^2+y^2+z^2\leqslant 1,a=(\alpha^2+\beta^2+\gamma^2)^{1/2},\Omega_1:\xi^2+\eta^2+\zeta^2\leqslant 1$，并计算此积分.（同济大学，1979）

22. 计算 $\iiint\limits_{\Omega}\cos(x+y+z)\mathrm{d}x\mathrm{d}y\mathrm{d}z$，其中 $\Omega:x^2+y^2+z^2\leqslant 1$.（北京邮电学院，1981；南开大学，1985；浙江大学，2006；上海交通大学，2006）

23. 计算三重积分 $\iiint\limits_{\Omega}(x^2+y^2)\mathrm{d}x\mathrm{d}y\mathrm{d}z$，其中 Ω 是两同心球间 $1\leqslant x^2+y^2+z^2\leqslant 2$ 在 $z=0$ 上方的部分.（中山大学，1981）

24. 试用微元法证明公式(16).

25. 设 $f(u)$ 为连续函数，证明
$$\iint\limits_{D}f(ax+by+c)\mathrm{d}x\mathrm{d}y=2\int_{-1}^{1}\sqrt{1-t^2}f(\sqrt{a^2+b^2}\,t+c)\mathrm{d}t$$
其中 a,b,c 为常数且 $a^2+b^2\neq 0,D=\{(x,y)\mid x^2+y^2\leqslant 1\}$.（东北师范大学，1983；湖

南大学,2008)

26. 计算积分 $\iiint\limits_{\Omega} (x^2 + y^2) \mathrm{d}x\mathrm{d}y\mathrm{d}z$,其中 Ω 是由曲面 $x^2 + y^2 = 2z, z = 2$ 所围成的区域. (海军工程学院,1982)

27. 求 $\iint\limits_{S} \dfrac{\mathrm{d}S}{z}$,其中 S 是球面 $x^2 + y^2 + z^2 = a^2$ 被平面 $z = h(0 < h < a)$ 截得的球冠部分. (华东师范大学,2007)

28. 计算曲面积分 $\iint\limits_{\Sigma} (x^3 + y^3 + z^3) \mathrm{d}S$,其中 Σ 为曲面 $z = \sqrt{a^2 - x^2 - y^2}, a > 0$.

29. 设 $f(u)$ 为连续函数,证明
$$\iint\limits_{\Sigma} f(x^2 + y^2) \mathrm{d}S = 4\pi a \int_0^a f(a^2 - u^2) \mathrm{d}u$$
其中 Σ 为曲面 $x^2 + y^2 + z^2 = a^2$.

30. 求曲面积分 $\iint\limits_{\Sigma} \dfrac{\mathrm{d}S}{x^2 + y^2 + z^2}$,其中 $\Sigma = \{(x,y,z) \mid x^2 + y^2 = a^2, 0 \leqslant z \leqslant h\}, a > 0$ 为常数. (山东海洋学院,1987)

31. 计算曲面积分 $\iint\limits_{\Sigma} (x^2 + y^2 + z^2) \mathrm{d}S$,其中 $\Sigma = \{(x,y,z) \mid z = \sqrt{x^2 + y^2}, 0 \leqslant z \leqslant 1\}$.

32. 求圆柱面 $x^2 + y^2 = a^2$ 夹在平面 $z = y$ 与 xOy 面之间的侧面积. (第十七届北京市大学生数学竞赛题,2006)

33. 求由柱面 $x^2 + y^2 = a^2$ 与 $y^2 + z^2 = a^2$ 所围成的立体的表面积. (北京信息工程学院高等数学竞赛题,1989)

34. 设 $y = f(x)$ 是单值函数且有连续导数,证明:曲线弧段 $y = f(x) (a \leqslant x \leqslant b)$ 绕直线 $y = kx + b$ 旋转一周所得旋转面面积为
$$A = \frac{2\pi}{\sqrt{1 + k^2}} \int_a^b |kx + b - f(x)| \sqrt{1 + (f'(x))^2} \mathrm{d}x$$

35. 求 $y = x$ 与 $y = 4x - x^2$ 所围成的图形绕 $y = x$ 旋转所得旋转体的体积.

第 13 章　不等式证明的求商比较法、积分方法与幂级数法

微积分中证明不等式的常见方法有:利用 Lagrange 中值定理;利用函数的单调性;利用 Taylor 公式;利用函数的最大(小)值;利用函数的凹凸性等,我们在这里将介绍微积分教科书和课外辅导书中并不多见的证明不等式的几种方法.

一、不等式证明的求商比较法

比较法是证明不等式的一种常用方法,而这种方法一般又可分为求差比较法和求商比较法.求差比较法的基本思路是:要证不等式 $P \geqslant Q$,可转化证明其等价形式 $P - Q \geqslant 0$;而求商比较法的基本思路是:要证不等式 $P \geqslant Q$,可转化证明其等价形式 $\dfrac{P}{Q} \geqslant 1 (Q > 0)$. 在教科书或课外辅导书中对求差比较法的介绍较为普遍,而对求商比较法的介绍相对偏少.读者从以下实例可以看出,对某些不等式的证明,求商比较法不仅方便而且有时只用这种方法才可行.

例 1　设 n 为自然数,证明

$$\frac{1}{2\sqrt{n}} \leqslant \frac{1 \cdot 3 \cdot \cdots \cdot (2n-1)}{2 \cdot 4 \cdot \cdots \cdot (2n)} < \frac{1}{\sqrt{2n+1}}$$

证　令

$$x_n = \frac{1 \cdot 3 \cdot \cdots \cdot (2n-1) \cdot 2\sqrt{n}}{2 \cdot 4 \cdot \cdots \cdot (2n)} \quad (n = 1, 2, \cdots)$$

则

$$x_{n+1} = \frac{1 \cdot 3 \cdot \cdots \cdot (2n+1) \cdot 2\sqrt{n+1}}{2 \cdot 4 \cdot \cdots \cdot (2n+2)}$$

由此知

$$\frac{x_{n+1}^2}{x_n^2} = \frac{(2n+1)^2}{4n(n+1)} > 1$$

所以 $x_{n+1} > x_n (n = 1, 2, \cdots)$.

又 $x_1 = 1$,故 $x_n = x_1 \cdot \dfrac{x_2}{x_1} \cdot \cdots \cdot \dfrac{x_n}{x_{n-1}} > x_1 = 1$,即

$$\frac{1 \cdot 3 \cdot \cdots \cdot (2n-1)}{2 \cdot 4 \cdot \cdots \cdot (2n)} \geqslant \frac{1}{2\sqrt{n}} \quad (n = 1, 2, \cdots)$$

再令

$$y_n = \frac{1 \cdot 3 \cdot \cdots \cdot (2n-1) \cdot \sqrt{2n+1}}{2 \cdot 4 \cdot \cdots \cdot (2n)} \quad (n = 1, 2, \cdots)$$

则

$$y_{n+1} = \frac{1 \cdot 3 \cdot \cdots \cdot (2n+1) \cdot \sqrt{2n+3}}{2 \cdot 4 \cdot \cdots \cdot (2n+2)}$$

由此知

$$\frac{y_{n+1}^2}{y_n^2} = \frac{(2n+1)(2n+3)}{(2n+2)^2} < 1$$

所以 $y_{n+1} < y_n (n = 1, 2, \cdots)$.

又 $y_1 = \dfrac{\sqrt{3}}{2} < 1$，故 $y_n = y_1 \cdot \dfrac{y_2}{y_1} \cdot \dfrac{y_3}{y_2} \cdot \cdots \cdot \dfrac{y_n}{y_{n-1}} < y_1 < 1$，即

$$\frac{1 \cdot 3 \cdot \cdots \cdot (2n-1)}{2 \cdot 4 \cdot \cdots \cdot (2n)} < \frac{1}{\sqrt{2n+1}} \quad (n = 1, 2, \cdots)$$

至此即知所论不等式成立.

注 由例 1 及求数列极限的夹逼原则可知：

（ i ）$\displaystyle\lim_{n \to \infty} \frac{1 \cdot 3 \cdot \cdots \cdot (2n-1)}{2 \cdot 4 \cdot \cdots \cdot (2n)} = 0$；

（ ii ）$\displaystyle\lim_{n \to \infty} \sqrt[n]{\frac{1 \cdot 3 \cdot \cdots \cdot (2n-1)}{2 \cdot 4 \cdot \cdots \cdot (2n)}} = 1.$（华中师范大学，2005）

例 2 设 n 为自然数，证明

$$\sqrt{n} \leqslant \sqrt[n]{n!} \leqslant \frac{n+1}{2}$$

证 令 $x_n = \dfrac{(n!)^2}{n^n}(n = 1, 2, \cdots)$，则

$$x_1 = 1$$

$$x_{n+1} = \frac{[(n+1)!]^2}{(n+1)^{n+1}}$$

由此知

$$\frac{x_{n+1}}{x_n} = \frac{(n+1)^2 \cdot n^n}{(n+1)^{n+1}} = \frac{n+1}{\left(1 + \dfrac{1}{n}\right)^n}$$

因为 $n \geq 2$ 时，$\left(1 + \dfrac{1}{n}\right)^n < n+1$，故 $n \geq 2$ 时，$\dfrac{x_{n+1}}{x_n} > 1$，故由

$$x_n = x_1 \cdot \frac{x_2}{x_1} \cdot \frac{x_3}{x_2} \cdot \cdots \cdot \frac{x_n}{x_{n-1}} > x_1 = 1$$

知 $(n!)^2 \geq n^n$，此式等价于

$$\sqrt[n]{n!} \geq \sqrt{n}$$

令 $y_n = \dfrac{\left(\dfrac{n+1}{2}\right)^n}{n!}$ $(n = 1, 2, \cdots)$，则

$$y_1 = 1$$

$$y_{n+1} = \frac{\left(\dfrac{n+2}{2}\right)^{n+1}}{(n+1)!}$$

由此知

$$\frac{y_{n+1}}{y_n} = \frac{(n+2)^{n+1}}{2(n+1)^{n+1}} = \frac{1}{2}\left(1 + \frac{1}{n+1}\right)^{n+1}$$

由二项式定理知

$$\left(1 + \frac{1}{n+1}\right)^{n+1} > 1 + (n+1) \cdot \frac{1}{n+1} = 2$$

故 $\dfrac{y_{n+1}}{y_n} > 1$ $(n = 1, 2, \cdots)$，从而

$$y_n = y_1 \cdot \frac{y_2}{y_1} \cdot \frac{y_3}{y_2} \cdot \cdots \cdot \frac{y_n}{y_{n-1}} \geq y_1 = 1$$

即 $\left(\dfrac{n+1}{2}\right)^n > n!$，此式等价于

$$\sqrt[n]{n!} < \frac{n+1}{2}$$

由于 $n = 1$ 时例 2 以等式成立，故由上述两个不等式知例 2 所论不等式对任意自然数 n 成立.

例 3 设 $x > 0, y > 0, \beta > \alpha > 0$，证明

$$(x^\alpha + y^\alpha)^{\frac{1}{\alpha}} > (x^\beta + y^\beta)^{\frac{1}{\beta}}$$

证 根据题意，有

$$\frac{(x^\beta + y^\beta)^{\frac{1}{\beta}}}{(x^\alpha + y^\alpha)^{\frac{1}{\alpha}}} = \left[\left(\frac{x^\alpha}{x^\alpha + y^\alpha}\right)^{\frac{\beta}{\alpha}} + \left(\frac{y^\alpha}{x^\alpha + y^\alpha}\right)^{\frac{\beta}{\alpha}}\right]^{\frac{1}{\beta}}$$

由于 $0 < \dfrac{x^\alpha}{x^\alpha + y^\alpha} < 1, \dfrac{\beta}{\alpha} > 1$，故

$$\left(\frac{x^\alpha}{x^\alpha + y^\alpha}\right)^{\frac{\beta}{\alpha}} < \frac{x^\alpha}{x^\alpha + y^\alpha}$$

同理有

$$\left(\frac{y^\alpha}{x^\alpha + y^\alpha}\right)^{\frac{\beta}{\alpha}} < \frac{y^\alpha}{x^\alpha + y^\alpha}$$

于是

$$\frac{(x^\beta + y^\beta)^{\frac{1}{\beta}}}{(x^\alpha + y^\alpha)^{\frac{1}{\alpha}}} < \left(\frac{x^\alpha + y^\alpha}{x^\alpha + y^\alpha}\right)^{\frac{1}{\beta}} = 1$$

即

$$(x^\alpha + y^\alpha)^{\frac{1}{\alpha}} > (x^\beta + y^\beta)^{\frac{1}{\beta}}$$

例 3　设 $x > 0, y > 0$，证明

$$\frac{x^n + y^n}{2} \geqslant \left(\frac{x + y}{2}\right)^n \quad (n \text{ 为自然数})$$

（山东大学，2005）

证　考虑

$$\frac{\dfrac{x^n + y^n}{2}}{\left(\dfrac{x + y}{2}\right)^n} = \frac{2^{n-1}(x^n + y^n)}{(x + y)^n} = 2^{n-1} \frac{\left(\dfrac{x}{y}\right)^n + 1}{\left(\dfrac{x}{y} + 1\right)^n}$$

令 $\dfrac{x}{y} = t$，则 $t > 0$ 且

$$\frac{\left(\dfrac{x}{y}\right)^n + 1}{\left(\dfrac{x}{y} + 1\right)^n} = \frac{t^n + 1}{(t + 1)^n} \triangleq f(t)$$

解　$f'(t) = \dfrac{nt^{n-1}(t+1)^n - n(t+1)^{n-1}(t^n+1)}{(t+1)^{2n}} = \dfrac{n(t^{n-1} - 1)}{(t+1)^{n+1}} = 0$

得 $t = 1$.

当 $0 < t < 1$ 时，$f'(t) < 0$；当 $t > 1$ 时，$f'(t) > 0$，故函数 $f(t)$ 当 $t = 1$ 时取极小值，又 $\lim\limits_{t \to 0} f(t) = \lim\limits_{t \to +\infty} f(t) = 1$，故 $f(1) = \dfrac{1}{2^{n-1}}$ 为 $f(t)$ 当 $t > 0$ 时的最小值，因此

$$\frac{\dfrac{x^n + y^n}{2}}{\left(\dfrac{x + y}{2}\right)^n} \geqslant 1$$

此即
$$\frac{x^n + y^n}{2} \geqslant \left(\frac{x+y}{2}\right)^n$$

例 5　设 p, q 为满足 $p + q = 1$ 的正数,对一切 x,证明
$$pe^{\frac{x}{p}} + qe^{-\frac{x}{q}} \leqslant e^{\frac{x^2}{8p^2q^2}}$$

证　令
$$F(x) = \frac{pe^{\frac{x}{p}} + qe^{-\frac{x}{q}}}{e^{\frac{x^2}{8p^2q^2}}} \quad (-\infty < x < +\infty)$$

由对称性可知,只要证明对 $x \geqslant 0$ 有 $F(x) \leqslant 1$ 即可.

考虑函数 $G(x) = \ln F(x)\,(x \geqslant 0)$,因为
$$G'(x) = \frac{F'(x)}{F(x)} = \frac{e^{\frac{x}{p}} - e^{-\frac{x}{q}}}{pe^{\frac{x}{p}} + qe^{-\frac{x}{q}}} - \frac{x}{4p^2q^2} = \frac{e^{\frac{x}{pq}} - 1}{pe^{\frac{x}{pq}} + q} - \frac{x}{4p^2q^2}$$

$$G''(x) = -\frac{\left(pe^{\frac{x}{pq}} - q\right)^2}{4p^2q^2\left(pe^{\frac{x}{pq}} + q\right)^2}$$

故对一切 $x \geqslant 0, G''(x) \leqslant 0, G'(x)$ 单调递减,而 $G'(0) = 0$,所以当 $x \geqslant 0$ 时,$G'(x) \leqslant 0$,从而当 $x \geqslant 0$ 时,$F'(x) \leqslant 0, F(x)$ 单调递减,又 $F(0) = 1$,因此对一切 $x \geqslant 0$,$F(x) \leqslant 1$,由此知
$$pe^{\frac{x}{p}} + qe^{-\frac{x}{q}} \leqslant e^{\frac{x^2}{8p^2q^2}}$$

注　若考虑 $D(x) = e^{\frac{x^2}{8p^2q^2}} - pe^{\frac{x}{p}} - qe^{-\frac{x}{q}}$,则 $D'(x) \geqslant 0$ 不一定成立.

例 6　设 $x \geqslant 0, y \geqslant 0$,证明
$$\frac{1}{4}(x^2 + y^2) \leqslant e^{x+y-2}$$

证　要证有不等式等价于 $(x^2 + y^2)e^{-(x+y)} \leqslant 4e^{-2}$.

设 $f(x, y) = (x^2 + y^2)e^{-(x+y)}\,(x \geqslant 0, y \geqslant 0)$,令
$$\begin{cases} \dfrac{\partial f}{\partial x} = (2x - x^2 - y^2)e^{-x-y} = 0 \\ \dfrac{\partial f}{\partial y} = (2y - x^2 - y^2)e^{-x-y} = 0 \end{cases}$$

解得 $\begin{cases} x = 0 \\ y = 0 \end{cases}; \begin{cases} x = 1 \\ y = 1 \end{cases}$.

当 $x = 0$ 时,$f(0, y) = y^2 e^{-y}$,令 $\dfrac{\mathrm{d}f(0, y)}{\mathrm{d}y} = (2y - y^2)e^{-y} = 0$,解得 $y = 0, y = 2$;

当 $y = 0$ 时,$f(x, 0) = x^2 e^{-x}$,令 $\dfrac{\mathrm{d}f(x, 0)}{\mathrm{d}x} = (2x - x^2)e^{-x} = 0$,解得 $x = 0, x = 2$.

由于 $f(0,0)=0, f(0,2)=f(2,0)=4\mathrm{e}^{-2}, f(1,1)=2\mathrm{e}^{-2}$, 故 $\max\limits_{x\geqslant 0, y\geqslant 0} f(x,y)=$ $4\mathrm{e}^{-2}$, 从而

$$(x^2+y^2)\mathrm{e}^{(-x+y)}\leqslant 4\mathrm{e}^{-2}$$

亦即

$$\frac{1}{4}(x^2+y^2)\leqslant \mathrm{e}^{x+y-2}$$

二、不等式证明的积分方法

利用积分方法证明不等式的时候, 往往要用到定积分的如下性质:

设 $f(x), g(x)$ 为 $[a,b](b>a)$ 上的连续函数, 若 $f(x)\geqslant g(x)$, 则

$$\int_a^b f(x)\,\mathrm{d}x\geqslant \int_a^b g(x)\,\mathrm{d}x$$

特别当 $g(x)\equiv C$(常数)时, 有

$$\int_a^b f(x)\,\mathrm{d}x\geqslant C(b-a)$$

只要我们能恰当地选择被积函数与积分限, 并结合上述定积分的性质, 很多不等式均可用积分方法来证明.

例7 设 $x>-1$, 证明:

在 $0<\alpha<1$ 时, 有 $(1+x)^{\alpha}\leqslant 1+\alpha x$;

在 $\alpha<0$ 或 $\alpha>1$ 时, 有 $(1+x)^{\alpha}\geqslant 1+\alpha x$.

(南京工学院, 1982)

证 设 $0\geqslant t\geqslant x>-1$, 则 $1\geqslant 1+t>0$, 由于当 $0<\alpha<1$ 时, $(1+t)^{\alpha-1}>1$, 所以

$$\int_x^0 (1+t)^{\alpha-1}\,\mathrm{d}t\geqslant \int_x^0 \mathrm{d}t$$

由此即得

$$(1+x)^{\alpha}\leqslant 1+\alpha x$$

设 $x\geqslant t>0$, 则 $1+t>1$. 由于当 $0<\alpha<1$ 时, $(1+t)^{\alpha-1}<1$, 所以

$$\int_x^0 (1+t)^{\alpha-1}\,\mathrm{d}t<\int_x^0 \mathrm{d}t$$

由此即得

$$(1+x)^{\alpha}<1+\alpha x$$

综上可知, 当 $x>-1$ 且 $0<\alpha<1$ 时, 有

$$(1+x)^{\alpha}\leqslant 1+\alpha x$$

易知不等式中等号当且仅当 $x=0$ 时成立.

用类似的步骤可证第 2 个不等式.

例8 设 $f''(x) < 0, f(0) = 0$,证明:对任意 $x_1 > 0, x_2 > 0$,有 $f(x_1 + x_2) < f(x_1) + f(x_2)$. (全国,1992)

证 由 $f''(x) < 0$ 知 $f'(x)$ 为单调递减函数,故对于 $t \geq 0, x_1 > 0$,有 $f'(x_1 + t) < f'(t)$,不等式两边对 t 从 0 到 x_2 积分,得

$$\int_0^{x_2} f'(x_1 + t)\, \mathrm{d}t < \int_0^{x_2} f'(t)\, \mathrm{d}t$$

即

$$f(x_1 + x_2) - f(x_1) < f(x_2) - f(0)$$

由 $f(0) = 0$,所以

$$f(x_1 + x_2) < f(x_1) + f(x_2)$$

例9 试证:当 $x > 0$ 时,有

$$(x^2 - 1)\ln x \geq (x - 1)^2$$

(全国,1999)

证 事实上,我们可以证明更强的不等式,当 $x > 0$ 时,有

$$(x^2 - 1)\ln x \geq 2(x - 1)^2$$

当 $x = 1$ 时,不等式中等号成立.

当 $0 < x < 1$ 时,因为 $x - 1 < 0$,故要证的不等式等价于

$$\ln x \leq \frac{2(x - 1)}{x + 1}$$

设 $0 < x \leq t < 1$,因为 $(t + 1)^2 > 4t$ 或 $\dfrac{1}{t} > \dfrac{4}{(t + 1)^2}$,不等式两边对 t 从 x 到 1 积分,得

$$\int_x^1 \frac{\mathrm{d}t}{t} > \int_x^1 \frac{4}{(t + 1)^2}\mathrm{d}t$$

即

$$\ln x \leq \frac{2(x - 1)}{x + 1}$$

类似地可证,当 $x > 1$ 时

$$\ln x > \frac{2(x - 1)}{x + 1}$$

而此式等价于 $(x^2 - 1)\ln x > (x - 1)^2$,因此对任意的 $x > 0$,有

$$(x^2 - 1)\ln x \geq 2(x - 1)^2$$

例10 设 $\mathrm{e} < a < b < \mathrm{e}^2$,证明

$$\ln^2 b - \ln^2 a > \frac{4}{\mathrm{e}^2}(b - a)$$

(全国,2004)

设 $e < a \leqslant x \leqslant t \leqslant b < e^2$，则 $\dfrac{1 - \ln t}{t^2} < 0$，不等式两边对 t 从 x 到 e^2 积分，得

$$\int_x^{e^2} \frac{1 - \ln t}{t^2} \mathrm{d}t < 0$$

即

$$\frac{\ln x}{x} > \frac{2}{e^2}$$

上式两边对 x 从 a 到 b 积分，得

$$\int_a^b \frac{\ln x}{x} \mathrm{d}x > \int_a^b \frac{2}{e^2} \mathrm{d}x$$

由此即得

$$\ln^2 b - \ln^2 a > \frac{4}{e^2}(b - a)$$

例 11 证明不等式：$\dfrac{2}{\pi}x < \sin x < x, x \in \left(0, \dfrac{\pi}{2}\right).$（上海交通大学，2004）

证 设 $0 < x \leqslant t < \dfrac{\pi}{2}$，则有 $\cos t > 0, \tan t > t$，从而

$$\frac{t - \tan t}{t^2} \cos t < 0$$

上式两边对 t 从 x 到 $\dfrac{\pi}{2}$ 积分，得

$$\int_x^{\frac{\pi}{2}} \frac{t - \tan t}{t^2} \cos t \, \mathrm{d}t < 0$$

或

$$\int_x^{\frac{\pi}{2}} \mathrm{d} \frac{\sin t}{t} < 0$$

所以

$$\frac{2}{\pi} - \frac{\sin x}{x} < 0$$

即

$$\sin x > \frac{2}{\pi} x \quad \left(0 < x < \frac{\pi}{2}\right)$$

再设 $0 < u \leqslant x < \dfrac{\pi}{2}$，则有 $1 > \cos u$，从而

$$\int_0^x \mathrm{d}u > \int_0^x \cos u \, \mathrm{d}u$$

即有

$$x > \sin x \quad \left(0 < x < \frac{\pi}{2}\right)$$

综上可知，$0 < x < \dfrac{\pi}{2}$ 时，$\dfrac{2}{\pi}x < \sin x < x.$

例 12　证明：当 $0 < x < \dfrac{\pi}{2}$ 时,有：

（ⅰ）$\tan x > x + \dfrac{x^3}{3}$；

（ⅱ）$\tan x > x + \dfrac{x^3}{3} + \dfrac{2}{15}x^5 + \dfrac{1}{63}x^7$

证　（ⅰ）当 $0 < t \leqslant x < \dfrac{\pi}{2}$ 时,由熟知的不等式 $\tan t > t$ 知 $\tan^2 t > t^2$,即 $\sec^2 t > 1 + t^2$,从而有

$$\int_0^x \sec^2 t \, dt > \int_0^x (1 + t^2) \, dt$$

即

$$\tan x > x + \dfrac{x^3}{3}$$

（ⅱ）令 $f(x) = \tan x - x - \dfrac{x^3}{3} - \dfrac{2}{15}x^5 - \dfrac{1}{63}x^7$,则

$$f(0) = 0$$

$$f'(x) = \sec^2 x - 1 - x^2 - \dfrac{2}{3}x^4 - \dfrac{1}{9}x^7$$

$$= \tan^2 x - x^2 - \dfrac{2}{3}x^4 - \dfrac{1}{9}x^7$$

利用（ⅰ）,则有

$$f'(x) > \left(x + \dfrac{x^3}{3}\right)^2 - x^2 - \dfrac{2}{3}x^4 - \dfrac{1}{9}x^7 = 0$$

故 $f(x)$ 单调递增,因此当 $0 < x < \dfrac{\pi}{2}$ 时,$f(x) > f(0) = 0$,即 $\tan x > x + \dfrac{x^3}{3} + \dfrac{2}{15}x^5 + \dfrac{1}{63}x^7$.

例 13　比较 $(\sqrt{n})^{\sqrt{n+1}}$ 与 $(\sqrt{n+1})^{\sqrt{n}}$ 的大小,这里 $n > 8$.（第三届美国大学生数学竞赛试题,1940）.

解　若 $b \geqslant x \geqslant a > e$,则 $\dfrac{1 - \ln x}{x^2} < 0$,由于

$$\dfrac{\ln b}{b} - \dfrac{\ln a}{a} = \int_a^b d\left(\dfrac{\ln x}{x}\right) = \int_a^b \dfrac{1 - \ln x}{x^2} dx < 0$$

所以当 $b > a > e$ 时,有

$$\dfrac{\ln b}{b} < \dfrac{\ln a}{a}$$

由此得
$$a^b > b^a \quad (b > a > e)$$

又当 $n > 8$ 时，$\sqrt{n+1} > \sqrt{n} > e$，因此有
$$\left(\sqrt{n} \right)^{\sqrt{n+1}} > \left(\sqrt{n+1} \right)^{\sqrt{n}}$$

注 同理可知 $e^\pi > \pi^e$.

例 14 证明不等式
$$(1+a)\ln(1+a) + (1+b)\ln(1+b) < (1+a+b)\ln(1+a+b)$$
其中 $b > a > 0$. (上海交通大学高等数学竞赛试题,1997)

证 由 $b > a > 0$ 知 $a+b > b > a > 0$, 如图 13.1 所示，由定积分的几何意义及函数 $f(x) = \ln(1+x)$ 的递增性知阴影部分图形的面积 $S_2 > S_1$，而

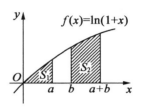

图 13.1

$$S_1 = \int_0^a \ln(1+x) \, \mathrm{d}x = (1+a)\ln(1+a) - a$$

$$S_2 = \int_b^{a+b} \ln(1+x) \, \mathrm{d}x$$
$$= (1+a+b)\ln(1+a+b) - (1+b)\ln(1+b) - a$$

所以
$$(1+a+b)\ln(1+a+b) > (1+a)\ln(1+a) + (1+b)\ln(1+b)$$

例 15 对于每个正整数 n，试证
$$\frac{2}{3}n\sqrt{n} < 1 + \sqrt{2} + \cdots + \sqrt{n} < \frac{4n+3}{6}\sqrt{n}$$

(第十三届美国大学生数学竞赛试题,1953)

证 对于正整数 k，当 $k-1 \leqslant x < k$ 时，有 $\sqrt{k} > \sqrt{x}$，所以
$$\sqrt{k} > \int_{k-1}^{k} \sqrt{x} \, \mathrm{d}x$$

上式对 k 求和，得
$$1 + \sqrt{2} + \cdots + \sqrt{n} > \int_0^n \sqrt{x} \, \mathrm{d}x = \frac{2}{3}n\sqrt{n}$$

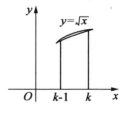

图 13.2

因为 $y = \sqrt{x}$ 的图形向上凸，则由图 13.2 知
$$\int_{k-1}^{k} \sqrt{x} \, \mathrm{d}x > \frac{1}{2}\left(\sqrt{k-1} + \sqrt{k} \right)$$

所以
$$1 + \sqrt{2} + \cdots + \sqrt{n} = \frac{1}{2}\left(\sqrt{0} + \sqrt{1} \right) + \frac{1}{2}\left(\sqrt{1} + \sqrt{2} \right) + \cdots + \frac{1}{2}\left(\sqrt{n-1} + \sqrt{n} \right) + \frac{1}{2}\sqrt{n}$$

$$< \int_0^n \sqrt{x}\,dx + \frac{1}{2}\sqrt{n} = \frac{4n+3}{6}\sqrt{n}$$

因此有

$$\frac{2}{3}n\sqrt{n} < 1 + \sqrt{2} + \cdots + \sqrt{n} < \frac{4n+3}{6}\sqrt{n}$$

注　积分计算的梯形公式为

$$\int_a^b f(x)\,dx = \frac{b-a}{2}\bigl[f(a) + f(b)\bigr] - \frac{(b-a)^3}{12}f''(\xi)$$

其中 $\xi \in (a,b)$.（可参阅本书第 7 章）

取 $f(x) = \sqrt{x}$，则 $f''(x) = -\dfrac{1}{4}x^{-\frac{3}{2}} < 0$，从而

$$\int_{k-1}^k \sqrt{x}\,dx > \frac{1}{2}(\sqrt{k-1} + \sqrt{k})$$

例 16　对任意的正整数 n，证明

$$\left(\frac{2n-1}{e}\right)^{\frac{2n-1}{2}} < 1 \cdot 3 \cdot 5 \cdots (2n-1) < \left(\frac{2n+1}{e}\right)^{\frac{2n+1}{2}}$$

（第五十七届美国大学生数学竞赛试题,1996）

证　记

$$M = \ln[1 \cdot 3 \cdot 5 \cdots (2n-1)] = \ln 3 + \ln 5 + \cdots + \ln(2n-1)$$

因为 $f(x) = \ln x$ 为增函数,如图 13.3 所示,在区间 $[2k-1, 2k+1]$ 上,有

$$2\ln(2k-1) < \int_{2k-1}^{2k+1} \ln x\,dx < 2\ln(2k+1)$$

其中 $k = 1, 2, \cdots$. 上式对 k 求和,可得

$$\int_1^{2n-1} \ln x\,dx < 2M < \int_3^{2n+1} \ln x\,dx$$

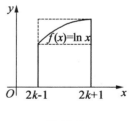

图 13.3

经计算知

$$(2n-1)\ln(2n-1) - (2n-1) + 1 < 2M < (2n+1)\ln(2n+1) - (2n+1) - (3\ln 3 - 3)$$

由此得

$$(2n-1)\ln(2n-1) - (2n-1) < 2M < (2n+1)\ln(2n+1) - (2n+1)$$

或

$$\frac{2n-1}{2}\ln\left(\frac{2n-1}{e}\right) < M < \frac{2n+1}{2}\ln\left(\frac{2n+1}{e}\right)$$

由对数函数性质,所以

$$\left(\frac{2n-1}{e}\right)^{\frac{2n-1}{2}} < 1 \cdot 3 \cdot 5 \cdots (2n-1) < \left(\frac{2n+1}{e}\right)^{\frac{2n+1}{2}}$$

以下不等式均可利用积分方法证明.

1. 证明：当 $x>0$ 时，有不等式

$$\arctan x + \frac{1}{x} > \frac{\pi}{2}$$

（全国，1990）

2. 证明不等式

$$1 + x\ln(x + \sqrt{1+x^2}) \geqslant \sqrt{1+x^2} \quad (-\infty < x < +\infty)$$

（全国，1990）

3. 证明不等式 $\ln\left(1 + \frac{1}{x}\right) > \frac{1}{1+x}, 0 < x < +\infty$. （全国，1991）

4. 设 $x \in (0,1)$，证明 $(1+x)\ln^2(1+x) < x^2$. （全国，1998）

5. 设 $0 < a < b$，证明不等式

$$\frac{2a}{a^2+b^2} < \frac{\ln b - \ln a}{b-a} < \frac{1}{\sqrt{ab}}$$

（全国，2002）

6. 证明：$x - \frac{x^2}{2} < \ln(1+x) < x - \frac{x^2}{2(1+x)}, x > 0$. （南京师范大学，2005）

7. 证明：$x - \frac{x^3}{6} < \sin x, x > 0$. （北京航空航天大学，2003）

8. 设 $x > 0$，证明

$$e^x > 1 + x + \frac{x^2}{2!} + \cdots + \frac{x^n}{n!}$$

其中 n 为自然数.

9. 设 s 为正数，n 为自然数，证明

$$\frac{n^{s+1}}{s+1} < 1^s + 2^s + \cdots + n^s < \frac{(n+1)^{s+1}}{s+1}$$

（北京工业学院，1983）

10. 设 n 为自然数，证明

$$\frac{1}{2}\ln(2n+1) < 1 + \frac{1}{3} + \frac{1}{5} + \cdots + \frac{1}{2n-1} < 1 + \frac{1}{2}\ln(2n-1)$$

三、不等式证明的幂级数方法

幂级数在微积分中有很多应用. 例如，幂级数可以用来计算函数的近似值；可

以用来解某些微分方程;可以用来计算某些积分;可以用来构造函数,等等. 但专题介绍利用幂级数证明不等式的文献并不多见. 读者从下面的例子可以发现,有些不等式只有用幂级数作为工具才能给出解答.

例17 证明不等式

$$\int_0^1 \frac{\sin x}{\sqrt{1-x^2}}\mathrm{d}x < \int_0^1 \frac{\cos x}{\sqrt{1-x^2}}\mathrm{d}x$$

(前苏联大学生数学竞赛试题,1977)

证 对于不等式左端,令 $x = \sin t$,并利用不等式 $\sin x < x(x>0)$,可得

$$\int_0^1 \frac{\sin x}{\sqrt{1-x^2}}\mathrm{d}x = \int_0^{\frac{\pi}{2}} \sin(\sin x)\mathrm{d}x < \int_0^{\frac{\pi}{2}} \sin x\mathrm{d}x = 1$$

对于不等式右端,可令 $x = \cos t$,则有

$$\int_0^1 \frac{\cos x}{\sqrt{1-x^2}}\mathrm{d}x = \int_0^{\frac{\pi}{2}} \cos(\cos t)\mathrm{d}t = \int_0^{\frac{\pi}{2}} \cos(\cos x)\mathrm{d}x$$

由 $\cos x$ 的幂级数展开式可知

$$\cos x = 1 - \frac{x^2}{2!} + \frac{x^4}{4!} - \frac{x^6}{6!} + \cdots > 1 - \frac{x^2}{2} \quad (x \neq 0)$$

从而

$$\int_0^1 \frac{\cos x}{\sqrt{1-x^2}}\mathrm{d}x > \int_0^{\frac{\pi}{2}} \left(1 - \frac{1}{2}\cos^2 x\right)\mathrm{d}x = \int_0^{\frac{\pi}{2}} \left[1 - \frac{1}{4}(1 + \cos^2 x)\right]\mathrm{d}x = \frac{3}{8}\pi > 1$$

因此要证的不等式成立.

例18 对于哪一些实数 c,不等式

$$\frac{1}{2}(\mathrm{e}^x + \mathrm{e}^{-x}) \leqslant \mathrm{e}^{cx^2}$$

对所有实数 x 都成立?(第四十一届美国大学生数学竞赛试题,1980)

解 所给不等式当且仅当 $c \geqslant \frac{1}{2}$ 时成立,此时,因为

$$(2n)! \geqslant 2^n n! \quad (n = 0, 1, 2, \cdots)$$

故对一切 x,利用 e^x 和 e^{-x} 的幂级数展开式,有

$$\frac{1}{2}(\mathrm{e}^x + \mathrm{e}^{-x}) = \sum_{n=0}^{\infty} \frac{x^{2n}}{(2n)!} \leqslant \sum_{n=0}^{\infty} \frac{x^{2n}}{2^n n!} = \mathrm{e}^{\frac{x^2}{2}} \leqslant \mathrm{e}^{cx^2}$$

反之,若不等式对一切 x 成立,则

$$0 \leqslant \lim_{x \to 0} \frac{1}{x^2}\left[\mathrm{e}^{cx^2} - \frac{1}{2}(\mathrm{e}^x + \mathrm{e}^{-x})\right]$$

$$= \lim_{x \to 0} \frac{1}{x^2} \left[\left(1 + cx^2 + o(x^2) \right) - \left(1 + \frac{1}{2}x^2 + o(x^2) \right) \right] = c - \frac{1}{2}$$

所以 $c \geq \dfrac{1}{2}$.

例 19　设有区域 $D = \{(x,y) \mid x^2 + y^2 \leq 1\}$,试证明不等式

$$\frac{61}{165}\pi \leq \iint\limits_{D} \sin \sqrt{(x^2 + y^2)^3}\, dxdy \leq \frac{2}{5}\pi$$

(广东省大学生数学竞赛试题,1991)

证　利用极坐标变换可得

$$I = \iint\limits_{D} \sin \sqrt{(x^2 + y^2)^3}\, dxdy = 2\pi \int_0^1 r \sin r^3\, dr$$

由 $\sin x$ 的幂级数展开式知

$$\sin r^3 = r^3 - \frac{1}{3!}(r^3)^3 + \frac{1}{5!}(r^3)^5 - \cdots$$

故当 $r \geq 0$ 时,有

$$r^3 - \frac{1}{6}r^9 \leq \sin r^3 \leq r^3$$

从而

$$2\pi \int_0^1 \left(r^4 - \frac{1}{6}r^{10} \right) dr \leq I \leq 2\pi \int_0^1 r^4\, dr$$

即有

$$\frac{61}{165}\pi \leq I \leq \frac{2}{5}\pi$$

例 20　求证:$\dfrac{5}{2}\pi < \displaystyle\int_0^\pi e^{\sin x}\, dx < 2\pi e^{\frac{1}{4}}$.

(第五届北京市大学生数学竞赛试题,1993)

证法 1　由于 $e^{\sin x}$ 的幂级数展开式

$$e^{\sin x} = 1 + \sin x + \frac{1}{2!}\sin^2 x + \cdots + \frac{1}{n!}\sin^n x + \cdots$$

一致收敛,故可逐项积分,且当 n 为奇数时

$$\int_0^{2\pi} \sin^n x\, dx = 0$$

而

$$\int_0^{2\pi} \sin^{2n} x\, dx = 4 \int_0^{\frac{\pi}{2}} \sin^{2n} x\, dx$$

$$= \frac{4(2n-1)!!}{(2n)!!} \cdot \frac{\pi}{2} \quad (n=1,2,\cdots)$$

故

$$\int_0^{2\pi} \mathrm{e}^{\sin x}\mathrm{d}x = 2\pi + \sum_{n=1}^{\infty} \frac{1}{(2n)!} \int_0^{2\pi} \sin^{2n}x\mathrm{d}x$$

$$= 2\pi\left[1 + \sum_{n=1}^{\infty} \frac{(2n-1)!!}{(2n)!\,(2n)!!}\right]$$

$$= 2\pi\left[1 + \sum_{n=1}^{\infty} \frac{1}{(n!)^2} \cdot \frac{1}{4^n}\right]$$

从而有

$$\frac{5}{2}\pi = 2\pi\left(1+\frac{1}{4}\right) < \int_0^{2\pi} \mathrm{e}^{\sin x}\mathrm{d}x < 2\pi\left[1 + \sum_{n=1}^{\infty} \frac{1}{(n!)} \cdot \frac{1}{4^n}\right] = 2\pi\mathrm{e}^{\frac{1}{4}}$$

证法 2 由 Taylor 公式,对任意实数 t 及自然数 n,存在 $\theta \in (0,1)$,使

$$\mathrm{e}^t = 1 + t + \frac{t^2}{2!} + \cdots + \frac{t^n}{n!} + \frac{\mathrm{e}^{\theta t}}{(n+1)!}t^{n+1} \qquad (1)$$

取 $n=3$,$t=\sin x$,可得

$$\mathrm{e}^{\sin x} > 1 + \sin x + \frac{1}{2!}\sin^2 x + \frac{1}{3!}\sin^3 x$$

因此

$$\int_0^{2\pi} \mathrm{e}^{\sin x}\mathrm{d}x > \int_0^{2\pi}\left(1 + \sin x + \frac{1}{2!}\sin^2 x + \frac{1}{3!}\sin^3 x\right)\mathrm{d}x = \frac{5}{2}\pi$$

取 $n=2m$,$m=1,2,\cdots$,由式(1)及

$$\int_0^{2\pi} \sin^k x\mathrm{d}x = 0 \quad (k \text{ 为奇数})$$

故

$$\int_0^{2\pi} \mathrm{e}^{\sin x}\mathrm{d}x = 2\pi + \sum_{k=1}^{m} \frac{1}{(2k)!}\int_0^{2\pi}\sin^{2k}x\mathrm{d}x + \frac{1}{(2m+1)!}\int_0^{2\pi}\mathrm{e}^{\theta\sin x}\sin^{2m+1}x\mathrm{d}x$$

$$< 2\pi + \sum_{k=1}^{\infty} \frac{(2k-1)!!}{(2k)!\,(2k)!!} \cdot 2\pi + \frac{\mathrm{e}}{(2m+1)!} \cdot 2\pi$$

令 $m \to +\infty$,即得

$$\int_0^{2\pi} \mathrm{e}^{\sin x}\mathrm{d}x \leqslant 2\pi\left[1 + \sum_{k=1}^{\infty} \frac{(2k-1)!!}{(2k)!(2k)!!}\right] < 2\pi\mathrm{e}^{\frac{1}{4}}$$

因此有

$$\frac{5}{2}\pi < \int_0^{2\pi} \mathrm{e}^{\sin x}\mathrm{d}x < 2\pi\mathrm{e}^{\frac{1}{4}}$$

例 21　证明: $\left(\dfrac{\sin x}{x}\right)^3 \geqslant \cos x, 0 < x < \dfrac{\pi}{2}$. (前苏联大学生数学竞赛试题,1977)

证　由 $\sin x$ 及 $\cos x$ 的幂级数展开式知,当 $x > 0$ 时

$$\left(\frac{\sin x}{x}\right)^3 > \left(1 - \frac{x^2}{3!}\right)^3 = 1 - \frac{x^2}{2} + \frac{x^4}{12} - \frac{x^6}{216}$$

$$\cos x < 1 - \frac{x^2}{2!} + \frac{x^4}{4!} - \frac{x^6}{6!} + \frac{x^8}{8!}$$

所以只需证明

$$1 - \frac{x^2}{2} + \frac{x^4}{12} - \frac{x^6}{216} > 1 - \frac{x^2}{2!} + \frac{x^4}{4!} - \frac{x^6}{6!} + \frac{x^8}{8!}$$

上式等价于

$$\frac{1}{4!} + \left(-\frac{1}{216} + \frac{1}{720}\right)x^2 - \frac{1}{8!}x^4 > 0$$

当 $0 < x \leqslant \dfrac{\pi}{2}$ 时,上式左端为减函数,故当 $x = \dfrac{\pi}{2}$ 时取到最小值,于是当 $0 < x \leqslant \dfrac{\pi}{2}$ 时

$$\frac{1}{4!} + \left(-\frac{1}{216} + \frac{1}{720}\right)x^2 - \frac{1}{8!}x^4$$

$$\geqslant \frac{1}{4!} + \left(-\frac{1}{216} + \frac{1}{720}\right)\left(\frac{\pi}{2}\right)^2 - \frac{1}{8!}\left(\frac{\pi}{2}\right)^4$$

$$> \frac{1}{4!} + \left(-\frac{1}{216}\right)(2)^2 - \frac{1}{8!}(2^4) > 0$$

因此要证的不等式成立.

例 22　已知平面区域

$$D = \left\{ (x,y) \mid 0 \leqslant x \leqslant \pi, 0 \leqslant y \leqslant \pi \right\}$$

记其正向边界为 L,试证

$$\oint_L x e^{\sin y} dy - y e^{-\sin x} dx \geqslant \frac{5}{2}\pi^2$$

(首届全国大学生数学竞赛初赛试题(非数学类专业),2009)

证　记题中不等式左端的曲线积分值为 I,则由 Green 公式知

$$I = \iint\limits_D (e^{\sin y} + e^{-\sin x}) dx dy$$

因为区域 D 关于直线 $y = x$ 对称,所以

$$\iint\limits_D e^{\sin y} dx dy = \iint\limits_D e^{\sin x} dx dy$$

从而

$$I = \iint\limits_{D} (e^{\sin x} + e^{-\sin x}) \, dx dy$$

再由 e^t 的幂级数展开式知

$$e^{\sin x} + e^{-\sin x} = 2 + \sin^2 x + \frac{1}{12}\sin^4 x + \cdots > 2 + \sin^2 x$$

所以

$$I \geqslant \iint\limits_{D} (2 + \sin^2 x) \, dx dy = \int_0^1 dy \int_0^1 (2 + \sin^2 x) \, dx = \frac{5}{2}\pi$$

以下不等式均可利用幂级数来证明.

1. $\dfrac{\pi}{4}\left(1 - \dfrac{1}{e}\right) < (\int_0^1 e^{-x^2} dx)^2 < \dfrac{16}{25}$. （上海市大学生数学竞赛试题, 1991）

2. $e^{-x} + \sin x < 1 + \dfrac{x^2}{2}(0 < x < \dfrac{\pi}{2})$. （上海交通大学高等数学竞赛试题, 1993）

3. 对于所有的整数 $n > 1$, 证明

$$\frac{1}{2ne} < \frac{1}{e} - \left(1 - \frac{1}{n}\right)^n < \frac{1}{ne}$$

（第六十三届美国大学生数学竞赛试题, 2002）

4. （ⅰ）$\left| \dfrac{\sin x}{x} - 1 \right| \leqslant \dfrac{x^2}{5}, |x| \leqslant 1$;

（ⅱ）$\left| \dfrac{x}{\sin x} - 1 \right| \leqslant \dfrac{x^2}{4}, |x| \leqslant 1$.

（湖南省大学生数学竞赛试题, 2006）

5. $\cos\sqrt{2}x \leqslant -x^2 + \sqrt{1 + x^4}, 0 < x < \dfrac{\sqrt{2}}{4}\pi$. （浙江省大学生数学竞赛试题, 2007）

6. $\sin^2 x < \sin x^2, 0 < x < \sqrt{\dfrac{\pi}{2}}$.

7. $0 < \dfrac{1}{2}\ln\dfrac{1 + x}{1 - x} - x < \dfrac{x^3}{3(1 - x^2)}, 0 < x < 1$.

8. $\sqrt[3]{1 + x} - 1 - \dfrac{1}{3}x + \dfrac{1}{9}x^2 < \dfrac{5}{81}x^3, x > 0$.

第 14 章　某些数列极限的级数解法与矩阵解法

一、一类数列极限的级数解法

大家知道,对于数项级数 $\sum\limits_{n=1}^{\infty} u_n$,其部分和数列 $S_n = \sum\limits_{k=1}^{n} u_k$,当数列 $\{S_n\}$ 收敛于有限值 S,即 $\lim\limits_{n\to\infty} S_n = \lim\limits_{n\to\infty} \sum\limits_{k=1}^{n} u_k = S$ 时,称级数 $\sum\limits_{n=1}^{\infty} u_n$ 收敛. 反之,对给定的数列 $\{a_n\}$,由于 $a_n = a_1 + (a_2 - a_1) + \cdots + (a_n - a_{n-1})$,故总能构造一个以 a_n 为部分和的级数

$$a_1 + (a_2 - a_1) + \cdots + (a_n - a_{n-1}) + \cdots = a_1 + \sum_{n=2}^{\infty} (a_n - a_{n-1})$$

由级数收敛的定义,有

$$\lim_{n\to\infty} a_n = a_1 + \sum_{n=2}^{\infty} (a_n - a_{n-1})$$

故数列 $\{a_n\}$ 与级数 $a_1 + \sum\limits_{n=2}^{\infty} (a_n - a_{n-1})$ 具有相同的敛散性. 因而我们可将某些数列极限的存在性问题转化为相应级数的收敛性问题,下面我们以较为典型的实例给予说明.

例 1　设数列 $\{x_n\}$ 满足 $|x_{n+1} - x_n| \leqslant 2^{-n}$ $(n = 1, 2, \cdots)$,证明:极限 $\lim\limits_{n\to\infty} x_n$ 存在. (南京邮电学院,1985)

证　构造正项级数 $\sum\limits_{n=1}^{\infty} |u_n| = \sum\limits_{n=1}^{\infty} |x_{n+1} - x_n|$,由于 $|u_n| \leqslant 2^{-n}$ $(n = 1, 2, \cdots)$,而等比级数 $\sum\limits_{n=1}^{\infty} 2^{-n}$ 收敛,由正项级数的比较判别法知级数 $\sum\limits_{n=1}^{\infty} |u_n|$ 收敛,即级数 $\sum\limits_{n=1}^{\infty} u_n$ 绝对收敛,从而级数 $\sum\limits_{n=1}^{\infty} u_n = \sum\limits_{n=1}^{\infty} (x_{n+1} - x_n)$ 收敛,故由 $\sum\limits_{n=1}^{\infty} (x_{n+1} - x_n)$ 收敛知极限 $\lim\limits_{n\to\infty} x_n$ 存在.

例2 设 $x_1 = 10, x_{n+1} = \sqrt{6 + x_n}\, (n = 1, 2, \cdots)$，试证数列 $\{x_n\}$ 极限存在，并求此极限.（全国,1996;中国科学技术大学,1983）

解 考虑更为一般的问题：

设 $x_1 = a_1 > 0, a > \dfrac{1}{4}, x_{n+1} = \sqrt{a + x_n}\, (n = 1, 2, \cdots)$，证明 $\lim\limits_{n \to \infty} x_n$ 存在并求此极限.

由于 $|x_{n+1} - x_n| = |\sqrt{a + x_n} - \sqrt{a + x_{n-1}}| = \dfrac{|x_n - x_{n-1}|}{\sqrt{a + x_n} + \sqrt{a + x_{n-1}}}$，由 $x_1 = a_1 > 0, a > \dfrac{1}{4}$ 及 $x_n = \sqrt{a + x_{n-1}}$ 知 $x_n > 0\, (n = 1, 2, \cdots)$，故 $\dfrac{1}{\sqrt{a + x_n} + \sqrt{a + x_{n-1}}} < \dfrac{1}{2\sqrt{a}} < 1$，从而 $\dfrac{|x_{n+1} - x_n|}{x_n - x_{n-1}} < \dfrac{1}{2\sqrt{a}} < 1$，再由正项级数的比值判别法知级数 $\sum\limits_{n=2}^{\infty} |x_n - x_{n-1}|$ 收敛，从而级数 $\sum\limits_{n=2}^{\infty} (x_n - x_{n-1})$ 收敛，因而 $\lim\limits_{n \to \infty} x_n$ 存在.

在 $x_{n+1} = \sqrt{a + x_n}$ 两边令 $n \to \infty$，并记 $\lim\limits_{n \to \infty} x_n = A$，则有 $A^2 - A - a = 0$，解得 $A = \dfrac{1}{2}(1 \pm \sqrt{1 + 4a})$. 再由 $x_n > 0\, (n = 1, 2, \cdots)$，所以 $\lim\limits_{n \to \infty} x_n = A = \dfrac{1}{2}(1 + \sqrt{1 + 4a})$.

特别取 $a_1 = 10, a = 6$ 知例2的解为 $\lim\limits_{n \to 0} x_n = 3$.

注 本例及后面的例子均有其他解法.

例3 设 $x_1 = 2, x_2 = 2 + \dfrac{1}{x_1}, \cdots, x_{n+1} = 2 + \dfrac{1}{x_n}, \cdots$，求证：$\lim\limits_{n \to \infty} x_n$ 存在并求其值.（第一届北京市大学生（非理科）数学竞赛试题,1988;前苏联大学生数学竞赛题,1975）

解 考虑更为一般的问题：

设 $a, b > 0, x_1 > 0, x_2 = a + \dfrac{b}{x_1}, \cdots, x_n = a + \dfrac{b}{x_{n+1}}, n = 2, 3, \cdots$，求证：$\lim\limits_{n \to \infty} x_n$ 存在并求其值.

由 $x_n = a + \dfrac{b}{x_{n-1}}$ 知 $x_{n-1} x_n = a x_{n-1} + b$，而

$$x_{n+1} - x_n = \frac{b}{x_n} - \frac{b}{x_{n-1}} = \frac{b(x_{n-1} - x_n)}{x_{n-1} \cdot x_n}$$

故

$$x_{n+1} - x_n = \frac{b(x_{n-1} - x_n)}{a x_{n-1} + b} = \frac{x_{n-1} - x_n}{\dfrac{a}{b} x_{n-1} + 1}$$

由题设易知 $x_n > a$, 从而

$$\frac{|x_{n+1} - x_n|}{|x_n - x_{n-1}|} < \frac{1}{1 + \dfrac{a^2}{b}} < 1 \quad (n = 2, 3, \cdots)$$

由正项级数的比值判别法知级数 $\displaystyle\sum_{n=2}^{\infty}(x_n - x_{n-1})$ 绝对收敛, 从而 $\displaystyle\sum_{n=2}^{\infty}(x_n - x_{n-1})$ 收敛, 故 $\lim\limits_{n \to \infty} x_n$ 存在.

设 $\lim\limits_{n \to \infty} x_n = l$, 在 $x_n = a + \dfrac{b}{x_{n-1}}$ 中令 $n \to \infty$, 则有 $l = a + \dfrac{b}{l}$, 舍去负根, 解得 $l = \dfrac{1}{2}(a + \sqrt{4b + a^2})$.

特别取 $a = 2, b = 1$, 即得原问题的解为 $\lim\limits_{n \to \infty} x_n = 1 + \sqrt{2}$.

例4 设 $\alpha > 1, x_1 > \sqrt{\alpha}, x_{n+1} = \dfrac{\alpha + x_n}{1 + x_n}(n = 1, 2, \cdots)$, 求极限 $\lim\limits_{n \to \infty} x_n$. (清华大学, 1981; 华东师范大学, 1985; 华南理工大学, 2004)

解 由 $x_{n+1} = \dfrac{\alpha + x_n}{1 + x_n}$ 知

$$x_{n+1} - x_n = \frac{\alpha + x_n}{1 + x_n} - \frac{\alpha - x_{n-1}}{1 + x_{n-1}} = \frac{(1 - \alpha)(x_n - x_{n-1})}{(1 + x_n)(1 + x_{n-1})}$$

再由 $\alpha > 1, x_1 > \sqrt{\alpha}$ 及 $x_{n+1} = \dfrac{\alpha + x_n}{1 + x_n}$ 知 $x_n > 0 (n = 1, 2, \cdots)$, 于是

$$\frac{|x_{n+1} - x_n|}{|x_n - x_{n-1}|} = \frac{\alpha - 1}{(1 + x_n)(1 + x_{n-1})} \tag{1}$$

因为 $x_n = \dfrac{\alpha + x_{n-1}}{1 + x_{n-1}} > \dfrac{\alpha - x_{n-1}}{1 + x_{n-1}}(n = 2, 3, \cdots)$, 所以

$$x_n + x_n x_{n-1} > \alpha - x_{n-1}$$

或

$$(1 + x_{n-1})(1 + x_n) > 1 + \alpha$$

利用式(1), 有

$$\frac{|x_{n+1} - x_n|}{|x_n - x_{n-1}|} < \frac{\alpha - 1}{\alpha + 1} < 1 \quad (n = 2, 3, \cdots)$$

故由正项级数的比值判别法知级数 $\displaystyle\sum_{n=2}^{\infty}(x_n - x_{n-1})$ 绝对收敛, 从而级数 $\displaystyle\sum_{n=2}^{\infty}(x_n - x_{n-1})$ 收敛, 因此 $\lim\limits_{n \to \infty} x_n$ 存在.

设 $\lim_{n \to \infty} x_n = l$，在 $x_{n+1} = \dfrac{\alpha + x_n}{1 + x_n}$ 中令 $n \to \infty$，则有 $l = \dfrac{\alpha + l}{1 + l}$，舍去负根，解得 $l = \sqrt{\alpha}$，故有 $\lim_{n \to \infty} x_n = \sqrt{\alpha}$.

例 5 设 $0 < a < 1$，$x_1 = \dfrac{a}{2}$，$x_{n+1} = \dfrac{a}{2} - \dfrac{x_n^2}{2}$ $(n = 1, 2, \cdots)$，证明：数列 $\{x_n\}$ 收敛.

证 由 $x_{n+1} = \dfrac{a}{2} - \dfrac{x_n^2}{2}$，$x_n = \dfrac{a}{2} - \dfrac{x_{n-1}^2}{2}$ 知

$$x_{n+1} - x_n = -\frac{1}{2}(x_n^2 - x_{n-1}^2) = -\frac{1}{2}(x_n - x_{n-1})(x_n + x_{n-1})$$

由 $x_1 = \dfrac{a}{2}$，$x_n = \dfrac{a}{2} - \dfrac{x_{n-1}^2}{2}$ 知 $x_n \leqslant \dfrac{a}{2}$ $(n = 1, 2, 3, \cdots)$，故

$$\frac{|x_{n+1} - x_n|}{|x_n - x_{n-1}|} = \frac{1}{2}|x_n + x_{n-1}| \leqslant \frac{1}{2}(|x_n| + |x_{n-1}|) \leqslant \frac{a}{2} < 1$$

故由正项级数的比值判别法知级数 $\sum\limits_{n=2}^{\infty}(x_n - x_{n-1})$ 绝对收敛，从而级数 $\sum\limits_{n=2}^{\infty}(x_n - x_{n-1})$ 收敛，于是 $\lim_{n \to \infty} x_n$ 存在，即数列 $\{x_n\}$ 收敛.

例 6 设 $x_n = \sum\limits_{k=1}^{n} \dfrac{1}{\sqrt{k}} - 2\sqrt{n}$ $(n = 1, 2, \cdots)$，证明数列 $\{x_n\}$ 收敛.

证 由 $x_n = \sum\limits_{k=1}^{n} \dfrac{1}{\sqrt{k}} - 2\sqrt{n}$ 知

$$x_n - x_{n-1} = \frac{1}{\sqrt{n}} - 2\sqrt{n} + 2\sqrt{n-1} = \frac{1}{\sqrt{n}} - 2(\sqrt{n} - \sqrt{n-1})$$

$$= \frac{1}{\sqrt{n}} - \frac{2}{\sqrt{n} + \sqrt{n-1}} = \frac{\sqrt{n-1} - \sqrt{n}}{\sqrt{n}(\sqrt{n} + \sqrt{n-1})} = -\frac{1}{\sqrt{n}(\sqrt{n} + \sqrt{n-1})^2}$$

故 $|x_n - x_{n-1}| = \dfrac{1}{\sqrt{n}(\sqrt{n} + \sqrt{n-1})^2}$ $(n = 2, 3, \cdots)$.

由于

$$\lim_{n \to \infty} \frac{|x_n - x_{n-1}|}{\dfrac{1}{n^{3/2}}} = \lim_{n \to \infty} \frac{n^{3/2}}{\sqrt{n}(\sqrt{n} + \sqrt{n-1})^2} = \frac{1}{4} > 0$$

而级数 $\sum\limits_{n=1}^{\infty} \dfrac{1}{n^{3/2}}$ 收敛，故由正项级数比较判别法的极限形式知级数 $\sum\limits_{n=2}^{\infty}(x_n - x_{n-1})$ 绝对收敛，从而 $\sum\limits_{n=2}^{\infty}(x_n - x_{n-1})$ 收敛，因此 $\lim_{n \to \infty} x_n$ 存在，即数列 $\{x_n\}$ 收敛.

以下问题均可由上述方法进行求解,求解过程留给读者去完成.

1. 设 $x_1 = 1, x_{n+1}(1 + x_n) = 1 (n = 1,2,3,\cdots)$,证明 $\lim\limits_{n \to \infty} x_n$ 存在,并求其值.(哈尔滨工业大学,2005)

2. 设 $x_1 > 0, x_{n+1} = \dfrac{3(1 + x_n)}{3 + x_n} (n = 1,2,3,\cdots)$,证明 $\lim\limits_{n \to \infty} x_n$ 存在并求其值.(武汉大学,2004)

3. 设 $0 \leqslant x \leqslant 1, y_1 = \dfrac{x}{2}, y_n = \dfrac{x}{2} + \dfrac{y_{n-1}^2}{2} (n = 2,3,\cdots)$,求 $\lim\limits_{n \to \infty} y_n$.

4.(Ⅰ)证明:对任意的正整数 n,都有 $\dfrac{1}{n+1} < \ln\left(1 + \dfrac{1}{n}\right) < \dfrac{1}{n}$ 成立.

(Ⅱ)设 $a_n = 1 + \dfrac{1}{2} + \cdots + \dfrac{1}{n} - \ln n (n = 1,2,\cdots)$,证明数列 $\{a_n\}$ 收敛.(全国,2011)

5. 设 $x_0 = 0, x_n = \sin\dfrac{1}{2}(x_{n-1} + 2) (n = 1,2,\cdots)$,证明 $\lim\limits_{n \to \infty} x_n$ 存在.

6. 设 $x_n = 1 + \dfrac{1}{\sqrt{3}} + \cdots + \dfrac{1}{\sqrt{2n-1}} - \sqrt{2n-1}$,证明 $\lim\limits_{n \to \infty} x_n$ 存在.

二、一类数列极限的矩阵解法

常系数线性递推公式所确定的数列的极限有多种求解方法,矩阵解法便是其中之一.下面我们仅介绍两种常见的递推公式所确定的数列 $\{x_n\}$ 极限的矩阵解法.其中 $\{x_n\}$ 满足

$$x_n = px_{n-1} + qx_{n-2} \quad (p,q \text{ 为常数}, p \neq 0, q \neq 0, n = 2,3,\cdots) \qquad (2)$$

$$x_n = \frac{ax_{n-1} + b}{cx_{n-1} + d} \quad (c \neq 0 \text{ 且 } ad \neq bc, n = 1,2,\cdots) \qquad (3)$$

若 x_0, x_1 已知,且 $x_n = px_{n-1} + qx_{n-2}$,则有

$$\begin{pmatrix} x_n \\ x_{n-1} \end{pmatrix} = \begin{pmatrix} p & q \\ 1 & 0 \end{pmatrix} \begin{pmatrix} x_{n-1} \\ x_{n-2} \end{pmatrix} = \cdots = \begin{pmatrix} p & q \\ 1 & 0 \end{pmatrix}^{n-1} \begin{pmatrix} x_1 \\ x_0 \end{pmatrix} \quad (n = 2,3,\cdots)$$

从而利用线性代数知识可求出 x_n 的表达式,进而去求 $\lim\limits_{n \to \infty} x_n$.

若 x_0 已知,且 $x_n = \dfrac{ax_{n-1} + b}{cx_{n-1} + d}$,可令 $cx_{n-1} + d = \dfrac{y_{n-1}}{y_{n-2}}$,则 $x_{n-1} = \dfrac{1}{c}\left(\dfrac{y_{n-1}}{y_{n-2}} - d\right)$, $x_n = \dfrac{1}{c}\left(\dfrac{y_n}{y_{n-1}} - d\right)$,从而有

$$\frac{1}{c}\left(\frac{y_n}{y_{n-1}} - d\right) = \left[\frac{a}{c}\left(\frac{y_{n-1}}{y_{n-2}} - d\right) + b\right]\frac{y_{n-2}}{y_{n-1}}$$

整理后可得

$$y_n = (a+d)y_{n-1} + (bc-ad)y_{n-2}$$

由此可见,由式(3)确定的数列 $\{x_n\}$ 的极限问题可转化为由式(2)确定的数列 $\{x_n\}$ 的极限问题.

由式(3)确定的数列 $\{x_n\}$ 的极限也可用下面的方法求解.

设与关系式 $x_1 = \dfrac{ax_0 + b}{cx_0 + d}$ 对应的矩阵为 $\boldsymbol{A} = \begin{pmatrix} a & b \\ c & d \end{pmatrix}$,由关系式 $x_n = \dfrac{ax_{n-1} + b}{cx_{n-1} + d}$ 逐次

递推,有 $x_n = \dfrac{a_n x_0 + b_n}{c_n x_0 + d_n}$,与其对应的矩阵为 $\boldsymbol{B} = \begin{pmatrix} a_n & b_n \\ c_n & d_n \end{pmatrix}$,利用数学归纳法可以证明

$\boldsymbol{B} = \boldsymbol{A}^n$.(可参阅:许璐,郑光辉. 线性分式函数的迭代. 数学通报,2002 年第 10 期)

于是我们可通过计算 $\boldsymbol{A}^n$ 求出数列 $\{x_n\}$ 的表达式,进而求 $\lim\limits_{n\to\infty} x_n$.

例 7 设 $0 < \alpha < 1, x_{n+1} = \alpha x_n + (1-\alpha)x_{n-1}$,证明 $\{x_n\}$ 收敛,并用 α, x_0, x_1 表示其极限.(北京理工大学,2004)

解 由题设可知

$$\begin{pmatrix} x_n \\ x_{n-1} \end{pmatrix} = \begin{pmatrix} \alpha & 1-\alpha \\ 1 & 0 \end{pmatrix}\begin{pmatrix} x_{n-1} \\ x_{n-2} \end{pmatrix} = \cdots = \begin{pmatrix} \alpha & 1-\alpha \\ 1 & 0 \end{pmatrix}^{n-1}\begin{pmatrix} x_1 \\ x_0 \end{pmatrix}$$

记 $\boldsymbol{A} = \begin{pmatrix} \alpha & 1-\alpha \\ 1 & 0 \end{pmatrix}$,则有 $\begin{pmatrix} x_n \\ x_{n-1} \end{pmatrix} = \boldsymbol{A}^{n-1}\begin{pmatrix} x_1 \\ x_0 \end{pmatrix}$

矩阵 $\boldsymbol{A}$ 的特征值为 $\lambda_1 = 1, \lambda_2 = \alpha - 1$,对应的特征向量分别为 $\boldsymbol{\xi}_1 = (1,1)^{\mathrm{T}}$,$\boldsymbol{\xi}_2 = (\alpha-1, 1)^{\mathrm{T}}$.

令

$$\boldsymbol{P} = (\boldsymbol{\xi}_1, \boldsymbol{\xi}_2) = \begin{pmatrix} 1 & 1-\alpha \\ 1 & 1 \end{pmatrix},\text{则} \boldsymbol{P}^{-1}\boldsymbol{A}\boldsymbol{P} = \begin{pmatrix} 1 & 0 \\ 0 & \alpha-1 \end{pmatrix}$$

从而

$$\boldsymbol{A}^{n-1} = \boldsymbol{P}\begin{pmatrix} 1 & 0 \\ 0 & (\alpha-1)^{n-1} \end{pmatrix}\boldsymbol{P}^{-1} = \frac{1}{2-\alpha}\begin{pmatrix} 1 & \alpha-1 \\ 1 & 1 \end{pmatrix}\begin{pmatrix} 1 & 0 \\ 0 & (\alpha-1)^{n-1} \end{pmatrix}\begin{pmatrix} 1 & 1-\alpha \\ -1 & 1 \end{pmatrix}$$

$$= \frac{1}{2-\alpha}\begin{pmatrix} 1-(\alpha-1)^n & 1-\alpha+(\alpha-1)^n \\ 1-(\alpha-1)^{n-1} & 1-\alpha+(\alpha-1)^{n-1} \end{pmatrix}$$

于是

$$x_n = \frac{1}{2-\alpha}\left[1 - (\alpha-1)^n x_1 + (1-\alpha+(\alpha-1)^n)x_0\right]$$

因为 $|\alpha-1|<1$，所以 $\lim\limits_{n\to\infty}(\alpha-1)^n = 0$，从而 $\lim\limits_{n\to\infty}x_n = \frac{1}{2-\alpha}\left[(1-\alpha)x_0 + x_1\right]$.

注 （i）若取 $\alpha = \frac{1}{2}$，则当 $x_0 = a, x_1 = b, x_{n+1} = \frac{1}{2}(x_n + x_{n-1})$ 时，有 $\lim\limits_{n\to\infty}x_n = \frac{1}{3}(a+2b)$.（湖南大学，1982）

（ii）若 $x_0 = 1, x_1 = 2, x_{n+1} = \sqrt{x_n x_{n-1}}$（$n = 1,2,\cdots$），可令 $y_n = \ln x_n$，从而由注（i）可知 $\lim\limits_{n\to\infty}y_n = \frac{2}{3}\ln 2$，故 $\lim\limits_{n\to\infty}x_n = \sqrt[3]{4}$，此题为上海交通大学 1991 年高等数学竞赛题.

例 8 在三角形的各边上写上三个数 $a_1^{(1)}, a_2^{(1)}, a_3^{(1)}$，将它们擦去，而换上其余两个数的算术平均值，即擦去 $a_1^{(1)}$，换成 $\frac{1}{2}(a_2^{(1)} + a_3^{(1)})$；擦去 $a_2^{(1)}$，换成 $\frac{1}{2}(a_3^{(1)} + a_1^{(1)}) = a_2^{(2)}$；擦去 $a_3^{(1)}$，换成 $\frac{1}{2}(a_1^{(1)} + a_2^{(1)}) = a_3^{(2)}$，将新的三个数再依上面的方式做下去，……，证明：$\lim\limits_{n\to\infty}a_i^{(n)}$（$i = 1,2,3$）存在且等于 $\frac{1}{3}(a_1^{(1)} + a_2^{(1)} + a_3^{(1)})$.（前苏联 1976 年大学生数学竞赛题）

证 记矩阵

$$A = \begin{pmatrix} 0 & \frac{1}{2} & \frac{1}{2} \\ \frac{1}{2} & 0 & \frac{1}{2} \\ \frac{1}{2} & \frac{1}{2} & 0 \end{pmatrix}$$

则所给的变换可写成矩阵形式

$$\begin{pmatrix} a_1^{(n)} \\ a_2^{(n)} \\ a_3^{(n)} \end{pmatrix} = A \begin{pmatrix} a_1^{(n-1)} \\ a_2^{(n-1)} \\ a_3^{(n-1)} \end{pmatrix} = \cdots = A^{n-1} \begin{pmatrix} a_1^{(1)} \\ a_2^{(1)} \\ a_3^{(1)} \end{pmatrix} \quad (n = 2,3,\cdots) \tag{4}$$

矩阵 A 的特征值为 $\lambda_1 = 1, \lambda_2 = \lambda_3 = -\frac{1}{2}$，对应的特征向量分别为

$$\boldsymbol{\xi}_1 = (1,1,1)^{\mathrm{T}}, \boldsymbol{\xi}_2 = (-1,1,0)^{\mathrm{T}}, \boldsymbol{\xi}_3 = (-1,0,1)^{\mathrm{T}}$$

令 $P = (\boldsymbol{\xi}_1, \boldsymbol{\xi}_2, \boldsymbol{\xi}_3) = \begin{pmatrix} 1 & -1 & -1 \\ 1 & 1 & 0 \\ 1 & 0 & 1 \end{pmatrix}$，则

$$P^{-1}AP = \begin{pmatrix} 1 & 0 & 0 \\ 0 & -\dfrac{1}{2} & 0 \\ 0 & 0 & -\dfrac{1}{2} \end{pmatrix}$$

从而

$$A^{n-1} = P \begin{pmatrix} 1 & 0 & 0 \\ 0 & -\dfrac{1}{2} & 0 \\ 0 & 0 & -\dfrac{1}{2} \end{pmatrix}^{n-1} P^{-1}$$

$$= \frac{1}{3} \begin{pmatrix} 1 & -1 & -1 \\ 1 & 1 & 0 \\ 1 & 0 & 1 \end{pmatrix} \begin{pmatrix} 1 & 0 & 0 \\ 0 & \left(-\dfrac{1}{2}\right)^{n-1} & 0 \\ 0 & 0 & \left(-\dfrac{1}{2}\right)^{n-1} \end{pmatrix} \begin{pmatrix} 1 & 1 & 1 \\ -1 & 2 & -1 \\ -1 & -1 & 2 \end{pmatrix}$$

$$= \frac{1}{3} \begin{pmatrix} 1+2\left(-\dfrac{1}{2}\right)^{n-1} & 1-\left(-\dfrac{1}{2}\right)^{n-1} & 1-\left(-\dfrac{1}{2}\right)^{n-1} \\ 1-\left(-\dfrac{1}{2}\right)^{n-1} & 1+2\left(-\dfrac{1}{2}\right)^{n-1} & 1-\left(-\dfrac{1}{2}\right)^{n-1} \\ 1-\left(-\dfrac{1}{2}\right)^{n-1} & 1-\left(-\dfrac{1}{2}\right)^{n-1} & 1+2\left(-\dfrac{1}{2}\right)^{n-1} \end{pmatrix}$$

将 A^{n-1} 代入前面的式(4)，注意到 $\lim\limits_{n \to \infty}\left(-\dfrac{1}{2}\right)^{n-1} = 0$，故有

$$\lim_{n \to \infty} a_1^{(n)} = \lim_{n \to \infty} a_2^{(n)} = \lim_{n \to \infty} a_3^{(n)} = \frac{1}{3}\left(a_1^{(1)} + a_2^{(1)} + a_3^{(1)}\right)$$

例9 斐波那契(Fibonacci)数列定义如下

$$F_{n+1} = F_n + F_{n-1} \qquad (F_0 = F_1 = 1, n = 1, 2, \cdots)$$

若令 $x_n = \dfrac{F_n}{F_{n+1}}$，则 $x_0 = 1$，且 $x_n = \dfrac{1}{1+x_{n-1}}$ $(n = 1, 2, \cdots)$，证明极限 $\lim\limits_{n \to \infty} x_n$ 存在并求此极限.

证   显然，$x_1 = \dfrac{1}{1 + x_0}$，相应矩阵 $A = \begin{pmatrix} 0 & 1 \\ 1 & 1 \end{pmatrix}$ 的特征值 $\lambda_1 = \dfrac{1}{2}(1 + \sqrt{5})$，$\lambda_2 = \dfrac{1}{2}(1 - \sqrt{5})$，它们对应的特征向量分别为 $\boldsymbol{\xi}_1 = \left(\dfrac{2}{1 + \sqrt{5}}, 1 \right)^{\mathrm{T}}$，$\boldsymbol{\xi}_2 = \left(\dfrac{2}{1 - \sqrt{5}}, 1 \right)^{\mathrm{T}}$，作矩阵

$$P = (\boldsymbol{\xi}_1, \boldsymbol{\xi}_2) = \begin{pmatrix} \dfrac{2}{1 + \sqrt{5}} & \dfrac{2}{1 - \sqrt{5}} \\ 1 & 1 \end{pmatrix} = \begin{pmatrix} \dfrac{1}{\lambda_1} & \dfrac{1}{\lambda_2} \\ 1 & 1 \end{pmatrix} = \begin{pmatrix} -\lambda_2 & -\lambda_1 \\ 1 & 1 \end{pmatrix}$$

则

$$P^{-1} = \dfrac{1}{\sqrt{5}} \begin{pmatrix} 1 & \lambda_1 \\ -1 & -\lambda_2 \end{pmatrix}, \quad P^{-1}AP = \begin{pmatrix} \lambda_1 & 0 \\ 0 & \lambda_2 \end{pmatrix}$$

于是

$$A^n = P \begin{pmatrix} \lambda_1^n & 0 \\ 0 & \lambda_2^n \end{pmatrix} P^{-1} = \dfrac{1}{\sqrt{5}} \begin{pmatrix} \lambda_1^{n-1} - \lambda_2^{n-1} & \lambda_1^n - \lambda_2^n \\ \lambda_1^n - \lambda_2^n & \lambda_1^{n+1} - \lambda_2^{n+1} \end{pmatrix}$$

由前所述可知

$$x_n = \dfrac{\lambda_1^{n-1} - \lambda_2^{n-1} + \lambda_1^n - \lambda_2^n}{\lambda_1^n - \lambda_2^n + \lambda_1^{n+1} - \lambda_2^{n+1}} \quad (n = 1, 2, \cdots)$$

由于 $\left| \dfrac{\lambda_2}{\lambda_1} \right| < 1$，上式右端分子、分母同除以 λ_1^n，然后令 $n \to \infty$，则有

$$\lim_{n \to \infty} x_n = \lim_{n \to \infty} \dfrac{F_n}{F_{n+1}} = \dfrac{\sqrt{5} - 1}{2}$$

例 10   设序列 $\{p_n\}$，$\{q_n\}$ 满足 $p_1 = q_1 = 1$，$p_{n+1} = p_n + 2q_n$，$q_{n+1} = p_n + q_n$，求 $\lim\limits_{n \to \infty} \dfrac{p_n}{q_n}$.

解法 1   令 $\dfrac{p_n}{q_n} = x_n$，则有

$$x_1 = 1$$

$$x_{n+1} = \dfrac{x_n + 2}{x_n + 1} \quad (n = 1, 2, \cdots)$$

再令 $x_n + 1 = \dfrac{y_n}{y_{n-1}}$，则 $x_n = \dfrac{y_n - y_{n-1}}{y_{n-1}}$，$x_{n+1} = \dfrac{y_{n+1} - y_n}{y_n}$，代入上式并整理可得 $y_{n+1} = 2y_n + y_{n-1}$ 或

$$\begin{pmatrix} y_{n+1} \\ y_n \end{pmatrix} = \begin{pmatrix} 2 & 1 \\ 1 & 0 \end{pmatrix} \begin{pmatrix} y_n \\ y_{n-1} \end{pmatrix} \quad (n = 2, 3, \cdots)$$

由此可知

$$\begin{pmatrix} y_{n+1} \\ y_n \end{pmatrix} = \begin{pmatrix} 2 & 1 \\ 1 & 0 \end{pmatrix}^{n-1} \begin{pmatrix} y_2 \\ y_1 \end{pmatrix} \tag{5}$$

记 $\boldsymbol{A} = \begin{pmatrix} 2 & 1 \\ 1 & 0 \end{pmatrix}$，则 $\boldsymbol{A}$ 的特征值为 $\lambda_1 = 1 + \sqrt{2}$，$\lambda_2 = 1 - \sqrt{2}$，对应的特征向量分别

为 $\boldsymbol{\xi}_1 = (1 + \sqrt{2}, 1)^{\mathrm{T}}$，$\boldsymbol{\xi}_2 = (1 - \sqrt{2}, 1)^{\mathrm{T}}$，令

$$\boldsymbol{P} = (\boldsymbol{\xi}_1, \boldsymbol{\xi}_2) = \begin{pmatrix} 1 + \sqrt{2} & 1 - \sqrt{2} \\ 1 & 1 \end{pmatrix} = \begin{pmatrix} \lambda_1 & \lambda_2 \\ 1 & 1 \end{pmatrix}$$

则有

$$\boldsymbol{P}^{-1} = \frac{1}{2\sqrt{2}} \begin{pmatrix} 1 & \sqrt{2}-1 \\ -1 & \sqrt{2}+1 \end{pmatrix} = \frac{1}{2\sqrt{2}} \begin{pmatrix} 1 & -\lambda_2 \\ -1 & \lambda_1 \end{pmatrix}$$

$$\boldsymbol{P}^{-1}\boldsymbol{A}\boldsymbol{P} = \begin{pmatrix} \lambda_1 & 0 \\ 0 & \lambda_2 \end{pmatrix}, \boldsymbol{A} = \boldsymbol{P}\begin{pmatrix} \lambda_1 & 0 \\ 0 & \lambda_2 \end{pmatrix}\boldsymbol{P}^{-1}$$

从而

$$\boldsymbol{A}^{n-1} = \boldsymbol{P}\begin{pmatrix} \lambda_1 & 0 \\ 0 & \lambda_2 \end{pmatrix}^{n-1} \boldsymbol{P}^{-1} = \frac{1}{2\sqrt{2}}\begin{pmatrix} \lambda_1 & \lambda_2 \\ 1 & 1 \end{pmatrix}\begin{pmatrix} \lambda_1^{n-1} & 0 \\ 0 & \lambda_2^{n-1} \end{pmatrix}\begin{pmatrix} 1 & -\lambda_2 \\ -1 & \lambda_1 \end{pmatrix}$$

$$= \frac{1}{2\sqrt{2}}\begin{pmatrix} \lambda_1^n - \lambda_2^n & \lambda_1\lambda_2^n - \lambda_2\lambda_1^n \\ \lambda_1^{n-1} - \lambda_2^{n-1} & \lambda_1\lambda_2^{n-1} - \lambda_2\lambda_1^{n-1} \end{pmatrix}$$

将 $\boldsymbol{A}^{n-1}$ 代入式(5)，可知

$$y_n = \frac{1}{2\sqrt{2}}\big[(\lambda_1^{n-1} - \lambda_2^{n-1})y_2 + (\lambda_1\lambda_2^{n-1} - \lambda_2\lambda_1^{n-1})y_1 \big]$$

$$y_{n-1} = \frac{1}{2\sqrt{2}}\big[(\lambda_1^{n-2} - \lambda_2^{n-2})y_2 + (\lambda_1\lambda_2^{n-2} - \lambda_2\lambda_1^{n-2})y_1 \big]$$

故

$$x_n + 1 = \frac{y_n}{y_{n-1}} = \frac{(\lambda_1^{n-1} - \lambda_2^{n-1})y_2 + (\lambda_1\lambda_2^{n-1} - \lambda_2\lambda_1^{n-1})y_1}{(\lambda_1^{n-2} - \lambda_2^{n-2})y_2 + (\lambda_1\lambda_2^{n-2} - \lambda_2\lambda_1^{n-2})y_1}$$

上式右端分子、分母同除以 $\lambda_1^{n-2}y_1$，注意到 $\left|\dfrac{\lambda_2}{\lambda_1}\right| < 1$，$\lim\limits_{n\to\infty}\left(\dfrac{\lambda_2}{\lambda_1}\right)^{n-2} = 0$，则有

$$\lim_{n\to\infty}(x_n + 1) = \lim_{n\to\infty}\frac{y_n}{y_{n-1}} = \lambda_1 = 1 + \sqrt{2}$$

因此 $\lim\limits_{n\to\infty} x_n = \sqrt{2}$，即 $\lim\limits_{n\to\infty}\dfrac{p_n}{q_n} = \sqrt{2}$.

解法 2　令 $\dfrac{p_n}{q_n} = x_n$，则有

$$x_1 = 1$$

$$x_{n+1} = \frac{x_n + 2}{x_n + 1} \quad (n = 1, 2, \cdots)$$

与 $x_2 = \dfrac{x_1 + 2}{x_1 + 2}$ 相对应的矩阵 $\boldsymbol{B} = \begin{pmatrix} 1 & 2 \\ 1 & 1 \end{pmatrix}$，$\boldsymbol{B}$ 的特征值为 $\lambda_1 = 1 + \sqrt{2}$，$\lambda_2 = 1 - \sqrt{2}$，相应的特征向量分别为 $\boldsymbol{\xi}_1 = (\sqrt{2}, 1)^{\mathrm{T}}$，$\boldsymbol{\xi}_2 = (\sqrt{2}, -1)^{\mathrm{T}}$.

作矩阵

$$\boldsymbol{P} = (\boldsymbol{\xi}_1, \boldsymbol{\xi}_2) = \begin{pmatrix} \sqrt{2} & \sqrt{2} \\ 1 & -1 \end{pmatrix}$$

则有

$$\boldsymbol{P}^{-1} = \frac{1}{2}\begin{pmatrix} \dfrac{1}{\sqrt{2}} & 1 \\[2mm] \dfrac{1}{\sqrt{2}} & 1 \end{pmatrix}, \quad \boldsymbol{P}^{-1}\boldsymbol{A}\boldsymbol{P} = \begin{pmatrix} \lambda_1 & 0 \\ 0 & \lambda_2 \end{pmatrix}$$

于是

$$\boldsymbol{B}^n = \boldsymbol{P}\begin{pmatrix} \lambda_1^n & 0 \\ 0 & \lambda_2^n \end{pmatrix}\boldsymbol{P}^{-1} = \begin{pmatrix} \dfrac{1}{2}(\lambda_1^n + \lambda_2^n) & \dfrac{1}{\sqrt{2}}(\lambda_1^n - \lambda_2^n) \\[3mm] \dfrac{1}{2\sqrt{2}}(\lambda_1^n - \lambda_2^n) & \dfrac{1}{2}(\lambda_1^n + \lambda_2^n) \end{pmatrix}$$

所以

$$x_{n+1} = \frac{\dfrac{1}{2}(\lambda_1^n + \lambda_2^n) + \dfrac{1}{\sqrt{2}}(\lambda_1^n - \lambda_2^n)}{\dfrac{1}{2\sqrt{2}}(\lambda_1^n - \lambda_2^n) + \dfrac{1}{2}(\lambda_1^n + \lambda_2^n)}$$

由于 $\left|\dfrac{\lambda_2}{\lambda_1}\right| < 1$，上式右端分子、分母同除以 λ_1^n，然后令 $n \to \infty$，则有

$$\lim_{n\to\infty}\frac{p_n}{q_n} = \lim_{n\to\infty} x_n = \lim_{n\to\infty} x_{n+1} = \frac{\dfrac{1}{2} + \dfrac{1}{\sqrt{2}}}{\dfrac{1}{2\sqrt{2}} + \dfrac{1}{2}} = \sqrt{2}$$

以下问题均可由矩阵方法求解.

1. 设 $x_1 = 2, x_2 = 2 + \dfrac{1}{x_1}, \cdots, x_{n+1} = 2 + \dfrac{1}{x_n}, \cdots$. 求证 $\lim\limits_{n \to \infty} x_n$ 存在并求其值. (第一届北京市大学生(非理科)数学竞赛试题,1988;前苏联大学生数学竞赛题,1975)

2. 设 $x_0 > 0, x_n = \dfrac{2(1 + x_{n-1})}{2 + x_{n-1}}$ ($n = 1, 2, \cdots$). 证明 $\lim\limits_{n \to \infty} x_n$ 存在并求之. (东南大学,2002;天津市大学生数学竞赛试题,2004)

3. 设 $x_1 = 1, x_{n+1} = \dfrac{1 + 2x_n}{1 + x_n}$ ($n = 1, 2, \cdots$). 证明 $\{x_n\}$ 收敛并求 $\lim\limits_{n \to \infty} x_n$. (哈尔滨工业大学,1999)

4. 设 $f(x) = \dfrac{x + 2}{x + 1}$, 数列 $\{x_n\}$ 由如下递推公式定义

$$x_0 = 1, x_{n+1} = f(x_n) \quad (n = 0, 1, 2, \cdots)$$

求证: $\lim\limits_{n \to \infty} x_n = \sqrt{2}$. (浙江大学,2002)

5. 设数列 $\{x_n\}$ 满足递推关系

$$a_0 = 2, a_1 = 5, a_{n+2} - 5a_{n+1} + 6a_n = 0 \quad (n = 0, 1, 2, \cdots)$$

求 $\lim\limits_{n \to \infty} \dfrac{a_{n+1}}{a_n}$.

第 15 章 齐次线性方程组有非零解条件的应用

线性方程组理论中有一个重要的结论:含有 n 个方程 n 个未知数的齐次线性方程组有非零解的充分必要条件是其系数行列式等于零.这一结论不仅在线性代数中有广泛应用,而且在微积分、解析几何等方面也有很多应用.下面我们通过实例给予说明.

例 1 设 φ 为可微函数,a,b,c 为常数,证明:由方程 $ax + by + cz = \varphi(x^2 + y^2 + z^2)$ 确定的函数 $z = z(x,y)$ 满足方程

$$(cy - bz)\frac{\partial z}{\partial x} + (az - cx)\frac{\partial z}{\partial y} = bx - ay \tag{1}$$

(湘潭大学,1982;湖南师范大学,2004;厦门大学,2006)

证 方程 $ax + by + cz = \varphi(x^2 + y^2 + z^2)$ 两边分别对 x 和 y 求偏导数,并整理得

$$\left(a + c\frac{\partial z}{\partial x}\right) - \left(2x + 2z\frac{\partial z}{\partial x}\right)\varphi' = 0 \tag{2}$$

$$\left(b + c\frac{\partial z}{\partial y}\right) - \left(2y + 2z\frac{\partial z}{\partial y}\right)\varphi' = 0 \tag{3}$$

式(2),(3)是关于 $1,-\varphi'$ 为未知数的齐次线性方程组,显然有非零解,故

$$\begin{vmatrix} a + c\dfrac{\partial z}{\partial x} & 2x + 2z\dfrac{\partial z}{\partial x} \\ b + c\dfrac{\partial z}{\partial y} & 2y + 2z\dfrac{\partial z}{\partial y} \end{vmatrix} = 0$$

此行列式展开后即得式(1).

例 2 已知 $xy = xf(z) + yg(z)$,$xf'(z) + yg'(z) \neq 0$,其中 $z = z(x,y)$ 是 x,y 的函数,求证

$$[x - g(z)]\frac{\partial z}{\partial x} = [y - f(z)]\frac{\partial z}{\partial y} \tag{4}$$

(全国,1991)

证 方程 $xy = xf(z) + yg(z)$,两边分别对 x,y 求偏导数,得

$$y = f(z) + xf'(z)\frac{\partial z}{\partial x} + yg'(z)\frac{\partial z}{\partial x}$$

$$x = xf'(z)\frac{\partial z}{\partial y} + g(z) + yg'(z)\frac{\partial z}{\partial y}$$

即

$$\left[xf'(z) + yg'(z) \right]\frac{\partial z}{\partial x} - \left[y - f(z) \right] = 0 \qquad (5)$$

$$\left[xf'(z) + yg'(z) \right]\frac{\partial z}{\partial y} - \left[x - g(z) \right] = 0 \qquad (6)$$

式(5),(6)是关于 $xf'(z) + yg'(z)$, -1 为未知数的齐次线性方程组,显然有非零解,故

$$\begin{vmatrix} \dfrac{\partial z}{\partial x} & y - f(z) \\[2mm] \dfrac{\partial z}{\partial y} & x - g(z) \end{vmatrix} = 0$$

此行列式展开后即得式(4).

本例还可以这样解:

考虑式(4),令

$$\left[x - g(z) \right]\frac{\partial z}{\partial x} - \left[y - f(z) \right]\frac{\partial z}{\partial y} - m = 0 \qquad (7)$$

式(5),(6),(7)是关于 $\dfrac{\partial z}{\partial x}, \dfrac{\partial z}{\partial y}, -1$ 为未知数的齐次线性方程组,显然有非零解,故

$$\begin{vmatrix} xf'(z) + yg'(z) & 0 & y - f(z) \\ 0 & xf'(z) + yg'(z) & x - g(z) \\ x - g(z) & -\left[y - f(z) \right] & m \end{vmatrix} = 0$$

展开后得 $m\left[xf'(z) + yg'(z) \right]^2 = 0$,由于 $xf'(z) + yg'(z) \neq 0$,所以 $m = 0$,由此知式(4)成立.

例3 设 $u(x,y)$ 有连续的二阶偏导数,$F(s,t)$ 有连续的一阶偏导数,且满足 $F(u'_x, u'_y) = 0$,$(F'_s)^2 + (F'_t)^2 \neq 0$. 证明:$u''_{xx} \cdot u''_{yy} - (u''_{xy})^2 = 0$. (华东师范大学,1998)

证 令 $u'_x = s, u'_y = t$,方程 $F(u'_x, u'_y) = 0$ 两边分别对 x, y 求偏导数,得

$$F'_s \cdot u''_{xx} + F'_t \cdot u''_{yx} = 0 \qquad (8)$$

$$F'_s \cdot u''_{xy} + F'_t \cdot u''_{yy} = 0 \qquad (9)$$

式(8),(9)是关于 F'_s, F'_t 为未知数的齐次线性方程组,由 $(F'_s)^2 + (F'_t)^2 \neq 0$ 知其有非零解,故

$$\begin{vmatrix} u''_{xx} & u''_{yx} \\ u''_{xy} & u''_{yy} \end{vmatrix} = 0$$

展开此行列式并利用 $u''_{yx} = u''_{xy}$，即得 $u''_{xx} \cdot u''_{yy} - (u''_{xy})^2 = 0$.

例 4 设 $z = z(x,y)$ 由方程 $F\left(x + \dfrac{z}{y}, y + \dfrac{z}{x}\right) = 0$ 所确定，证明

$$x \frac{\partial z}{\partial x} + y \frac{\partial z}{\partial y} = z - xy$$

(中国矿业学院,1982;华南理工大学,2005;清华大学,2006)

证 令 $x + \dfrac{z}{y} = u, y + \dfrac{z}{x} = v$，则 $F(u,v) = 0$. 已知方程两边对 x, y 分别求偏导数，得

$$F'_u \cdot \left(1 + \frac{1}{y} \frac{\partial z}{\partial x}\right) + F'_v \cdot \left(\frac{1}{x} \frac{\partial z}{\partial x} - \frac{z}{x^2}\right) = 0 \tag{10}$$

$$F'_u \cdot \left(\frac{1}{y} \frac{\partial z}{\partial y} - \frac{z}{y^2}\right) + F'_v \cdot \left(1 + \frac{1}{x} \frac{\partial z}{\partial y}\right) = 0 \tag{11}$$

由于 F'_u, F'_v 不可能同时为零(否则 $F(u,v)$ 为常数)，即以 F'_u, F'_v 为未知数的齐次线性方程(10),(11)有非零解，故

$$\begin{vmatrix} 1 + \dfrac{1}{y} \dfrac{\partial z}{\partial x} & \dfrac{1}{x} \dfrac{\partial z}{\partial x} - \dfrac{z}{x^2} \\[3mm] \dfrac{1}{y} \dfrac{\partial z}{\partial y} - \dfrac{z}{y^2} & 1 + \dfrac{1}{x} \dfrac{\partial z}{\partial y} \end{vmatrix} = 0$$

展开后整理，得

$$\frac{1}{y} \frac{\partial z}{\partial x}\left(\frac{z}{xy} + 1\right) + \frac{1}{x} \frac{\partial z}{\partial y}\left(\frac{z}{xy} + 1\right) = \frac{z^2}{x^2 y^2} - 1$$

所以

$$x \frac{\partial z}{\partial x} + y \frac{\partial z}{\partial y} = z - xy$$

例 5 证明:函数 $f(x,y) = Ax^2 + 2Bxy + Cy^2$ 在约束条件 $g(x,y) = 1 - \dfrac{x^2}{a^2} - \dfrac{y^2}{b^2}$ 下有最大值和最小值，且它们是方程

$$\lambda^2 - (Aa^2 + Cb^2)\lambda + (AC - B^2)a^2 b^2 = 0$$

的根. (北京理工大学高等数学竞赛试题,1990)

证 因为 $f(x,y)$ 在全平面上连续，而 $M = \left\{(x,y) \,\middle|\, 1 - \dfrac{x^2}{a^2} - \dfrac{y^2}{b^2} = 0, x, y \in \mathbf{R}\right\}$ 是有界闭集，所以 $f(x,y)$ 在 M 上必有最大值和最小值.

设 (x_1, y_1), (x_2, y_2) 是 $f(x, y)$ 在 M 上的最大值和最小值点, 令

$$L(x, y, \lambda) = Ax^2 + 2Bxy + Cy^2 + \lambda\left(1 - \frac{x^2}{a^2} - \frac{y^2}{b^2}\right)$$

则 (x_1, y_1), (x_2, y_2) 应满足方程组

$$\frac{\partial L}{\partial x} = 2\left[\left(A - \frac{\lambda}{a^2}\right)x + By\right] = 0 \tag{12}$$

$$\frac{\partial L}{\partial y} = 2\left[Bx + \left(C - \frac{\lambda}{b^2}\right)y\right] = 0 \tag{13}$$

$$\frac{\partial L}{\partial \lambda} = 1 - \frac{x^2}{a^2} - \frac{y^2}{b^2} = 0 \tag{14}$$

记相应的乘子为 λ_1, λ_2, 则 (x_1, y_1, λ_1) 满足

$$\left(A - \frac{\lambda_1}{a^2}\right)x_1 + By_1 = 0$$

$$Bx_1 + \left(C - \frac{\lambda_1}{b^2}\right)y_1 = 0$$

解得

$$\lambda_1 = Ax_1^2 + 2Bx_1 y_1 + Cy_1^2$$

同理可得

$$\lambda_2 = Ax_2^2 + 2Bx_2 y_2 + Cy_2^2$$

即 λ_1, λ_2 分别是 $f(x, y)$ 在条件 $\dfrac{x^2}{a^2} + \dfrac{y^2}{b^2} = 1$ 下的最大值和最小值, 再由齐次线性方程组 (12), (13) 有非零解, 可知

$$\begin{vmatrix} A - \dfrac{\lambda}{a^2} & B \\ B & C - \dfrac{\lambda}{b^2} \end{vmatrix} = 0$$

即

$$\left(A - \frac{\lambda}{a^2}\right)\left(C - \frac{\lambda}{b^2}\right) - B^2 = 0$$

λ_1, λ_2 是此方程的根, 亦即 λ_1, λ_2 是方程

$$\lambda^2 - (Aa^2 + Cb^2)\lambda + (AC - B^2)a^2 b^2 = 0$$

的根.

例6 证明: 如果曲线 $x = x(t)$, $y = y(t)$, $z = z(t)$ 为平面曲线, 且函数 $x(t)$, $y(t)$, $z(t)$ 三阶可导, 则必有

$$\begin{vmatrix} x'(t) & y'(t) & z'(t) \\ x''(t) & y''(t) & z''(t) \\ x'''(t) & y'''(t) & z'''(t) \end{vmatrix} = 0 \tag{15}$$

（西北建工学院,1986）

证 设该曲线所在平面的方程为

$$Ax + By + Cz + D = 0$$

由于点 $M(x(t),y(t),z(t))$ 在此平面上,所以

$$Ax(t) + By(t) + Cz(t) + D = 0$$

上式两边分别对 t 求 $1,2,3$ 阶导数,得

$$Ax'(t) + By'(t) + Cz'(t) = 0 \tag{16}$$

$$Ax''(t) + By''(t) + Cz''(t) = 0 \tag{17}$$

$$Ax'''(t) + By'''(t) + Cz'''(t) = 0 \tag{18}$$

因为 A,B,C 不全为零,即以 A,B,C 为未知数的齐次线性方程组有非零解,所以其系数行列式为零,即式（15）成立.

例7 设一平面经过原点及点 $P(6,-3,2)$,且与平面

$$\pi_1 : 4x - y + 2z = 8$$

垂直,求此平面方程. （全国,1996）

解 由于所求平面 π 过原点,故其方程可设为

$$Ax + By + Cz = 0 \tag{19}$$

其中 $\boldsymbol{n} = \{A,B,C\}$ 为平面 π 的法向量,由于平面 π 与平面 π_1 垂直,故有

$$4A - B + 2C = 0 \tag{20}$$

又平面 π 经过直线 OP,取 $\overrightarrow{OP}$ 为其方向向量,则有 $\boldsymbol{n} \perp \overrightarrow{OP}$,从而

$$6A - 3B + 2C = 0 \tag{21}$$

式（19）,（20）,（21）组成以 A,B,C 为未知数的齐次线性方程组显然有非零解（A,B,C 中至少有一个不为零）,故有

$$\begin{vmatrix} x & y & z \\ 4 & -1 & 2 \\ 6 & -3 & 2 \end{vmatrix} = 0$$

展开后得

$$2x + 2y - 3z = 0$$

此即所求平面 π 的方程.

例8 求直线

$$l : \frac{x-1}{1} = \frac{y}{1} = \frac{z-1}{-1}$$

在平面

$$\pi : x - y + 2z - 1 = 0$$

上的投影直线 l_0 的方程.（全国，1998）

解　设经过 l 且垂直于 π 的平面 π_1 的方程为

$$Ax + By + Cz + D = 0 \tag{22}$$

则由点 $(1,0,1) \in \pi_1, l \subset \pi_1$ 及 $\pi \perp \pi_1$ 可知

$$A + C + D = 0 \tag{23}$$

$$A + B - C = 0 \tag{24}$$

$$A - B + 2C = 0 \tag{25}$$

式（22），（23），（24），（25）组成的以 A, B, C, D 为未知数的齐次线性方程组显然有非零解,故有

$$\begin{vmatrix} x & y & z & 1 \\ 1 & 0 & 1 & 1 \\ 1 & 1 & -1 & 0 \\ 1 & -1 & 2 & 0 \end{vmatrix} = 0$$

展开后得

$$x - 3y - 2z + 1 = 0$$

此即平面 π_1 的方程. 于是所求投影直线 l_0 的方程为

$$\begin{cases} x - y + 2z - 1 = 0 \\ x - 3y - 2z + 1 = 0 \end{cases}$$

例9　求证过点 $M_0(x_0, y_0, z_0)$ 且平行于两条既不重合又不平行的直线

$$\frac{x - a_i}{l_i} = \frac{y - b_i}{m_i} = \frac{z - c_i}{n_i} \quad (i = 1,2)$$

的平面方程可写成

$$\begin{vmatrix} x - x_0 & y - y_0 & z - z_0 \\ l_1 & m_1 & n_1 \\ l_2 & m_2 & n_2 \end{vmatrix} = 0 \tag{26}$$

证　设所求平面 π 的法向量为 $\boldsymbol{n} = \{A, B, C\}$,由于点 M_0 在所求平面上,故 π 的方程可以写作

$$A(x - x_0) + B(y - y_0) + C(z - z_0) = 0 \tag{27}$$

又已知两直线与平面 π 平行,所以

$$Al_1 + Bm_1 + Cn_1 = 0 \tag{28}$$

$$Al_2 + Bm_2 + Cn_2 = 0 \tag{29}$$

由于 n 为非零向量,从而由式(27),(28),(29)组成的以 A,B,C 为未知数的齐次线性方程组有非零解,由此可得式(26),此即所求平面方程.

例 10 求过点 $M_0(0,0,-2)$ 与平面
$$\pi_1:3x-y+2z-1=0$$
平行,且与直线
$$l_1:\frac{x-1}{4}=\frac{y-3}{-2}=\frac{z}{1}$$
相交的直线 l 的方程.

解 直线 l 在过点 M_0 且与平面 π_1 平行的平面 π_2 上,易知 π_2 的方程为
$$3x-y+2(z+2)=0$$
亦即
$$3x-y+2z+4=0 \tag{30}$$

直线 l 在点 M_0 与直线 l_1 所确定的平面 π_3 内,设 π_3 的法向量 $n_3=\{A,B,C\}$,则 π_3 的方程为
$$Ax+By+C(z+2)=0 \tag{31}$$

因为点 $M_1(1,3,0)\in l_1$,$\overrightarrow{M_0M_1}=\{1,3,2\}$,所以 $\overrightarrow{M_0M_1}\perp n_3$,从而
$$A+3B+2C=0 \tag{32}$$

又 l_1 的方向向量 $s_1=\{4,-2,1\}$,而 $s_1\perp n_3$,所以
$$4A-2B+C=0 \tag{33}$$

由式(31),(32),(33)组成的以 A,B,C 为未知数的齐次线性方程组有非零解,故
$$\begin{vmatrix} x & y & z+2 \\ 1 & 3 & 2 \\ 4 & -2 & 1 \end{vmatrix}=0$$
展开后得
$$x+y-2z-4=0$$
此即平面 π_3 的方程,因此所求直线 l 的方程为
$$\begin{cases} 3x-y+2z+4=0 \\ x+y-2z-4=0 \end{cases}$$

例 11 求证过直线
$$l:\begin{cases} x=x_0+lt \\ y=y_0+mt \\ z=z_0+nt \end{cases}$$

且垂直于平面

$$\pi : Ax + By + Cz + D = 0$$

（直线 l 与平面 π 不平行）的平面方程可以表示成

$$\begin{vmatrix} x - x_0 & y - y_0 & z - z_0 \\ l & m & n \\ A & B & C \end{vmatrix} = 0 \qquad (34)$$

证 设所求平面 π_1 的法向量 $\boldsymbol{n}_1 = \{a, b, c\}$.

因为点 (x_0, y_0, z_0) 在已知直线 l 上，而 $l \subset \pi_1$，故平面 π_1 的方程为

$$(x - x_0)a + (y - y_0)b + (z - z_0)c = 0 \qquad (35)$$

已知直线 l 的方向向量 $\boldsymbol{s} = \{l, m, n\}$，平面 π 的法向量为 $\boldsymbol{n} = \{A, B, C\}$，由于 $l \subset \pi_1, \pi \perp \pi_1$，所以

$$la + mb + nc = 0 \qquad (36)$$

$$Aa + Bb + Cc = 0 \qquad (37)$$

由式 $(35), (36), (37)$ 组成的以 a, b, c 为未知数的齐次线性方程组有非零解，故式 (34) 成立，此即所求平面 π_1 的方程.

例 12 试求过三点 $(x_0, y_0), (x_1, y_1), (x_2, y_2)$ 的抛物线方程 $y = P_2(x)$，其中 x_0, x_1, x_2 两两互异.

解 令 $P_2(x) = a + bx + cx^2$，由题设知

$$a + bx + cx^2 - P_2(x) = 0 \qquad (38)$$

$$a + bx_0 + cx_0^2 - y_0 = 0 \qquad (39)$$

$$a + bx_1 + cx_1^2 - y_1 = 0 \qquad (40)$$

$$a + bx_2 + cx_2^2 - y_2 = 0 \qquad (41)$$

式 $(38) \sim (41)$ 组成以 $a, b, c, -1$ 为未知数的齐次线性方程组，显然有非零解，故

$$\begin{vmatrix} 1 & x & x^2 & P_2(x) \\ 1 & x_0 & x_0^2 & y_0 \\ 1 & x_1 & x_1^2 & y_1 \\ 1 & x_2 & x_2^2 & y_2 \end{vmatrix} = 0$$

按第 4 列展开此行列式，注意到第 4 列的每个元素的余子式均为 3 阶 Vandermonde 行列式，由 Vamdermonde 行列式的计算公式可得

$$P_2(x) = \frac{(x - x_1)(x - x_2)}{(x_0 - x_1)(x_0 - x_2)}y_0 + \frac{(x - x_0)(x - x_2)}{(x_1 - x_0)(x_1 - x_2)}y_1 + \frac{(x - x_0)(x - x_1)}{(x_2 - x_0)(x_2 - x_1)}y_2$$

$$(42)$$

此即所求抛物线方程,也称为二次 Lagrange 插值多项式.

显然,本例可以推广到 n 次多项式的情形.

例 13 设 $y = \mathrm{e}^x(C_1\sin x + C_2\cos x)$($C_1, C_2$ 为任意常数)是某二阶常系数线性齐次微分方程的通解,求出该方程.(全国,2001)

解 $y = \mathrm{e}^x(C_1\sin x + C_2\cos x)$ 两边对 x 分别求 1 阶及 2 阶导数,并整理,可得

$$(C_1 - C_2)\mathrm{e}^x\sin x + (C_1 + C_2)\mathrm{e}^x\cos x - y' = 0 \tag{43}$$

$$-2C_2\mathrm{e}^x\sin x + 2C_1\mathrm{e}^x\cos x - y'' = 0 \tag{44}$$

又由题设知

$$C_1\mathrm{e}^x\sin x + C_2\mathrm{e}^x\cos x - y = 0 \tag{45}$$

式(43),(44),(45)组成以 $\mathrm{e}^x\sin x, \mathrm{e}^x\cos x, -1$ 为未知数的齐次线性方程组,显然有非零解,故有

$$\begin{vmatrix} C_1 - C_2 & C_1 + C_2 & y' \\ -2C_2 & 2C_1 & y'' \\ C_1 & C_2 & y \end{vmatrix} = 0$$

将此行列式展开,得

$$(C_1^2 + C_2^2)(y'' - 2y' + 2y) = 0$$

因为 $C_1^2 + C_2^2 \neq 0$,所以 $y'' - 2y' + 2y = 0$,此即为所求微分方程.

以下问题均可利用齐次线性方程组有非零解的条件来解.

1. 设 $\varphi(u, v)$ 为可微函数,证明由方程 $\varphi(cx - az, cy - bz) = 0$ 所确定的函数 $z = f(x, y)$ 满足

$$a\frac{\partial z}{\partial x} + b\frac{\partial z}{\partial y} = c$$

(中南矿冶学院,1981)

2. 设 $F\left(\dfrac{y}{x}, \dfrac{z}{x}\right) = 0$,试证:$x\dfrac{\partial z}{\partial x} + y\dfrac{\partial z}{\partial y} = z$.(华中工学院,1982)

3. 设函数 $z = f(x, y)$ 满足方程 $x - az = \varphi(y - bz)$,其中 φ 为可微函数,a, b 为实数,证明:$a\dfrac{\partial z}{\partial x} + b\dfrac{\partial z}{\partial y} = 1$.(吉林大学,1984)

4. 已知两条直线的方程是 $l_1: \dfrac{x-1}{1} = \dfrac{y-2}{0} = \dfrac{z-3}{-1}, l_2: \dfrac{x+2}{2} = \dfrac{y-1}{1} = \dfrac{z}{1}$,求过 l_1 且平行于 l_2 的平面方程.(全国,1991)

5. 证明:通过点 (x_0, y_0, z_0) 且与两平面 $A_1x + B_1y + C_1z + D_1 = 0$ 和 $A_2x + B_2y + C_2z + D_2 = 0$ 都垂直的平面方程为

$$\begin{vmatrix} x-x_0 & A_1 & A_2 \\ y-y_0 & B_1 & B_2 \\ z-z_0 & C_1 & C_2 \end{vmatrix}=0$$

6. 求证过直线

$$\begin{cases} x=x_1+lt \\ y=y_1+mt \\ z=z_1+nt \end{cases}$$

和直线外一点 (x_2,y_2,z_2) 的平面方程可以写成

$$\begin{vmatrix} x-x_1 & y-y_1 & z-z_1 \\ x_2-x_1 & y_2-y_1 & z_2-z_1 \\ l & m & n \end{vmatrix}=0$$

7. 求证通过两条平行直线

$$\begin{cases} x=a_i+lt \\ y=b_i+mt \quad (i=1,2) \\ z=c_i+nt \end{cases}$$

的平面方程可以表示成

$$\begin{vmatrix} x-a_1 & y-b_1 & z-c_1 \\ a_2-a_1 & b_2-b_1 & c_2-c_1 \\ l & m & n \end{vmatrix}=0$$

8. 求证通过平面上不在一条直线上的三点 $(x_1,y_1),(x_2,y_2),(x_3,y_3)$ 的圆的方程为

$$\begin{vmatrix} x^2+y^2 & x & y & 1 \\ x_1^2+y_1^2 & x_1 & y_1 & 1 \\ x_2^2+y_2^2 & x_2 & y_2 & 1 \\ x_3^2+y_3^2 & x_3 & y_3 & 1 \end{vmatrix}=0$$

第 16 章　高等数学中涉及无关性的一类问题与函数归零问题

一、高等数学中涉及无关性的一类问题

在高等数学第二型曲线积分这部分内容里,大家会遇到曲线积分与路径无关的相关问题. 这些问题通常分为两类:一类是证明满足一定条件的某些曲线积分与路径无关;另一类是若某曲线积分与路径无关,求出被积函数所满足的某种条件. 事实上,高等数学中还有很多类似涉及无关性的问题,这些问题同样也包含两方面的内容,下面我们将通过实例分两种情形说明如何解这一类问题.

情形 1　证明所论问题与某个量(参数)无关,或与某图形的位置无关.

解此类问题需论证问题的解或结论中不含有此量(参数),或将问题转化为所论图形在给定范围的任意位置时结论成立.

例 1　证明积分

$$I = \int_0^{+\infty} \frac{\mathrm{d}x}{(1+x^2)(1+x^\alpha)}$$

不依赖 α 的取值. (前苏联大学生数学竞赛试题,1977)

证法 1　令 $x = \dfrac{1}{y}$,则有

$$\int_0^1 \frac{\mathrm{d}x}{(1+x^2)(1+x^\alpha)} = \int_1^{+\infty} \frac{y^\alpha}{(1+y^2)(1+y^\alpha)}\mathrm{d}y = \int_1^{+\infty} \frac{x^\alpha}{(1+x^2)(1+x^\alpha)}\mathrm{d}x$$

所以

$$I = \int_0^1 \frac{\mathrm{d}x}{(1+x^2)(1+x^\alpha)} + \int_1^{+\infty} \frac{\mathrm{d}x}{(1+x^2)(1+x^\alpha)} = \int_1^{+\infty} \frac{1+x^\alpha}{(1+x^2)(1+x^\alpha)}\mathrm{d}x$$

$$= \int_1^{+\infty} \frac{\mathrm{d}x}{1+x^2} = \arctan x \Big|_1^{+\infty} = \frac{\pi}{4}$$

故积分 I 与 α 的取值无关.

证法 2　令 $x = \tan t$,则有

$$I = \int_0^{\frac{\pi}{2}} \frac{\mathrm{d}t}{1+\tan^\alpha t}$$

再令 $t = \dfrac{\pi}{2} - u$,则有

$$I = \int_0^{\frac{\pi}{2}} \frac{\mathrm{d}u}{1 + \cot^\alpha u} = \int_0^{\frac{\pi}{2}} \frac{\tan^\alpha u}{1 + \tan^\alpha u} \mathrm{d}u = \int_0^{\frac{\pi}{2}} \frac{\tan^\alpha t}{1 + \tan^\alpha t} \mathrm{d}t \quad \text{从而有}$$

$$I = \frac{1}{2} \int_0^{\frac{\pi}{2}} \frac{1 + \tan^\alpha t}{1 + \tan^\alpha t} \mathrm{d}t = \frac{\pi}{4}$$

可见 I 与 α 的取值无关.

注 第四十一届(1980 年)美国 Putnam 大学数学竞赛的 A－3 题为计算积分 $\int_0^{\frac{\pi}{2}} \dfrac{\mathrm{d}x}{1 + (\tan x)^{\sqrt{2}}}$,在例 1 的证法 2 中,只要取 $\alpha = \sqrt{2}$ 即知所求积分值为 $\dfrac{\pi}{4}$.

例 2 设有可微函数 $u = f(x, y, z)$,如果

$$\frac{f'_x}{x} = \frac{f'_y}{y} = \frac{f'_z}{z}$$

试证在球面坐标下 u 与 θ 和 φ 无关,即 u 仅为 r 的函数,其中 $r = \sqrt{x^2 + y^2 + z^2}$.(第十二届北京市大学生数学竞赛题,2000)

证 根据题意,有

$$u = f(x, y, z) = f(r\cos\theta\sin\varphi, r\sin\theta\sin\varphi, r\cos\varphi)$$

令 $\dfrac{f'_x}{x} = \dfrac{f'_y}{y} = \dfrac{f'_z}{z} = t$,则 $f'_x = tx, f'_y = ty, f'_z = tz$,于是

$$\frac{\partial u}{\partial \theta} = f'_x r(-\sin\theta)\sin\varphi + f'_y r\cos\theta\sin\varphi$$

$$= txr(-\sin\theta)\sin\varphi + tyr\cos\theta\sin\varphi$$

$$= t(-xy + xy) = 0$$

$$\frac{\partial u}{\partial \varphi} = f'_x r\cos\theta\cos\varphi + f'_y r\sin\theta\cos\varphi - f'_z r\sin\varphi$$

$$= tr^2(\cos^2\theta\sin\varphi\cos\varphi + \sin^2\theta\sin\varphi\cos\varphi - \sin\varphi\cos\varphi)$$

$$= tr^2(\sin\varphi\cos\varphi - \sin\varphi\cos\varphi) = 0$$

故 u 仅为 r 的函数.

例 3 设 S 是单位圆位于第一象限的一段弧,用 A 表示弧下方与 x 轴上方区域的面积,用 B 表示弧左方与 y 轴右方区域的面积,证明:$A + B$ 仅与 S 的弧长有关而与弧的位置无关.

证 设弧 S 的两个端点为 P 和 Q(图 16.1),而 OP 和 OQ 与 x 轴正向的夹角分别为 α 和 β,则

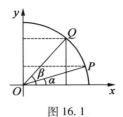

图 16.1

$$A = \int_{\cos\beta}^{\cos\alpha} \sqrt{1-x^2}\,\mathrm{d}x = \int_{\alpha}^{\beta} \sqrt{1-\cos^2 u}\,(-\sin u)\,\mathrm{d}u$$

$$= \int_{\alpha}^{\beta} \sin^2 u\,\mathrm{d}u$$

同理可知

$$B = \int_{\sin\alpha}^{\sin\beta} \sqrt{1-y^2}\,\mathrm{d}y = \int_{\alpha}^{\beta} \cos^2 u\,\mathrm{d}u$$

因此

$$A + B = \int_{\alpha}^{\beta} \mathrm{d}u = \beta - \alpha$$

故 $A+B$ 只与 S 的弧长有关而与弧的位置无关.

情形 2 所论问题与某量(参数)无关,求问题的解,或证明问题具有某种性质.

由于问题中所给的无关量(参数)相对于其他量(参数)可视为常数,故可通过求导运算建立方程,然后求解;若所论问题与某图形位置无关,求问题的解. 此类问题可根据所给图形及题设条件建立方程,进而求解.

例 4 设函数 $f(x)$ 连续,且积分 $\int_0^1 [f(x) + xf(xt)]\,\mathrm{d}t$ 的结果与 x 无关,试求 $f(x)$.(西安交通大学,1986)

解 令 $xt = u$,则由题设条件可知

$$\int_0^1 [f(x) + xf(xt)]\,\mathrm{d}t = f(x) + x\int_0^1 f(xt)\,\mathrm{d}t = f(x) + \int_0^x f(u)\,\mathrm{d}u = C$$

其中 C 为常数.

因为 $f(x)$ 连续,故 $\int_0^x f(u)\,\mathrm{d}u$ 可导,从而由上式知 $f(x)$ 可导,且有

$$f'(x) + f(x) = 0$$

解此微分方程即得

$$f(x) = C_1 \mathrm{e}^{-x} \quad (C_1 \text{ 为常数})$$

例 5 已知函数 $f(x)$ 在 $(-\infty, +\infty)$ 上有三阶连续导数,且在等式

$$f(x+h) = f(x) + hf'(x + \theta h) \quad (0 < \theta < 1)$$

中 θ 与 h 无关,试证 $f(x)$ 必定是一次或二次函数.(上海交通大学高等数学竞赛试题,1983)

证 所给等式两边对 h 求导两次,注意到 θ 与 h 无关,可得

$$f'(x+h) = f'(x + \theta h) + h\theta f''(x + \theta h)$$

$$f''(x+h) = 2\theta f''(x + \theta h) + h\theta^2 f'''(x + \theta h)$$

令 $h \to 0$,则有

$$(2\theta - 1)f''(x) = 0$$

若 $\theta \neq \dfrac{1}{2}$，则由 $f''(x) = 0$ 知 $f(x)$ 为一次函数.

若 $\theta = \dfrac{1}{2}$，则有

$$f''(x+h) = f''\left(x + \frac{h}{2}\right) + \frac{h}{4}f'''\left(x + \frac{h}{2}\right)$$

也即

$$\frac{f''(x+h) - f''\left(x + \dfrac{h}{2}\right)}{\dfrac{1}{2}h} = \frac{1}{2}f'''\left(x + \frac{h}{2}\right)$$

在上式中令 $h \to 0$，由于 $f(x)$ 有三阶连续导数，故

$$f'''(x) = \frac{1}{2}f'''(x)$$

于是 $f'''(x) = 0$，此时 $f(x)$ 为 x 的一次函数或二次函数.

例 6 已知曲线在第一象限，且曲线上任意点处的切线与坐标轴和过切点垂直于 x 轴的直线所围成的梯形面积等于常数 k^2（即与切线的位置无关）. 又已知曲线过点 (k, k)，试求该曲线.（东北重型机械学院，1982）

解 设曲线方程为 $y = f(x)$，若切点为 (x, y)，则切线方程为

$$Y - y = f'(x)(X - x)$$

其中 (X, Y) 为切线上的动点坐标，令 $X = 0$，求得切线与坐标轴的一个交点为 $(0, y - xy')$，依题意得

$$\frac{x}{2}\left[y + (y - xy')\right] = k^2$$

亦即

$$y' - \frac{2}{x}y = -\frac{2}{x^2}k^2$$

考虑到曲线过点 (k, k)，解上述一阶线性微分方程，得

$$y = \frac{2}{3x}k^2 + \frac{x^2}{3k}$$

下面的问题均属于涉及无关性的一类问题.

1.（ⅰ）设函数 $f(x, y)$ 具有连续的一阶偏导数且满足方程

$$x\frac{\partial f}{\partial x} + y\frac{\partial f}{\partial y} = 0$$

试证明 $f(x,y)$ 在极坐标下与矢径 r 无关.（广东省大学生数学竞赛题, 1991）

（ⅱ）设函数 $f(x,y,z)$ 具有连续的一阶偏导数且满足方程

$$x\frac{\partial f}{\partial x} + y\frac{\partial f}{\partial y} + z\frac{\partial f}{\partial z} = 0$$

试证明 $f(x,y,z)$ 在球面坐标 $x = r\cos\theta\sin\varphi, y = r\sin\theta\sin\varphi, z = r\cos\varphi$ 下与矢径 r 无关.

2.（ⅰ）过抛物线 $y = x^2 + 1$ 上一点 P_0 作切线, 证明该切线与抛物线 $y = x^2$ 所围成图形的面积与点 P_0 的位置无关.

（ⅱ）过抛物面 $z = x^2 + y^2 + 1$ 上一点 P_0 作切平面, 证明该切平面与抛物面 $z = x^2 + y^2$ 所围成立体体积与 P_0 的位置无关.

3. 设 $u(x,t)$ 为二元二阶连续可微函数, u 及其各一阶偏导数关于 x 都是以 1 为周期函数, 且有

$$\frac{\partial^2 u}{\partial t^2} = \frac{\partial^2 u}{\partial x^2}$$

试证

$$\varphi(t) = \frac{1}{2}\int_0^1\left[\left(\frac{\partial u}{\partial x}\right)^2 + \left(\frac{\partial u}{\partial t}\right)^2\right]\mathrm{d}x$$

是一个与 t 无关的函数.（南京理工大学, 2005）

4. 设 $f(x)$ 在 $(0, +\infty)$ 上连续, 且对任意的 $a > 0$, 积分 $\int_x^{ax} f(t)\,\mathrm{d}t$ 与 $x \in (0, +\infty)$ 无关. 试证 $f(x) = \dfrac{C}{x}(0 < x < +\infty)$, 其中 C 为常数.（东南大学, 2005）

5. 设函数 $f(x)$ 在 $(-\infty, +\infty)$ 上有四阶连续导数, 且有

$$f(x+h) = f(x) + f'(x)h + \frac{1}{2}f''(x+\theta h)h^2$$

其中 θ 是与 x, h 无关的常数, 证明 $f(x)$ 是不超过三次的多项式.（第五届全国大学生数学竞赛决赛试题（非数学类）, 2014）

6. 设函数 $f(x)$ 在 $(-\infty, +\infty)$ 上连续, 证明 $f(x)$ 是以正常数 l 为周期的函数当且仅当积分 $\int_0^l f(x+y)\,\mathrm{d}x$ 与 y 无关.

7. 已知某曲线在第一象限内且过坐标原点 O, 过曲线上任意一点 M 作曲线的切线交 x 轴于 T, 点 M 在 x 轴的射影为 P. 若三角形 MPT 的面积与曲边三角形 OMP 的面积之比为常数 $k(>\dfrac{1}{2})$, 且曲线在点 M 处的导数总为正, 试求该曲线方程.

二、函数归零问题

在一定条件下,证明某函数 $f(x) \equiv 0$ 的问题称为归零问题,函数归零问题的解法较多,我们这仅介绍这类问题的几种常用解法. 要指出的是,以下各例还可能有其他解法.

方法 1　若函数 $f(x)$ 在某区间上的最大值与最小值均为零(或非负函数的最大值为零),则在此区间上 $f(x) \equiv 0$.

例 1　设 $f(x)$ 和 $g(x)$ 在 $(-\infty, +\infty)$ 内有定义,$f'(x)$ 与 $f''(x)$ 存在,且满足

$$f''(x) + f'(x)g(x) - f(x) = 0$$

如果 $f(a) = 0, f(b) = 0 (a < b)$,证明:当 $a \leqslant x \leqslant b$ 时,$f(x) \equiv 0$. (大连工学院,1984)

证　因为 $f(x)$ 在闭区间 $[a, b]$ 上连续,故 $f(x)$ 在 $[a, b]$ 上存在最大值 M 和最小值 m,从而有 $x_1, x_2 \in [a, b]$,使 $f(x_1) = M, f(x_2) = m$. 由 $f(a) = f(b) = 0$,知 $m \leqslant 0 \leqslant M$.

若 $M > 0$,则 $x_1 \in (a, b)$ 且 $f(x_1) = M$ 为 $f(x)$ 的极大值,从而 $f''(x_1) \leqslant 0$,但 $f'(x_1) = 0$,故由题设知

$$f''(x_1) = f(x_1) - f'(x_1)g(x_1) = f(x_1) = M > 0$$

由此得出矛盾,因此 $M = 0$.

同理可证 $m = 0$,所以当 $a \leqslant x \leqslant b$ 时,$f(x) \equiv 0$.

方法 2　若函数 $f(x)$ 在某区间上既满足 $f(x) \geqslant 0$ 又满足 $f(x) \leqslant 0$,则在此区间上 $f(x) \equiv 0$.

这种证明方法也称为算两次原理或 Fubuni(富比尼)原则,即借助于同一个量可用两种不同方式来表示以达到解题目的的方法. 例如各类方程的建立,二重积分在一定条件下可通过交换积分顺序进行计算,等.

例 2　设 $f(x)$ 在 $[0, +\infty)$ 上连续且在 $(0, +\infty)$ 内可导. 若 $f(0) = 0, f(x) \geqslant 0$ 且 $f(x) \geqslant f'(x) (0 < x < +\infty)$,证明:$f(x) \equiv 0 (0 \leqslant x < +\infty)$. (中国科学院计算中心,1980)

证　令 $F(x) = e^{-x}f(x)$,则由题设知

$$F'(x) = -e^{-x}f(x) + e^{-x}f'(x) = e^{-x}[f'(x) - f(x)] \leqslant 0$$

故 $F(x)$ 单调递减,由于 $F(0) = 0$,于是 $f(x)e^{-x} = F(x) \leqslant 0$,从而 $f(x) \leqslant 0$.

又已知 $f(x) \geqslant 0$,所以当 $0 \leqslant x < +\infty$ 时,$f(x) \equiv 0$.

方法 3　先证明函数 $f(x)$ 的积分上限函数在某区间上恒等于零,进而证明在该区间上 $f(x) \equiv 0$.

例3 设函数 $f(x)$ 在 $(-\infty,+\infty)$ 上连续,函数 $\varphi(x)=f(x)\int_0^x f(t)\mathrm{d}t$ 在 $(-\infty,+\infty)$ 上递减,证明:在 $(-\infty,+\infty)$ 上, $f(x)\equiv0$.(上海交通大学,2002)

证 令 $F(x)=\int_0^x f(t)\mathrm{d}t$,则 $F(x)$ 在 $(-\infty,+\infty)$ 上有一阶连续导数.由题设知

$$[F^2(x)]'=2F(x)F'(x)=2f(x)\int_0^x f(t)\mathrm{d}t=2\varphi(x)$$

为 $(-\infty,+\infty)$ 上的减函数.又因 $[F^2(x)]'\big|_{x=0}=0$,故当 $x\leqslant0$ 时, $[F^2(x)]'\geqslant0$,从而 $F^2(x)$ 单调递增;当 $x>0$ 时, $[F^2(x)]'\leqslant0$,从而 $F^2(x)$ 单调递减,因此对任意的 $x\in(-\infty,+\infty)$,有

$$0\leqslant F^2(x)\leqslant F^2(0)=0$$

所以 $\int_0^x f(t)\mathrm{d}t=F(x)\equiv0$, $f(x)=F'(x)\equiv0$.

方法4 借助于函数 $f(x)$ 在 $x=0$ 处的 Taylor 展开式.若 $f^{(n)}(0)=0(n=0,1,2,\cdots)$ 且 $f(x)-\sum_{k=0}^n\dfrac{f^{(k)}(0)}{k!}x^k\to0(n\to\infty)$,则 $f(x)\equiv0$.

例4 设函数 $f(x)$ 在 $(-\infty,+\infty)$ 上无限次可微,且:

(a)存在 $M>0$,使得 $|f^{(n)}(x)|\leqslant M, \forall x\in\mathbf{R}, \forall n\in\mathbf{N}^*$;

(b) $f\left(\dfrac{1}{n}\right)=0, \forall n\in\mathbf{N}^*$.

证明: $f(x)\equiv0, \forall x\in\mathbf{R}$.(前苏联大学生数学竞赛试题,1976)

证 令 $R_n(x)=f(x)-\sum_{k=0}^n\dfrac{f^{(k)}(0)}{k!}x^k$,则存在 $0<\theta<1$,使得

$$|R_n(x)|=\left|\frac{f^{(n+1)}(\theta x)}{(n+1)!}x^{n+1}\right|\leqslant\frac{M|x|^{n+1}}{(n+1)!}\to0\quad(n\to+\infty)$$

从而 $f(x)=\sum_{n=0}^\infty\dfrac{f^{(n)}(0)}{n!}x^n, x\in(-\infty,+\infty)$.

由于函数 $f(x)$ 在 $(-\infty,+\infty)$ 上无限次可微且 $f\left(\dfrac{1}{n}\right)=0(n=1,2,\cdots)$,所以

$$f(0)=\lim_{n\to0}f\left(\frac{1}{n}\right)=0$$

于是

$$f'(0) = \lim_{n \to \infty} \frac{f\left(\dfrac{1}{n}\right) - f(0)}{\dfrac{1}{n}} = 0$$

由 Rolle 定理知存在 $\lambda_n \in \left(\dfrac{1}{n+1}, \dfrac{1}{n}\right)(n=1,2,\cdots)$ 使 $f'(\lambda_n) = 0$，因此

$$f''(0) = \lim_{n \to \infty} \frac{f'(\lambda_n) - f'(0)}{\lambda_n} = 0$$

用数学归纳法可证 $f^{(n)}(0) = 0 \ (n = 0,1,2,\cdots)$，因此 $f(x) \equiv 0, x \in \mathbf{R}$.

方法 5　延拓方法. 要证函数 $f(x)$ 在集合 X 上成立 $f(x) \equiv 0$，可先证 $f(x)$ 在 X 的某个子集上成立 $f(x) \equiv 0$，然后延拓到整个集合 X 上使 $f(x) \equiv 0$ 成立.

例 5　设函数 $f(x)$ 在 $[0, +\infty)$ 上可导，$f(0) = 0$，且 $|f'(x)| \leqslant L|f(x)|$（$L > 0$ 为常数），证明：在 $[0, +\infty)$ 上，$f(x) \equiv 0$.（前苏联大学生数学竞赛试题，1977）

证　取充分大的自然数 N，使 $\dfrac{L}{N} < 1$，并记 $x_1 = \dfrac{1}{N}$，则 $f(x)$ 在区间 $[0, x_1]$ 上连续，从而 $f(x)$ 在区间 $[0, x_1]$ 上有界，可记 $|f(x)| \leqslant M$.

对 $\forall x \in (0, x_1)$，由 Lagrange 中值定理并利用题设，有

$$|f(x)| = |f(x) - f(0)| = |f'(\xi_1)| x \leqslant \frac{L}{N}|f(\xi_1)|$$

其中 $0 < \xi_1 < x$.

同理，存在 $\xi_2 \in (0, \xi_1)$，使 $|f(\xi_1)| \leqslant \dfrac{L}{N}|f(\xi_2)|$，如此继续，则对任意自然数 n，有

$$f(x) \leqslant \frac{L}{N}|f(\xi_1)| \leqslant \left(\frac{L}{N}\right)^2 |f(\xi_2)| \leqslant \cdots \leqslant \left(\frac{L}{N}\right)^n |f(\xi_n)| \leqslant M\left(\frac{L}{N}\right)^n$$

从而 $|f(x)| \leqslant \lim\limits_{n \to \infty} M\left(\dfrac{L}{N}\right)^n = 0$，故对 $\forall x \in [0, x_1]$，$f(x) \equiv 0$.

再记 $x_2 = \dfrac{2}{N}$，同样可证明在区间 $[x_1, x_2]$ 上，$f(x) \equiv 0$.

由此逐步向右延拓得出：在 $[0, +\infty)$ 上，$f(x) \equiv 0$.

方法 6　反证法. 在某区间上证明 $f(x) \equiv 0$ 的问题属于一类肯定性问题，因而也可以从反面进行考虑，即从否定结论出发而得出矛盾以达到证题目的，这也就是反证法. 例如，例 4、例 5 均可用反证法来证明.

例 6　设函数 $f(x)$ 在 $[a, b]$ 上连续，若对 $[a, b]$ 上的任意连续函数 $g(x)$ 有

$g(a) = g(b) = 0$ 成立,且 $\int_a^b f(x)g(x)\mathrm{d}x = 0$,证明:在 $[a,b]$ 上,$f(x) \equiv 0$.

证 若 $f(x)$ 在 x_0 处不为零,不妨设 $f(x_0) > 0$,则由连续性知,存在包含 x_0 的某区间 $[x_1, x_2] \subset [a,b]$,使 $f(x) \geq \dfrac{1}{2} f(x_0) > 0$,取

$$g(x) = \begin{cases} (x-x_1)^2 (x-x_2)^2 & x_1 \leq x \leq x_2 \\ 0 & \text{其他} \end{cases}$$

则 $g(x)$ 满足题设条件,于是

$$0 = \int_a^b f(x)g(x)\mathrm{d}x = \int_{x_1}^{x_2} f(x)(x-x_1)^2(x-x_2)^2 \mathrm{d}x > 0$$

矛盾,故在 $[a,b]$ 上 $f(x) \equiv 0$.

以下问题均属函数归零问题.

1. 已知函数 $f(x)$ 在区间 $(-1,1)$ 内有二阶导数,且
$$f(0) = f'(0) = 0, \quad |f''(x)| \leq |f(x)| + |f'(x)|$$
试证:存在 $\delta > 0$,使 $(-\delta, \delta)$ 内,$f(x) \equiv 0$.

2. 设函数 $f(x)$ 在 $[a,b]$ 上连续且满足方程 $f(x) \int_a^x f(t)\mathrm{d}t = 0$,证明:在 $[a,b]$ 上 $f(x) \equiv 0$.

3. 设函数 $f(x)$ 在 $[a,b]$ 上连续且存在实数 $k > 0$,使对 $\forall x \in [a,b]$ 有
$$|f(x)| \leq k \int_a^x |f(t)| \mathrm{d}t$$
证明:在 $[a,b]$ 上 $f(x) \equiv 0$.

4. 设函数 $f(x)$ 在 $[a,b]$ 上连续,且对任意 $[\alpha, \beta] \subset [a,b]$ 有不等式
$$\left| \int_\alpha^\beta f(x)\mathrm{d}x \right| \leq M|\beta - \alpha|^{1+\delta} \quad (M, \delta > 0)$$
证明:在 $[a,b]$ 上 $f(x) \equiv 0$.(前苏联大学生数学竞赛试题,1975)

5. 设函数 $f(x)$ 在 $[0,1]$ 上可微,$f(0) = 0$ 且当 $x \in (0,1)$ 时 $f'(x) = f(\lambda x)$,其中 $0 < \lambda \leq 1$ 为常数,证明:$f(x) \equiv 0 \, (0 \leq x \leq 1)$.

6. 设 $f(x), g(x)$ 在 $[a,b]$ 上连续,$g(x)$ 在 (a,b) 内可微,且 $g(a) = 0$,若有实数 $\lambda \neq 0$ 使得
$$|g(x) \cdot f(x) + \lambda g'(x)| \leq |g(x)| \quad (x \in (a,b))$$
证明:$g(x) \equiv 0$.

7. 设 $f(x)$ 在 $(-1,1)$ 内有各阶导数且对每个 $n \geq 0$ 有 $|f^{(n)}(x)| \leq n! |x|$,证明:$f(x) \equiv 0$.

8. 令 $u(x)$ $(0 \leq x \leq 1)$ 是一个二阶导数连续的实值函数且满足微分方程 $u''(x) = e^x u(x)$.

（ⅰ）阐明若 $0 < x_0 < 1$，则 u 在 x_0 处不可能有一个正的局部极大值. 类似地，阐明 u 在 x_0 处不可能有一个负的局部极小值.

（ⅱ）假设 $u(0) = u(1) = 0$，证明：$u(x) \equiv 0$ $(0 \leq x \leq 1)$.

第 17 章　若干数学竞赛试题的注记

大家知道,国内外数学竞赛试题一般都是比较优秀的数学题目,很多数学竞赛试题就像一道道美味佳肴一样值得大家去品尝,去回味.本书在前面的内容里已经涉及不少好的竞赛试题,下面我们将从类比、推广、发现和创新的角度去探讨与若干竞赛试题相关的问题.

一、第一届全国大学生(非数学类专业)数学竞赛的一道试题

第一届全国大学生(非数学类专业)数学竞赛(2010 年)决赛试题第二题的第(1)题为:

求极限:$\lim\limits_{n \to \infty} n\left[\left(1 + \dfrac{1}{n}\right)^n - e\right]$.

问题的答案是 $-\dfrac{e}{2}$,此问题的求解并不困难,可以利用 Lagrange 中值定理,Taylor 公式或 Hospital 法则等方法得到,具体求解过程这里略去,对于这道试题,我们要讨论的是,由

$$\lim_{n \to \infty} n\left[\left(1 + \frac{1}{n}\right)^n - e\right] = -\frac{e}{2}$$

可知

$$\lim_{n \to \infty} \frac{e - \left(1 + \dfrac{1}{n}\right)^n}{\dfrac{e}{2n}} = 1 \tag{1}$$

所以,当 $n \to \infty$ 时,数列 $\left\{\left(1 + \dfrac{1}{n}\right)^n\right\}$ 收敛于 e 的速度和数列 $\left\{\dfrac{e}{2n}\right\}$ 收敛于 0 的速度是相同的.大家知道,当 $n \to \infty$ 时,数列 $\left\{\left(1 + \dfrac{1}{n}\right)^n\right\}$ 单调递增收敛于 e;数列 $\left\{\left(1 + \dfrac{1}{n}\right)^{n+1}\right\}$ 单调递减收敛于 e;数列 $\left\{\left(1 - \dfrac{1}{n}\right)^n\right\}$ 单调递增收敛于 $\dfrac{1}{e}$;数列 $\left\{1 + 1 + \dfrac{1}{2!} + \dfrac{1}{3!} + \cdots + \dfrac{1}{n!}\right\}$ 单调递增收敛于 e,因而对于后三个数列也应该存在类

似于式(1)的极限式,经计算可知

$$\lim_{n \to \infty} \frac{\left(1 + \dfrac{1}{n}\right)^{n+1} - e}{\dfrac{e}{2n}} = 1 \tag{2}$$

$$\lim_{n \to \infty} \frac{\dfrac{1}{e} - \left(1 - \dfrac{1}{n}\right)^{n}}{\dfrac{1}{2ne}} = 1 \tag{3}$$

$$\lim_{n \to \infty} \frac{e - \left(1 + 1 + \dfrac{1}{2!} + \dfrac{1}{3!} + \cdots + \dfrac{1}{n!}\right)}{\dfrac{1}{(n+1)!}} = 1 \tag{4}$$

所以,当 $n \to \infty$ 时,数列 $\left\{\left(1 + \dfrac{1}{n}\right)^{n+1}\right\}$ 收敛于 e 的速度和数列 $\left\{\dfrac{e}{2n}\right\}$ 收敛于 0 的速度相同;数列 $\left\{\left(1 - \dfrac{1}{n}\right)^{n}\right\}$ 收敛于 $\dfrac{1}{e}$ 的速度和数列 $\left\{\dfrac{1}{2ne}\right\}$ 收敛于 0 的速度相同;数列 $\left\{1 + 1 + \dfrac{1}{2!} + \dfrac{1}{3!} + \cdots + \dfrac{1}{n!}\right\}$ 收敛于 e 的速度和数列 $\left\{\dfrac{1}{(n+1)!}\right\}$ 收敛于 0 的速度相同. 事实上,我们还可以在更广泛的范围内讨论这些极限,所得结论是:

设 $t > 0$ 为常数,则有

$$\lim_{n \to \infty} n\left[e^{t} - \left(1 + \frac{t}{n}\right)^{n}\right] = \frac{t^2}{2}e^{t} \tag{5}$$

$$\lim_{n \to \infty} n\left[\left(1 + \frac{t}{n}\right)^{n+1} - e^{t}\right] = \left(t - \frac{t^2}{2}\right)e^{t} \tag{6}$$

$$\lim_{n \to \infty} n\left[e^{-t} - \left(1 - \frac{t}{n}\right)^{n}\right] = \frac{t^2}{2}e^{-t} \tag{7}$$

设 t 为常数且满足 $0 < t \leqslant 1$,则有

$$\lim_{n \to \infty} \left\{\frac{(n+1)!}{t^{n+1}}\left[e^{t} - \left(1 + t + \frac{t^2}{2!} + \frac{t^3}{3!} + \cdots + \frac{t^n}{n!}\right)\right]\right\} = 1 \tag{8}$$

由于式(5),(6),(7)的证明方法类似,因此我们仅给出式(6)及式(8)的证明.

利用 Hospital 法则

$$\lim_{x \to 0^+} \frac{(1+tx)^{1+\frac{1}{x}} - e^{t}}{x} = e^{t} \lim_{x \to 0^+} \frac{t(x^2 + x) - (1+tx)\ln(1+tx)}{x^2}$$

$$= e^t \lim_{x \to 0^+} \frac{t(2x+1) - t\ln(1+tx) - t}{2x} = \left(t - \frac{t^2}{2}\right)e^t$$

在上式中令 $x = \dfrac{1}{n}$ 即可得到式(6).

对于任意实数 t,有

$$e^t = \sum_{m=0}^{\infty} \frac{t^m}{m!}$$

从而

$$e^t - \sum_{m=0}^{n} \frac{t^m}{m!} = \frac{t^{n+1}}{(n+1)!} + \frac{t^{n+2}}{(n+2)!} + \frac{t^{n+3}}{(n+3)!} + \frac{t^{n+4}}{(n+4)!} + \cdots$$

由于当 $0 < t \leq 1$ 时

$$\frac{t^{n+1}}{(n+1)!} + \frac{t^{n+2}}{(n+2)!} + \frac{t^{n+3}}{(n+3)!} + \frac{t^{n+4}}{(n+4)!} + \cdots$$

$$< \frac{t^{n+1}}{(n+1)!} \left[1 + \frac{1}{n+2} + \frac{1}{(n+2)^2} + \frac{1}{(n+2)^3} + \cdots\right]$$

$$= \frac{t^{n+1}}{(n+1)!} \cdot \frac{1}{1 - \frac{1}{n+2}} = \frac{t^{n+1}}{(n+1)!} \cdot \frac{n+2}{n+1}$$

又显然 $e^t - \displaystyle\sum_{m=0}^{n} \frac{t^m}{m!} > \frac{t^{n+1}}{(n+1)!}$,所以当 $0 < t \leq 1$ 时

$$1 < (n+1)! \left[\frac{e^t - \displaystyle\sum_{m=1}^{n} \frac{t^m}{m!}}{t^{n+1}}\right] < \frac{n+2}{n+1}$$

令 $n \to \infty$,由 $\displaystyle\lim_{n \to \infty} \frac{n+2}{n+1} = 1$ 及关于数列极限的夹逼准则,即可得到式(8).

特别在式(5),(6),(7),(8)中取 $t = 1$ 即得极限式(1),(2),(3),(4).

二、第二届全国大学生(非数学专业)数学竞赛的一道试题

第二届全国大学生(非数学类专业)数学竞赛(2011 年)决赛试题的第三题为:

设函数 $f(x)$ 在 $x = 0$ 的某邻域内有二阶连续导数,且 $f(0), f'(0), f''(0)$ 均不为零,证明:存在唯一一组实数 k_1, k_2, k_3,使得

$$\lim_{k \to 0} \frac{k_1 f(h) + k_2 f(2h) + h_3 f(3h) - f(0)}{h^2} = 0$$

这道试题的一般提法为:

设函数 $f(x)$ 在 $x = 0$ 附近有连续的 n 阶导数且 $f^{(k)}(0) \neq 0, k = 0, 1, 2, \cdots, n.$ 若

$p_1, p_2, \cdots, p_{n+1}$ 为一组两两互异的实数,证明:存在唯一的一组实数 $\lambda_1, \lambda_2, \cdots, \lambda_{n+1}$,使得当 $h \to 0$ 时,$\sum\limits_{i=1}^{n+1} \lambda_i f(p_i h) - f(0)$ 是比 h^n 高阶的无穷小.

证明如下

由题设条件,可得 $f(p_i h)(i = 1, 2, \cdots, n+1)$ 在 $x = 0$ 处带有 Peano 余项的 Maclaurin 展开式

$$f(p_1 h) = \sum_{k=0}^{n} \frac{p_1^k h^k}{k!} f^{(k)}(0) + o(h^n)$$

$$f(p_2 h) = \sum_{k=0}^{n} \frac{p_2^k h^k}{k!} f^{(k)}(0) + o(h^n)$$

$$\vdots$$

$$f(p_{n+1} h) = \sum_{k=0}^{n} \frac{p_{n+1}^k h^k}{k!} f^{(k)}(0) + o(h^n)$$

上面的第 1 式 $\times \lambda_1$,第 2 式 $\times \lambda_2, \cdots$,第 $n+1$ 式 $\times \lambda_{n+1}$,然后相加,等式两边再减去 $f(0)$,得

$$\sum_{i=1}^{n+1} \lambda_i f(p_i h) - f(0) = \left(\sum_{i=1}^{n+1} \lambda_i - 1 \right) f(0) + \sum_{k=1}^{n} \left(\sum_{i=1}^{n+1} \lambda_i p_i^k \right) \frac{f^{(k)}(0)}{k!} h^k + o(h^n)$$

考虑以 $\lambda_1, \lambda_2, \cdots, \lambda_{n+1}$ 为未知数的线性方程组

$$\begin{cases} \lambda_1 + \lambda_2 + \cdots + \lambda_{n+1} = 1 \\ p_1 \lambda_1 + p_2 \lambda_2 + \cdots + p_{n+1} \lambda_{n+1} = 0 \\ p_1^2 \lambda_1 + p_2^2 \lambda_2 + \cdots + p_{n+1}^2 \lambda_{n+1} = 0 \\ \vdots \\ p_1^n \lambda_1 + p_2^n \lambda_2 + \cdots + p_{n+1}^n \lambda_{n+1} = 0 \end{cases}$$

其系数行列式

$$V = \begin{vmatrix} 1 & 1 & \cdots & 1 \\ p_1 & p_2 & \cdots & p_{n+1} \\ p_1^2 & p_2^2 & \cdots & p_{n+1}^2 \\ \vdots & \vdots & & \vdots \\ p_1^n & p_2^n & \cdots & p_{n+1}^n \end{vmatrix} = \prod_{1 \leqslant i < j \leqslant n+1} (p_j - p_i)$$

为 $n+1$ 阶 Vandermonde 行列式,由于 p_i, p_j 两两互异 $(i, j = 1, 2, \cdots, n+1; i \neq j)$,故 $V \neq 0$,从而上面的线性方程组有唯一解,即存在唯一的一组实数 $\lambda_1, \lambda_2, \cdots, \lambda_{n+1}$,使得当 $h \to 0$ 时,$\sum\limits_{i=1}^{n+1} \lambda_i f(p_i h) - f(0)$ 是比 h^n 高阶的无穷小.

三、第四届北京市大学生(非数学专业)数学竞赛的一道试题

第四届北京市大学生(非数学专业)数学竞赛(1992 年)试题的第八题为:

若函数 $f(x)$ 对于一切 $u \neq v$ 均有

$$\frac{f(u) - f(v)}{u - v} = \alpha f'(u) + \beta f'(v)$$

其中, $\alpha, \beta > 0, \alpha + \beta = 1$,试求 $f(x)$ 的表达式.

解法 1 因为

$$\frac{f(u) - f(v)}{u - v} = \alpha f'(u) + \beta f'(v) \tag{9}$$

交换 u, v 可得

$$\frac{f(v) - f(u)}{v - u} = \alpha f'(v) + \beta f'(u) \tag{10}$$

式(9) $-$ (10),可得

$$(\alpha - \beta)[f'(u) - f'(v)] = 0$$

当 $\alpha \neq \beta$ 时,由 u, v 的任意性知 $f'(x)$ 为常数,所以 $f(x)$ 是线性函数

$$f(x) = ax + b \quad (a, b \text{ 为常数})$$

另一方面,对于任意线性函数 $f(x) = ax + b$,有

$$\frac{f(u) - f(v)}{u - v} = \frac{(au + b) - (av + b)}{u - v} = a = \frac{1}{3}a + \frac{2}{3}a$$

$$= \frac{1}{3}f'(u) + \frac{2}{3}f'(v) \quad (\alpha = \frac{1}{3}, \beta = \frac{2}{3})$$

满足题意.

当 $\alpha = \beta = \dfrac{1}{2}$ 时,对于 $x, h \in \mathbf{R}, h \neq 0$,取 $u = x + h, v = x - h$,则由题设知

$$\frac{f(u) - f(v)}{u - v} = \frac{f(x + h) - f(x - h)}{(x + h) - (x - h)} = \frac{1}{2}f'(x + h) + \frac{1}{2}f'(x - h)$$

从而

$$f(x + h) - f(x - h) = [f'(x + h) + f'(x - h)]h$$

上式两边对 h 求导数,得

$$f'(x + h) + f'(x - h) = f'(x + h) + f'(x - h) + [f''(x + h) - f''(x - h)]h$$

即有

$$h[f''(x + h) - f''(x - h)] = 0$$

由 $h \neq 0$ 及 x, h 的任意性,所以 $f''(x)$ 为常数,因此 $f(x)$ 是二次函数: $f(x) = ax^2 +$

$bx + c(a, b, c$ 为常数$)$.

另一方面,对于任意二次函数 $f(x) = ax^2 + bx + c$,有

$$\frac{f(u) - f(v)}{u - v} = \frac{(au^2 + bu + c) - (av^2 + bv + c)}{u - v} = a(u + v) + b$$

$$= \frac{1}{2}(2au + b) + \frac{1}{2}(2av + b) = \frac{1}{2}f'(u) + \frac{1}{2}f'(v) \quad (\alpha = \beta = \frac{1}{2})$$

满足题意.

解法 2　若 $f'(x) = a(a$ 为常数$)$,则 $f(x)$ 为线性函数: $f(x) = ax + b$.

若 $f'(x)$ 不恒为常数,则至少存在两点 x_1, x_2,使 $f'(x_1) \neq f'(x_2)$. 在式(9)中分别令 $u = x_1, v = x_2$ 及 $u = x_2, v = x_1$,可得

$$\frac{f(x_1) - f(x_2)}{x_1 - x_2} = \alpha f'(x_1) + \beta f'(x_2)$$

$$\frac{f(x_2) - f(x_1)}{x_2 - x_1} = \alpha f'(x_2) + \beta f'(x_1)$$

两式相减并整理,得

$$(\beta - \alpha)[f'(x_2) - f'(x_1)] = 0$$

因为 $f'(x_1) \neq f'(x_2)$,故必有 $\alpha = \beta = \frac{1}{2}$. 由此,问题的条件可改为:对任意不同的两点 u, v,均有

$$\frac{f(u) - f(v)}{u - v} = \frac{1}{2}[f'(u) + f'(v)] \tag{11}$$

在式(11)中取 $u = x$(变量)$, v = 0$,并设 $f(0) = c, f'(0) = b$,代入式(11),可得

$$\frac{f(x) - c}{x} = \frac{1}{2}[f'(x) + b]$$

上式可视为 $f(x)$ 的一阶线性微分方程,解此方程可得: $f(x) = ax^2 + bx + c(a, b, c$ 为常数$)$,即 $f(x)$ 为二次函数.

当 $f(x)$ 为线性函数或二次函数时,同解法 1,可以验证 $f(x)$ 均满足式(9).

解法 3　同解法 2 前半部分,以下只要证明:当 $f'(x)$ 不恒为常数且对任意不同的两点 u, v,均有

$$\frac{f(u) - f(v)}{u - v} = \frac{1}{2}[f'(u) + f'(v)]$$

时, $f(x)$ 必为二次函数,因而只要证明 $f'(x)$ 必为线性函数.

设 x_1, x_2, x_3 为任意三个互不相同的点,分别将 $x_1, x_2; x_1, x_3; x_2, x_3$ 代入式(11),可得

$$\frac{f(x_1) - f(x_2)}{x_1 - x_2} = \frac{1}{2}[f'(x_1) + f'(x_2)] \tag{12}$$

$$\frac{f(x_1) - f(x_3)}{x_1 - x_3} = \frac{1}{2}[f'(x_1) + f'(x_3)] \tag{13}$$

$$\frac{f(x_2) - f(x_3)}{x_2 - x_3} = \frac{1}{2}[f'(x_2) + f'(x_3)] \tag{14}$$

式(12) - (13)并除以 $x_2 - x_3$,以及式(13) - (14)并除以 $x_1 - x_2$,整理后可得

$$\frac{f(x_1)}{(x_1 - x_2)(x_1 - x_3)} + \frac{f(x_2)}{(x_2 - x_1)(x_2 - x_3)} + \frac{f(x_3)}{(x_3 - x_1)(x_3 - x_2)}$$

$$= \frac{1}{2}\frac{f'(x_1) - f'(x_2)}{x_1 - x_2} = \frac{1}{2}\frac{f'(x_1) - f'(x_3)}{x_1 - x_3}.$$

由 x_1, x_2, x_3 的任意性及上式可知,曲线 $y = f'(x)$ 上任意两点的连线的斜率相同,故 $f'(x)$ 必为线性函数,从而 $f(x)$ 为二次函数.

当 $f(x)$ 为线性函数或二次函数时,同解法 1,可以验证 $f(x)$ 均满足式(9).

下面对这道试题作出推广并以命题的形式给出.

命题 1 设函数 $f(x)$ 在 $(-\infty, +\infty)$ 上有直到 n 阶导数,且对任意的 $n+1$ 个互不相同的点 $x_0, x_1, \cdots, x_n$,等式

$$\sum_{i=0}^{n} \frac{f(x_i)}{(x_i - x_0)\cdots(x_i - x_{i-1})(x_i - x_{i+1})\cdots(x_i - x_n)} = \sum_{i=0}^{n} \alpha_i f^{(n)}(x_i) \tag{15}$$

成立,其中 $\alpha_0, \alpha_1, \cdots, \alpha_n$ 为给定的 $n+1$ 个常数,则 $f(x)$ 必为 $n+1$ 次多项式.

为证明上述命题,我们需要下面的引理.

引理 1:设函数 $f(x)$ 在 $(-\infty, +\infty)$ 上 n 阶可导,且对任意的 $n+1$ 个互不相同的点 $x_0, x_1, \cdots, x_n$,式(15)成立,其中 $\alpha_0, \alpha_1, \cdots, \alpha_n$ 为 $n+1$ 个常数,若 $f^{(n)}(x)$ 不恒为常数,则必有 $\alpha_0 = \alpha_1 = \cdots = \alpha_n$.

证:因为 $f^{(n)}(x)$ 不恒为常数,故一定存在不同的两点 u, v,使 $f^{(n)}(u) \neq f^{(n)}(v)$,分别令 $x_0 = u, x_1 = v$,而 $x_2, \cdots, x_n$ 为任意 $n-1$ 个与 u, v 不同的点且 $x_2, \cdots, x_n$ 互不相同,则由式(15)知

$$\frac{f(u)}{(u - v)(u - x_2)\cdots(u - x_n)} + \frac{f(v)}{(v - u)(v - x_2)\cdots(v - x_n)} + \cdots +$$

$$\frac{f(x_n)}{(x_n - u)(x_n - v)\cdots(x_n - x_{n-1})} = \alpha_0 f^{(n)}(u) + \alpha_1 f^{(n)}(v) + \sum_{i=2}^{n} \alpha_i f^{(n)}(x_i) \tag{16}$$

同理,取 $x_0 = v, x_1 = u$,而 $x_2, \cdots, x_n$ 仍为前面所取的 $n-1$ 个点,将它们代入式(15),可得

$$\frac{f(v)}{(v-u)(v-x_2)\cdots(v-x_n)} + \frac{f(u)}{(u-v)(u-x_2)\cdots(u-x_n)} + \cdots +$$

$$\frac{f(x_n)}{(x_n-v)(x_n-u)\cdots(x_n-x_{n-1})} = \alpha_0 f^{(n)}(v) + \alpha_1 f^{(n)}(u) + \sum_{i=2}^{n} f^{(n)}(x_i) \quad (17)$$

式(16) - (17),可得

$$(\alpha_0 - \alpha_1)[f^{(n)}(u) - f^{(n)}(v)] = 0$$

因为 $f^{(n)}(u) \neq f^{(n)}(v)$,所以 $\alpha_0 = \alpha_1$,同理可得,$\alpha_0 = \alpha_1 = \alpha_2 = \cdots = \alpha_n$.

命题 1 的证明

(i)若 $f^{(n)}(x) \equiv k$(k 为常数),则 $f(x)$ 是一个次数不超过 n 的多项式,命题成立.

(ii)若 $f^{(n)}(x)$ 不恒为常数,则由引理 1 可知,必有 $\alpha_0 = \alpha_1 = \cdots = \alpha_n = \alpha$. 这时命题的条件可设为,对任意 $n+1$ 个互不相同的点 $x_0, x_1, \cdots, x_n$,有

$$\sum_{i=0}^{n} \frac{f(x_i)}{(x_i-x_0)\cdots(x_i-x_{i-1})(x_i-x_{i+1})\cdots(x_i-x_n)} = \alpha \sum_{i=0}^{n} f^{(n)}(x_i) \quad (18)$$

若记

$$f(x_0, x_1, \cdots, x_n) = \sum_{i=0}^{n} \frac{f(x_i)}{(x_i-x_0)\cdots(x_i-x_{i-1})(x_i-x_{i+1})\cdots(x_i-x_n)}$$

则式(18)即为

$$f(x_0, x_1, \cdots, x_n) = \alpha \sum_{i=0}^{n} f^{(n)}(x_i) \quad (19)$$

设 $x_0, x_1, \cdots, x_n, x_{n+1}$ 是 $n+2$ 个任意的互不相同的点,分别将 $x_0, x_1, \cdots, x_{n-1}$,$x_{n+1}$ 及 $x_1, x_2, \cdots, x_n, x_{n+1}$ 代入式(19),可得

$$f(x_0, x_1, \cdots, x_{n-1}, x_{n+1}) = \alpha \sum_{i=0}^{n-1} f^{(n)}(x_i) + \alpha f^{(n)}(x_{n+1}) \quad (20)$$

$$f(x_1, x_2, \cdots, x_n, x_{n+1}) = \alpha \sum_{i=1}^{n+1} f^{(n)}(x_i) \quad (21)$$

式(19) - (20)并除以 $x_n - x_{n+1}$,经计算可得

$$f(x_0, x_1, \cdots, x_n, x_{n+1}) = \alpha \frac{f^{(n)}(x_n) - f^{(n)}(x_{n+1})}{x_n - x_{n+1}}$$

式(20) - (21)并除以 $x_n - x_0$,经计算可得

$$f(x_0, x_1, \cdots, x_n, x_{n+1}) = \alpha \frac{f^{(n)}(x_n) - f^{(n)}(x_0)}{x_n - x_0}$$

从而对任意的三点 x_0, x_n, x_{n+1},均有

$$\frac{f^{(n)}(x_n) - f^{(n)}(x_{n+1})}{x_n - x_{n+1}} = \frac{f^{(n)}(x_n) - f^{(n)}(x_0)}{x_n - x_0}$$

由此知 $f^{(n)}(x)$ 为线性函数，因此 $f(x)$ 为 $n+1$ 次多项式．

注 （i）$f(x_0, x_1, \cdots, x_n)$ 事实上为函数 $f(x)$ 在点 $x_0, x_1, \cdots, x_n$ 处的 n 阶差商，$f(x_0, x_1, \cdots, x_n, x_{n+1})$ 为 $f(x)$ 在点 $x_0, x_1, \cdots, x_n, x_{n+1}$ 处的 $n+1$ 阶差商．

（ii）可以验证，若 $f(x)$ 为次数低于 n 的多项式时，命题 1 中的常数 $\alpha_0, \alpha_1, \cdots, \alpha_n$ 可以任意取值；若 $f(x)$ 恰为 n 次多项式时，只要取满足关系式 $\sum_{i=0}^{n} \alpha_i = \dfrac{1}{n!}$ 的任意一组常数即可；而当 $f(x)$ 为 $n+1$ 次多项式时，必有 $\alpha_0 = \alpha_1 = \cdots = \alpha_n = \dfrac{1}{(n+1)!}$．

四、陕西省第八次大学生高等数学竞赛的一道试题

陕西省第八次大学生高等数学竞赛（2010 年）试题的第（22）题为：

设 $x_1 \in (0, 1)$，$x_{n+1} = x_n(1 - x_n)$（$n = 1, 2, \cdots$），证明级数 $\sum\limits_{n=1}^{\infty} (-1)^n x_n$ 收敛．

试题的求解并不困难，具体过程如下：

由 $x_1 \in (0, 1)$，$x_{n+1} = x_n(1 - x_n)$ 及数学归纳法知 $x_n \in (0, 1)$（$n = 1, 2, \cdots$），故数列 $\{x_n\}$ 有界．

又 $x_{n+1} - x_n = -x_n^2 < 0$，所以数列 $\{x_n\}$ 单调递减，因此 $\lim\limits_{n \to \infty} x_n$ 存在．

设 $\lim\limits_{n \to \infty} x_n = a$，由 $x_{n+1} = x_n(1 - x_n)$ 得 $a = a(1 - a)$，所以 $\lim\limits_{n \to \infty} x_n = a = 0$. 故由交错级数的 Leibniz 判别法知级数 $\sum\limits_{n=1}^{\infty} (-1)^n x_n$ 收敛．

对于这道试题，一个比较自然的问题就是级数 $\sum\limits_{n=1}^{\infty} x_n$ 是否收敛亦即级数 $\sum\limits_{n=1}^{\infty} (-1)^n x_n$ 是否绝对收敛？事实上，我们还可以考虑如下更为一般的问题．

设 p 为实数，若由递推公式 $x_{n+1} = f(x_n)$ 所确定的数列 $\{x_n\}$ 满足 $x_n > 0$（$n = 1, 2, \cdots$）且 $\lim\limits_{n \to \infty} x_n = 0$，讨论级数 $\sum\limits_{n=1}^{\infty} x_n^p$ 的敛散性．

为了判定这一类级数的敛散性，我们需要第 2 章的一个结果．

定理 设函数 $f(x)$ 在 $[0, +\infty)$ 上连续，且 $0 \leqslant f(x) < x$，$x \in (0, +\infty)$，对任意的 $x_1 > 0$，定义数列：$x_{n+1} = f(x_n)$（$n = 1, 2, \cdots$）．若存在正数 $m > 0$，使

$$\lim_{x \to 0^+} \frac{[xf(x)]^m}{x^m - [f(x)]^m} = l \quad (l \text{ 为常数}) \tag{22}$$

成立,则有 $\lim\limits_{n\to\infty} n x_n^m = l$.

在式(22)中取 $m=1, f(x)=x(1-x)$,因为

$$\lim_{x\to 0^+}\frac{xf(x)}{x-f(x)}=\lim_{x\to 0^+}\frac{x^2-x^3}{x^2}=1$$

所以 $\lim\limits_{n\to\infty} n x_n = 1$,故由正项级数比较判别法的极限形式知,当 $p>1$ 时级数 $\sum\limits_{n=1}^{\infty}(-1)^n x^p$ 绝对收敛,当 $0<p\leq 1$ 时条件收敛.特别当 $p=1$ 时即得前面试题的结论.事实上,还可以证明更一般的结果:

若 $x_1\in(0,1), 0<q\leq 1, \alpha>0, x_{n+1}=x_n(1-qx_n^\alpha)(n=1,2,\cdots)$,则级数 $\sum\limits_{n=1}^{\infty}(-1)^n x_n^p$ 当 $p>1$ 时绝对收敛,当 $0<p\leq 1$ 时条件收敛,当 $p\leq 0$ 时发散.

下面再给出几个例子.

例 1　设 $0<x_1<\pi, x_{n+1}=\sin x_n(n=1,2,\cdots)$,证明:

(i) $\lim\limits_{n\to\infty} x_n = 0$;

(ii)级数 $\sum\limits_{n=1}^{\infty} x_n^p$ 当 $p>2$ 时收敛,当 $p\leq 2$ 时发散.(吉林大学,1982)

证　易知 $x_n>0(n=1,2,\cdots)$.在式(22)中取 $m=2, f(x)=\sin x=x-\dfrac{x^3}{6}+o(x^3)$,因为

$$\lim_{x\to 0^+}\frac{[xf(x)]^2}{x^2-[f(x)]^2}=\lim_{x\to 0^+}\frac{x^2\left(x-\dfrac{x^3}{6}+o(x^3)\right)^2}{x^2-\left(x-\dfrac{x^3}{6}+o(x^3)\right)^2}=3$$

所以 $\lim\limits_{n\to\infty} n x_n^2 = 3$,从而 $\lim\limits_{n\to\infty} x_n = 0$ 且有 $\lim\limits_{n\to\infty}(n x_n^2)^{\frac{p}{2}}=3^{\frac{p}{2}}$.由此知级数 $\sum\limits_{n=1}^{\infty} x_n^p$ 与 $\sum\limits_{n=1}^{\infty}\left(\dfrac{1}{n}\right)^{\frac{p}{2}}$ 有相同的敛散性.因此当 $p>2$ 时级数 $\sum\limits_{n=1}^{\infty} x_n^p$ 收敛,$p\leq 2$ 时级数发散.

例 2　设 $x_1>0, x_{n+1}=\ln(1+x_n)(n=1,2,\cdots)$,证明:当 $p>1$ 时级数 $\sum\limits_{n=1}^{\infty} x_n^p$ 收敛,当 $p\leq 1$ 时级数 $\sum\limits_{n=1}^{\infty} x_n^p$ 发散.

证　易知 $x_n>0(n=1,2,\cdots)$,在式(22)中取 $m=1, f(x)=\ln(1+x)$,因为

$$\lim_{x\to 0^+}\frac{xf(x)}{x-f(x)}=\lim_{x\to 0^+}\frac{x\left(x-\dfrac{x^2}{2}+o(x^2)\right)}{x-\left(x-\dfrac{x^2}{2}+o(x^2)\right)}=2$$

所以 $\lim\limits_{n\to\infty}nx_n=2$，从而 $\lim\limits_{n\to\infty}(nx_n)^p=2^p$，故由正项级数比较判别法的极限形式知，当 $p>1$ 时级数 $\sum\limits_{n=1}^{\infty}x_n^p$ 收敛，当 $p\leqslant 1$ 时级数 $\sum\limits_{n=1}^{\infty}x_n^p$ 发散.

例3 设 $x_1>0,\alpha>1,x_{n+1}=\dfrac{x_n}{1+x_n^{\alpha}}(n=1,2,\cdots)$，证明：当 $p>\alpha$ 时级数 $\sum\limits_{n=1}^{\infty}x_n^p$ 收敛，当 $p\leqslant\alpha$ 时级数 $\sum\limits_{n=1}^{\infty}x_n^p$ 发散.

证 易知 $x_n>0(n=1,2,\cdots)$. 在式(22)中取 $m=\alpha,f(x)=\dfrac{x}{1+x^{\alpha}}$，因为

$$\lim_{x\to 0^+}\frac{[xf(x)]^{\alpha}}{x^{\alpha}-[f(x)]^{\alpha}}=\lim_{x\to 0^+}\frac{x^{2\alpha}(1+x^{\alpha})^{-\alpha}}{x^{\alpha}-x^{\alpha}(1+x^{\alpha})^{-\alpha}}=\lim_{x\to 0^+}\frac{x^{\alpha}(1-\alpha x^{\alpha}+o(x^{\alpha}))}{1-(1-\alpha x^{\alpha}+o(x^{\alpha}))}=\frac{1}{\alpha}$$

所以 $\lim\limits_{n\to\infty}nx_n^{\alpha}=\dfrac{1}{\alpha}$ 或 $\lim\limits_{n\to\infty}(n^{\frac{p}{\alpha}}x_n^p)^{\frac{\alpha}{p}}=\dfrac{1}{\alpha}$，由此知级数 $\sum\limits_{n=1}^{\infty}x_n^p$ 与 $\sum\limits_{n=1}^{\infty}\left(\dfrac{1}{n}\right)^{\frac{p}{\alpha}}$ 有相同的敛散性，因此当 $p>\alpha$ 时级数 $\sum\limits_{n=1}^{\infty}x_n^p$ 收敛，当 $p\leqslant\alpha$ 时级数 $\sum\limits_{n=1}^{\infty}x_n^p$ 发散.

例4 设 $x_1>0,r>1$ 为自然数，$x_{n+1}=\dfrac{x_n}{\sqrt[r]{1+x_n^r}}(n=1,2,\cdots)$，证明：当 $p>r$ 时级数 $\sum\limits_{n=1}^{\infty}x_n^p$ 收敛，当 $p\leqslant r$ 时级数 $\sum\limits_{n=1}^{\infty}x_n^p$ 发散.

证 易知 $x_n>0(n=1,2,\cdots)$，在式(22)中取 $m=r,f(x)=\dfrac{x}{\sqrt[r]{1+x^r}}$，因为

$$\lim_{x\to 0^+}\frac{[xf(x)]^r}{x^r-[f(x)]^r}=\lim_{x\to 0^+}\frac{x^{2r}(1+x^r)^{-1}}{x^r-x^r(1+x^r)^{-1}}$$
$$=\lim_{x\to 0^+}\frac{x^r(1-x^r+o(x^r))}{1-(1-x^r+o(x^r))}=1$$

所以 $\lim\limits_{n\to\infty}nx_n^r=1$ 或 $\lim\limits_{n\to\infty}(n^{\frac{p}{r}}x_n^p)^{\frac{r}{p}}=1$，由此知级数 $\sum\limits_{n=1}^{\infty}x_n^p$ 与 $\sum\limits_{n=1}^{\infty}\left(\dfrac{1}{n}\right)^{\frac{p}{r}}$ 有相同的敛散性，因此当 $p>r$ 时级数 $\sum\limits_{n=1}^{\infty}x_n^p$ 收敛，当 $p\leqslant r$ 时级数 $\sum\limits_{n=1}^{\infty}x_n^p$ 发散.

以下类似问题可做练习之用.

（ⅰ）设 $x_1 > 0$，$x_{n+1} = \dfrac{x_n}{\sqrt{1+x_n}}$（$n = 1,2,\cdots$），证明：当 $p > 1$ 时级数 $\displaystyle\sum_{n=1}^{\infty} x_n^p$ 收敛，

当 $p \leqslant 1$ 时级数 $\displaystyle\sum_{n=1}^{\infty} x_n^p$ 发散.

（ⅱ）设 $x_1 > 0$，$x_{n+1} = \arctan x_n$（$n = 1,2,\cdots$），证明：当 $p > 2$ 时级数 $\displaystyle\sum_{n=1}^{\infty} x_n^p$ 收敛，

当 $p \leqslant 2$ 时级数 $\displaystyle\sum_{n=1}^{\infty} x_n^p$ 发散.

（ⅲ）设 $x_1 > 0$，$x_{n+1} = 1 - \mathrm{e}^{-x_n}$（$n = 1,2,\cdots$），证明：当 $p > 1$ 时级数 $\displaystyle\sum_{n=1}^{\infty} x_n^p$ 收敛，

当 $p \leqslant 1$ 时级数 $\displaystyle\sum_{n=1}^{\infty} x_n^p$ 发散.

五、湖南省大学生数学竞赛的一道试题

2006 年湖南省大学生数学竞赛数学专业试题的 $A-2$ 题为：

设 $x \in \mathbf{R}$，$|x| \leqslant 1$，证明不等式

$$\left| \frac{\sin x}{x} - 1 \right| \leqslant \frac{x^2}{5} \tag{23}$$

$$\left| \frac{x}{\sin x} - 1 \right| \leqslant \frac{x^2}{4} \tag{24}$$

解答如下

当 $|x| \leqslant 1$ 时，由 $\sin x$ 的幂级数展开式，得

$$\left| \frac{\sin x}{x} - 1 \right| = \left| \sum_{n=1}^{\infty} (-1)^n \frac{x^{2n}}{(2n+1)!} \right| \leqslant \sum_{n=1}^{\infty} \frac{x^{2n}}{(2n+1)!} \leqslant x^2 \sum_{n=1}^{\infty} \frac{1}{(2n+1)!}$$

$$\leqslant x^2 \left[\mathrm{e} - 1 - 1 - \sum_{n=1}^{\infty} \frac{1}{(2n)!} \right] \leqslant x^2 \left(\mathrm{e} - 2 - \frac{1}{2!} - \frac{1}{4!} \right) \leqslant \frac{x^2}{5}$$

由式（23）得 $\left| \dfrac{\sin x}{x} - 1 \right| \leqslant \dfrac{1}{5}$，故

$$\left| \frac{\sin x}{x} \right| \geqslant 1 - \left| \frac{\sin x}{x} - 1 \right| \geqslant \frac{4}{5}$$

从而

$$\left| \frac{x}{\sin x} - 1 \right| = \left| \frac{\sin x}{x} - 1 \right| \bigg/ \left| \frac{\sin x}{x} \right| \leqslant \frac{x^2}{5} \cdot \frac{5}{4} = \frac{x^2}{4}$$

通过对不等式（23），（24）的类比，我们可以得到若干类似的不等式，相关结论

以命题形式给出.

命题 2 设 $x \in \mathbf{R}$, $|x| \leqslant 1$, 则有

$$\left| \frac{1 - \cos x}{x^2} - \frac{1}{2} \right| \leqslant \frac{x^2}{20} \tag{25}$$

$$\left| \frac{x^2}{1 - \cos x} - 2 \right| \leqslant \frac{2}{9} x^2 \tag{26}$$

$$\left| \frac{\operatorname{sh} x}{x} - 1 \right| \leqslant \frac{x^2}{5} \tag{27}$$

$$\left| \frac{x}{\operatorname{sh} x} - 1 \right| \leqslant \frac{x^2}{4} \tag{28}$$

$$\left| \frac{\operatorname{ch} x - 1}{x^2} - \frac{1}{2} \right| \leqslant \frac{x^2}{20} \tag{29}$$

$$\left| \frac{x^2}{\operatorname{ch} x - 1} - 2 \right| \leqslant \frac{2}{9} x^2 \tag{30}$$

$$\left| \frac{\tan x}{x} - 1 \right| \leqslant (\tan 1 - 1) x^2 \tag{31}$$

$$\left| \frac{x}{\tan x} - 1 \right| \leqslant \frac{\tan 1 - 1}{2 - \tan 1} x^2 \tag{32}$$

$$\left| \frac{\arcsin x}{x} - 1 \right| \leqslant \left(\frac{\pi}{2} - 1 \right) x^2 \tag{33}$$

$$\left| \frac{x}{\arcsin x} - 1 \right| \leqslant \frac{\dfrac{\pi}{2} - 1}{2 - \dfrac{\pi}{2}} x^2 \tag{34}$$

$$\left| \frac{\operatorname{arsh} x}{x} - 1 \right| \leqslant \left[\frac{1}{2} (e - e^{-1} - 1) \right] x^2 \tag{35}$$

$$\left| \frac{x}{\operatorname{arsh} x} - 1 \right| \leqslant \frac{e - e^{-1} - 2}{4 - e + e^{-1}} x^2 \tag{36}$$

证 当 $|x| \leqslant 1$ 时, 由 $\cos x$ 的幂级数展开式, 得

$$\left| \frac{1 - \cos x}{x^2} - \frac{1}{2} \right| = \left| \sum_{n=2}^{\infty} (-1)^{n-1} \frac{x^{2n-2}}{(2n)!} \right| \leqslant x^2 \sum_{n=2}^{\infty} \frac{1}{(2n)!}$$

由于

$$2 \sum_{n=3}^{\infty} \frac{1}{(2n)!} < \sum_{n=5}^{\infty} \frac{1}{n!} = e - 2 - \frac{1}{2} - \frac{1}{6} - \frac{1}{24}$$

故

$$\sum_{n=2}^{\infty} \frac{1}{(2n)!} < \frac{1}{24} + \frac{1}{2}\left(e - 2 - \frac{1}{2} - \frac{1}{6} - \frac{1}{24}\right)$$

$$= \frac{e}{2} - 1 - \frac{1}{4} - \frac{1}{24} - \frac{1}{48} < \frac{1}{20}$$

所以
$$\left|\frac{1 - \cos x}{x^2} - \frac{1}{2}\right| \leqslant \frac{x^2}{20}$$

由式(25)知,当$|x| \leqslant 1$时,$\left|\dfrac{1 - \cos x}{x^2} - \dfrac{1}{2}\right| \leqslant \dfrac{1}{20}$,故

$$\left|\frac{1 - \cos x}{x^2}\right| \geqslant \frac{1}{2} - \left|\frac{1 - \cos x}{x^2} - \frac{1}{2}\right| = \frac{1}{2} - \frac{1}{20} = \frac{9}{20}$$

从而

$$\left|\frac{x^2}{1 - \cos x} - 2\right| = \left|\frac{1 - \cos x}{x^2} - \frac{1}{2}\right| \cdot 2 \left|\frac{x^2}{1 - \cos x}\right| \leqslant \frac{x^2}{20} \cdot 2 \cdot \frac{20}{9} = \frac{2}{9}x^2$$

故不等式(26)成立.

由于

$$\operatorname{sh} x = \frac{1}{2}(e^x - e^{-x}) = \sum_{n=1}^{\infty} \frac{x^{2n-1}}{(2n-1)!}$$

故当$|x| \leqslant 1$时

$$\left|\frac{\operatorname{sh} x}{x} - 1\right| \leqslant x^2 \sum_{n=2}^{\infty} \frac{1}{(2n-1)!}$$

又

$$2\sum_{n=3}^{\infty} \frac{1}{(2n-1)!} < \sum_{n=4}^{\infty} \frac{1}{n!} = e - 1 - 1 - \frac{1}{2} - \frac{1}{6}$$

所以

$$\sum_{n=2}^{\infty} \frac{1}{(2n-1)!} < \frac{1}{6} + \frac{e}{2} - 1 - \frac{1}{4} - \frac{1}{12} = \frac{e}{2} - 1 - \frac{1}{6} < \frac{1}{5}$$

从而

$$\left|\frac{\operatorname{sh} x}{x} - 1\right| \leqslant \frac{x^2}{5}$$

注 也可以利用证明不等式(23)的方法来证明不等式(27).

利用证明不等式(24)的方法可证不等式(28),证明过程这里略去.

由于

$$\operatorname{ch} x = \frac{1}{2}(e^x + e^{-x}) = \sum_{n=1}^{\infty} \frac{x^{2n}}{(2n)!}$$

故当$|x| \leqslant 1$时

$$\left| \frac{\text{ch } x - 1}{x^2} - \frac{1}{2} \right| \leqslant x^2 \sum_{n=2}^{\infty} \frac{1}{(2n)!}$$

以下可用证明不等式(25)的方法证明不等式(29);用证明不等式(26)的方法证明不等式(30).

利用 $\tan x \left(-\frac{\pi}{2} < x < \frac{\pi}{2} \right)$ 的幂级数展开式(可参阅:Γ·M·菲赫金哥尔茨著, 北京大学高等数学教研室译,微积分学教程第二卷第二分册,人民教育出版社,1954)知

$$\tan x = \sum_{n=1}^{\infty} \frac{2^{2n}(2^{2n}-1)}{(2n)!} B_n \cdot x^{2n-1} \tag{37}$$

其中 B_n 为 Bernoulli 数

$$B_1 = \frac{1}{6}, B_2 = \frac{1}{30}, B_3 = \frac{1}{42}, B_4 = \frac{1}{30}, B_5 = \frac{5}{66}, \cdots$$

由式(37)知

$$\tan x = x + \frac{1}{3}x^3 + \frac{2}{15}x^5 + \frac{17}{315}x^7 + \frac{62}{2\ 835}x^9 + \cdots$$

$$\tan 1 = 1 + \frac{1}{3} + \frac{2}{15} + \frac{17}{315} + \frac{62}{2\ 835} + \cdots$$

因此当 $|x| \leqslant 1$ 时

$$\left| \frac{\tan x}{x} - 1 \right| \leqslant x^2 \left(\frac{1}{3} + \frac{2}{15} + \frac{17}{315} + \cdots \right) = (\tan 1 - 1)x^2$$

故不等式(31)成立.

由不等式(31)知,当 $|x| \leqslant 1$ 时

$$\left| \frac{\tan x}{x} - 1 \right| \leqslant (\tan 1 - 1)x^2 \leqslant \tan 1 - 1$$

所以

$$\left| \frac{\tan x}{x} \right| \geqslant 1 - \left| \frac{\tan x}{x} - 1 \right| \geqslant 1 - (\tan 1 - 1) = 2 - \tan 1$$

于是

$$\left| \frac{x}{\tan x} - 1 \right| = \left| \frac{\tan x}{x} - 1 \right| \cdot \left| \frac{x}{\tan x} \right| \leqslant \frac{\tan 1 - 1}{2 - \tan 1}x^2$$

此即不等式(32).

由 $\arcsin x (-1 \leqslant x \leqslant 1)$ 的幂级数展开式(同样可参阅,微积分学教程第二卷第二分册)知,当 $|x| \leqslant 1$ 时

$$\arcsin x = x + \sum_{n=1}^{\infty} \frac{(2n-1)!!}{(2n)!!} \cdot \frac{x^{2n+1}}{2n+1} \qquad (38)$$

特别当 $x = 1$ 时,有

$$\frac{\pi}{2} = 1 + \sum_{n=1}^{\infty} \frac{(2n-1)!!}{(2n)!!} \cdot \frac{1}{2n+1}$$

所以当 $|x| \leqslant 1$ 时

$$\left| \frac{\arcsin x}{x} - 1 \right| \leqslant x^2 \sum_{n=1}^{\infty} \frac{(2n-1)!!}{(2n)!!} \cdot \frac{1}{2n+1} = \left(\frac{\pi}{2} - 1 \right) x^2$$

故不等式(33)成立.

类似于不等式(32)的证明可证不等式(34),过程从略.

由 $\mathrm{arsh}\, x(-1 \leqslant x \leqslant 1)$ 的幂级数展开式(同样可参阅:微积分学教程第二卷第二分册)知,当 $|x| \leqslant 1$ 时

$$\mathrm{arsh}\, x = x + \sum_{n=1}^{\infty} (-1)^n \frac{(2n-1)!!}{(2n)!!} \cdot \frac{x^{2n+1}}{2n+1} \qquad (39)$$

特别当 $x = 1$ 时,有

$$\mathrm{arsh}\, 1 = \frac{1}{2}(\mathrm{e} - \mathrm{e}^{-1}) = 1 + \sum_{n=1}^{\infty} (-1)^n \frac{(2n-1)!!}{(2n)!!} \cdot \frac{1}{2n+1}$$

所以当 $|x| \leqslant 1$ 时

$$\left| \frac{\mathrm{arsh}\, x}{x} - 1 \right| \leqslant x^2 \sum_{n=1}^{\infty} \frac{(2n-1)!!}{(2n)!!} \cdot \frac{1}{2n+1} = \left[\frac{1}{2}(\mathrm{e} - \mathrm{e}^{-1}) - 1 \right] x^2$$

故不等式(35)成立.

类似于不等式(31)的证明可证不等式(36),过程从略.

六、浙江省大学生高等数学竞赛的两道试题

2013 年浙江省高等数学竞赛试题工科类的第四题及数学类的第五题分别为:

(A)已知 $\sin x = x \cos y, x, y \in \left(0, \dfrac{\pi}{2} \right)$,证明:$y < x < 2y$;

(B)设 $x_1 = 1, \sin x_n = x_n \cos x_{n+1}, x_{n+1} \in \left(0, \dfrac{\pi}{2} \right)$,证明:(i) $\lim\limits_{n \to \infty} x_n = 0$;(ii)级数 $\sum\limits_{n=1}^{\infty} x_n$ 收敛.

解答如下

由 Lagrange 中值定理知

$$\sin x = \sin x - \sin 0 = x \cos \xi$$

其中 $\xi \in (0, x)$

由题设 $\sin x = x\cos y$，故 $\cos \xi = \cos y$，从而由 $\xi \in (0, x)$，$x, y \in \left(0, \dfrac{\pi}{2}\right)$ 知 $y = \xi < x$.

由 $\sin x = 2\sin \dfrac{x}{2}\cos \dfrac{x}{2}$ 及 $\sin \dfrac{x}{2} < \dfrac{x}{2}$ 知

$$\sin x < x\cos \dfrac{x}{2}$$

又已知 $\sin x = x\cos y$，所以 $\cos y < \cos \dfrac{x}{2}$，由于 $\cos x$ 在 $\left(0, \dfrac{\pi}{2}\right)$ 内严格单调递减，所以 $\dfrac{x}{2} < y$ 或 $x < 2y$，因此 $y < x < 2y$ 成立.

再由 Lagrange 中值定理，得

$$\sin x_1 = \sin 1 - \sin 0 = \cos \xi_1 = \cos x_2$$

其中 $\xi_1 \in (0, 1)$，由上式可知 $0 < x_2 = \xi_1 < 1$

设 $0 < x_n < 1 (n > 2)$，由于

$$\sin x_n = \sin x_n - \sin 0 = x_n \cos \xi_n = x_n \cos x_{n+1}$$

其中 $\xi_n \in (0, x_n) \subset (0, 1)$，所以

$$0 < x_{n+1} = \xi_n < x_n < 1$$

从而由归纳法原理知，当 $n \geq 2$ 时，$0 < x_n < 1$.

由 $\sin x$ 及 $\cos x$ 的幂级数展开式知，当 $0 < x_n < 1$ 时

$$\sin x_n > x_n - \dfrac{x_n^3}{6}, \cos x_{n+1} < 1 - \dfrac{x_{n+1}^2}{2} - \dfrac{x_{n+1}^4}{24}$$

于是由 $\sin x_n = x_n \cos x_{n+1}$，得

$$x_n - \dfrac{1}{6}x_n^3 < x_n\left(1 - \dfrac{1}{2}x_{n+1}^2 + \dfrac{1}{24}x_{n+1}^4\right)$$

或

$$x_{n+1}^2 - \dfrac{1}{12}x_{n+1}^4 < \dfrac{1}{3}x_n^2$$

利用 $0 < x_n < 1$，所以

$$x_{n+1}^2\left(1 - \dfrac{1}{12}\right) < x_{n+1}^2\left(1 - \dfrac{1}{12}x_{n+1}^2\right) < \dfrac{1}{3}x_n^2$$

由此知

$$x_{n+1} < \dfrac{2}{\sqrt{11}}x_n$$

所以

$$x_n \leqslant \left(\frac{2}{\sqrt{11}}\right)^{n-1} \quad (n=1,2,\cdots)$$

由于 $\frac{2}{\sqrt{11}} < 1$，所以 $\lim\limits_{n\to\infty} x_n = 0$.

又 $\sum\limits_{n=1}^{\infty} x_n < \sum\limits_{n=1}^{\infty}\left(\frac{2}{\sqrt{11}}\right)^{n-1}$，而 $\sum\limits_{n=1}^{\infty}\left(\frac{2}{\sqrt{11}}\right)^{n-1}$ 收敛，故由正项级数收敛的比较判别法知级数 $\sum\limits_{n=1}^{\infty} x_n$ 收敛.

我们知道，双曲函数和三角函数在性质上有很多相似之处，由上面两道试题可以启发我们提出如下问题.

（C）已知 $\operatorname{sh} x = x\operatorname{ch} y$，$x, y \in (0,1)$，证明：$y < x < 2y$.

（D）设 $x_1 = 1$，$\operatorname{sh} x_n = x_n\operatorname{ch} x_{n+1}$，证明：（i）$\lim\limits_{n\to\infty} x_n = 0$；（ii）级数 $\sum\limits_{n=1}^{\infty} x_n$ 收敛.

下面我们将证明这两个结论是正确的.

结论（C）的证明

由 Lagrange 中值定理知

$$\operatorname{sh} x = \operatorname{sh} x - \operatorname{sh} 0 = x\operatorname{ch} \eta$$

其中 $\eta \in (0,x)$，而已知 $\operatorname{sh} x = x\operatorname{ch} \eta$，所以 $\operatorname{ch} y = \operatorname{ch} \eta$，从而由 $\eta \in (0,x)$，$x, y \in (0,1)$ 知 $y = \eta < x$.

当 $x > 0$ 时，由 $\operatorname{ch} x = \frac{1}{2}(e^x + e^{-x}) > 1$ 知

$$\int_0^x \operatorname{ch} t \, dt > \int_0^x dt$$

所以 $\operatorname{sh} x > x \, (x > 0)$，故当 $x > 0$ 时

$$\operatorname{sh} x = 2\operatorname{sh} \frac{x}{2}\operatorname{ch} \frac{x}{2} > x\operatorname{ch} \frac{x}{2}$$

由已知 $\operatorname{sh} x = x\operatorname{ch} y$，所以 $\operatorname{ch} y > \operatorname{ch} \frac{x}{2}$.

由于 $\operatorname{ch} x$ 当 $x > 0$ 时严格单调递增，所以 $y > \frac{x}{2}$，即 $x > 2y$，因此 $y < x < 2y$ 成立.

结论（D）的证明

仍由 Lagrange 中值定理，得

$$\operatorname{sh} x_1 = \operatorname{sh} x_1 - \operatorname{sh} 0 = x_1\operatorname{ch} \eta_1$$

其中 $\eta_1 \in (0,1)$.

再由 $\mathrm{sh}\, x_1 = x_1 \mathrm{ch}\, x_2$ 知 $\mathrm{ch}\, \eta_1 = \mathrm{ch}\, x_2$，从而有 $0 < x_2 = \eta_1 < 1$.

设 $0 < x_n < 1 (n > 2)$，由于

$$\mathrm{sh}\, x_n = \mathrm{sh}\, x_n - \mathrm{sh}\, 0 = x_n \mathrm{ch}\, \eta_n = x_n \mathrm{ch}\, x_{n+1}$$

其中 $\eta_n \in (0, x_n) \subset (0,1)$，所以

$$0 < x_{n+1} = \eta_n < x_n < 1$$

从而由归纳法原理知，当 $n \geqslant 2$ 时，$0 < x_n < 1$.

前面已经证明，当 $x \in \mathbf{R}$ 且 $|x| \leqslant 1$ 时

$$\left| \frac{\mathrm{sh}\, x}{x} - 1 \right| \leqslant \frac{x^2}{5}$$

$$\left| \frac{\mathrm{ch}\, x - 1}{x^2} - \frac{1}{2} \right| \leqslant \frac{x^2}{20}$$

所以当 $0 < x < 1$ 时，有

$$\mathrm{sh}\, x < x + \frac{1}{5} x^3$$

$$\mathrm{ch}\, x > 1 + \frac{1}{2} x^2 - \frac{1}{20} x^4$$

于是有

$$x_n + \frac{1}{5} x_n^3 > \mathrm{sh}\, x_n = x_n \mathrm{ch}\, x_{n+1} > x_n \left(1 + \frac{1}{2} x_{n+1}^2 - \frac{1}{20} x_{n+1}^4 \right)$$

整理得

$$\frac{1}{5} x_n^2 > \frac{1}{2} x_{n+1}^2 - \frac{1}{20} x_{n+1}^4$$

由于 $x_{n+1} < 1$，所以

$$\frac{1}{5} x_n^2 > x_{n+1}^2 \left(\frac{1}{2} - \frac{1}{20} \right) = \frac{9}{20} x_{n+1}^2$$

从而

$$x_{n+1} < \frac{2}{3} x_n$$

由此知

$$x_n < \frac{2}{3} x_{n-1} < \left(\frac{2}{3} \right)^2 x_{n-2} < \cdots < \left(\frac{2}{3} \right)^{n-1}$$

由于级数 $\displaystyle\sum_{n=1}^{\infty} \left(\frac{2}{3} \right)^{n-1}$ 收敛，故由正项级数收敛的比较判别法知级数 $\displaystyle\sum_{n=1}^{\infty} x_n$ 收

敛,且由级数收敛的必要条件知 $\lim\limits_{n \to \infty} x_n = 0$.

七、前苏联大学生数学竞赛的一道试题

前苏联大学生数学竞赛有这样一道试题[可参阅:许康,陈强,陈挚,陈娟编译,前苏联大学生数学奥林匹克竞赛试题(上编),哈尔滨工业大学出版社,2012]:

设连续函数 $f(x)$,当 $n \le N$ 时

$$\int_a^b x^n f(x) \, dx = 0$$

求证:$f(x)$ 在区间 $[a,b]$ 上取零值至少 $N+1$ 次.

下面给出这道试题的一般形式,然后举例说明其应用.

命题 3 设函数 $f(x)$ 及 $\varphi_i(x)(i=1,2,\cdots,n)$ 在闭区间 $[a,b]$ 上连续,$\varphi_i(x)$ $(i=1,2,\cdots,n)$ 在 (a,b) 内严格单调递增(或递减),且有

$$\int_a^b f(x) \, dx = 0$$

$$\int_a^b \varphi_i(x) f(x) \, dx = 0 \quad (i=1,2,\cdots,n)$$

$$\int_a^b \Big[\prod_{1 \le i < j \le n} \varphi_i(x) \varphi_j(x) \Big] f(x) \, dx = 0$$

$$\int_a^b \Big[\prod_{1 \le i < j < k \le n} \varphi_i(x) \varphi_j(x) \varphi_k(x) \Big] f(x) \, dx = 0$$

$$\vdots$$

$$\int_a^b \Big[\prod_{i=0}^n \varphi_i(x) \Big] f(x) \, dx = 0$$

则函数 $f(x)$ 在 (a,b) 内至少有 $n+1$ 个不同的零点,即至少存在互异的 $\xi_i \in (a,b)$,使 $f(\xi_i) = 0(i=1,2,\cdots,n+1)$.

证 对 n 运用数学归纳法.

当 $n=1$ 时,不妨设 $x \in (a,b)$ 时,$\varphi_i(x)$ 严格单调递增.

若 $f(x)$ 在 (a,b) 内无零点,则由 $f(x)$ 在 $[a,b]$ 上连续知,当 $x \in (a,b)$ 时,$f(x) > 0$ 或 $f(x) < 0$,这与 $\int_a^b f(x) \, dx = 0$ 矛盾,故 $f(x)$ 在 (a,b) 内至少有一个零点.

又若 $f(x)$ 在 (a,b) 内仅有一个零点,即存在 $\xi_1 \in (a,b)$,使得 $f(\xi_1) = 0$. 不妨设 $x \in (a,\xi_1)$ 时 $f(x) > 0$,$x \in (\xi_1,b)$ 时 $f(x) < 0$,则由 $\varphi_1(x)$ 在 (a,b) 内严格单调递增知,$x \in (a,\xi_1)$ 时,$\varphi_1(x) - \varphi_1(\xi_1) < 0$,$x \in (\xi_1,b)$ 时,$\varphi_1(x) - \varphi_1(\xi_1) > 0$,从而

$$\int_a^b \big[\varphi_1(x) - \varphi_1(\xi_1) \big] f(x) \, dx = \int_a^{\xi_1} \big[\varphi_1(x) - \varphi_1(\xi_1) \big] \, dx +$$

$$\int_{\xi_1}^{b} \left[\varphi_1(x) - \varphi_1(\xi_1) \right] f(x) \mathrm{d}x < 0$$

但

$$\int_a^b \left[\varphi_1(x) - \varphi_1(\xi_1) \right] f(x) \mathrm{d}x = \int_a^b \varphi_1(x) f(x) \mathrm{d}x + \varphi_1(\xi_1) \int_a^b f(x) \mathrm{d}x = 0$$

故得出矛盾. 所以 $f(x)$ 在 (a,b) 内至少有两个互异零点, 即存在 $\xi_1, \xi_2 \in (a,b)$ $(\xi_1 \neq \xi_2)$, 使 $f(\xi_1) = f(\xi_2) = 0$.

设 $n = k-1 (k>1)$ 时结论成立.

当 $n = k$ 时, 由归纳法假设知, 满足题设条件的 $f(x)$ 在 (a,b) 内至少有 k 个不同零点, 不妨设为

$$a < \xi_1 < \xi_2 < \cdots < \xi_k < b$$

若 $f(x)$ 在 (a,b) 内仅有此 k 个零点, 此时 $\xi_1, \xi_2, \cdots, \xi_k$ 将 (a,b) 划分成 $k+1$ 个小区间, 在每个小区间内 $f(x)$ 有固定的符号且在每两个相邻区间内 $f(x)$ 异号.

记 $a = \xi_0, b = \xi_{k+1}$, 由于

$$\int_a^b \left[\prod_{i=1}^{k} (\varphi_i(x) - \varphi_i(\xi_i)) \right] f(x) \mathrm{d}x = \sum_{m=0}^{k} \int_{\xi_m}^{\xi_{m+1}} \left[\prod_{i=1}^{k} (\varphi_i(x) - \varphi_i(\xi_i)) \right] f(x) \mathrm{d}x$$

又 $\varphi_i(x) (i=1,2,\cdots,k)$ 有相同的严格单调性, 故对所有的 $m (m=0,1,2,\cdots,k)$

$$\int_{\xi_m}^{\xi_{m+1}} \left[\prod_{i=1}^{k} (\varphi_i(x) - \varphi_i(\xi_i)) \right] f(x) \mathrm{d}x$$

都有相同的符号, 因此

$$\int_a^b \left[\prod_{i=1}^{k} (\varphi_i(x) - \varphi_i(\xi_i)) \right] f(x) \mathrm{d}x \neq 0$$

但由题设知

$$\int_a^b \left[\prod_{i=1}^{k} (\varphi_i(x) - \varphi_i(\xi_i)) \right] f(x) \mathrm{d}x = 0$$

于是得出矛盾, 故 $f(x)$ 在 (a,b) 内至少有 $k+1$ 个互异零点, 即存在互异的 $\xi_i \in (a,b)$, 使 $f(\xi_i) = 0 (i=1,2,\cdots,k+1)$.

由归纳法原理, 命题 3 证毕.

特别在命题 3 中取 $n = N$ 及 $\varphi_1(x) = \varphi_2(x) = \cdots = \varphi_n(x) = x$, 则 $\varphi_i(x) (i=1, 2,\cdots,N)$ 在 (a,b) 内严格单调递增, 且命题 3 中等式均成立, 因此由命题 3 知 $f(x)$ 在 (a,b) 内至少有 $n+1$ 个即 $N+1$ 个零点.

下面再给出两个例子, 说明命题 3 的应用.

例 1 设函数 $f(x)$ 在 $[0,\pi]$ 上连续, 且

$$\int_0^\pi f(x)\,\mathrm{d}x = 0, \quad \int_0^\pi f(x)\cos x\,\mathrm{d}x = 0$$

试证：在 $(0,\pi)$ 内至少存在两个不同的 ξ_1,ξ_2，使得 $f(\xi_1)=f(\xi_2)=0$.（全国，2000）

证　在命题 3 中取 $a=0, b=\pi, n=1, \varphi_1(x)=\cos x$，由于 $\cos x$ 在 $(0,\pi)$ 内严格单调递减，故由命题 3 知 $f(x)$ 在 $(0,\pi)$ 内至少有两个互异零点，即在 $(0,\pi)$ 内存在互异的 ξ_1,ξ_2，使得 $f(\xi_1)=f(\xi_2)=0$.

例 2　设 $f(x)$ 在 $[a,b]$ 上连续，且

$$\int_a^b f(x)\,\mathrm{d}x = \int_a^b f(x)\mathrm{e}^x\,\mathrm{d}x = 0$$

证明：$f(x)$ 在 (a,b) 内至少有两个零点.（江苏省 2002 年高等学校非理科专业高等数学竞赛试题）

证　在命题 3 中取 $n=1, \varphi_1(x)=\mathrm{e}^x$，由于 e^x 在 $(-\infty,+\infty)$ 上严格单调递增，故由命题 3 知 $f(x)$ 在 (a,b) 内至少有两个互异零点.

八、第六十三届美国大学生数学竞赛的一道试题

第六十三届美国大学数学竞赛（2002 年）试题的 B-3 题为：

设整数 $n>1$，证明

$$\frac{1}{2ne} < \frac{1}{\mathrm{e}} - \left(1-\frac{1}{n}\right)^n < \frac{1}{n\mathrm{e}} \tag{40}$$

首先介绍 The Amer. Math. Monthly, Vol. 110, NO. 9. pp. 720-726, 2003. The Sixty-third William Lowell Putnam Mathematical Competition 给出的解法.

若 $n>1$，则

$$\mathrm{e}^{\frac{1}{n-1}} = 1 + \frac{1}{n-1} + \cdots > \frac{n}{n-1}$$

它蕴含着

$$\left(1-\frac{1}{n}\right)^{n-1} > \frac{1}{\mathrm{e}}$$

因而

$$\left(1-\frac{1}{n}\right)^n > \frac{1}{\mathrm{e}}\left(1-\frac{1}{n}\right)$$

由此即得所断言的上界.

至于下界，注意到

$$\left(1-\frac{1}{n}\right)^n = \exp\left(\left(n\ln\left(1-\frac{1}{n}\right)\right)\right) < \exp\left(n\left(-\frac{1}{n}-\frac{1}{2n^2}-\frac{1}{3n^3}-\cdots\right)\right)$$

$$< e^{-1} \exp\left(-\left(\frac{1}{2n} + \frac{1}{3n^2} \right) \right)$$

由于对于 $n \geqslant 1$ 有 $\frac{1}{2n} + \frac{1}{3n^2} < 1$，又由于当 $n \geqslant 2$（$> \frac{1}{\sqrt{6} - 3/2}$）时，有

$$\frac{1}{2n} + \frac{1}{3n^2} < \sqrt{\frac{2}{3}} \cdot \frac{1}{n}$$

所以

$$\exp\left(-\left(\frac{1}{2n} + \frac{1}{3n^2} \right) \right) < 1 - \left(\frac{1}{2n} + \frac{1}{3n^2} \right) + \frac{1}{2}\left(\frac{1}{2n} + \frac{1}{3n^2} \right)^2 < 1 - \frac{1}{2n}$$

因此

$$\left(1 - \frac{1}{n} \right)^n < e^{-1}\left(1 - \frac{1}{2n} \right)$$

它蕴含着下界.

再介绍舒阳春编著的《高等数学中的若干问题解析》（科学出版社，2005 年）一书中给出的幂级数解法.

式（40）等价于

$$1 - \frac{1}{n} < e\left(1 - \frac{1}{n} \right)^n < 1 - \frac{1}{2n}$$

上式两边取对数，得

$$\ln\left(1 - \frac{1}{h} \right) < 1 + n\ln\left(1 - \frac{1}{n} \right) < \ln\left(1 - \frac{1}{2n} \right)$$

因此式（40）等价于

$$-\ln\left(1 - \frac{1}{n} \right) > -1 - n\ln\left(1 - \frac{1}{n} \right) > -\ln\left(1 - \frac{1}{2n} \right) \tag{41}$$

注意到

$$-\ln(1-x) = \int_0^x \frac{dt}{1-t} = \int_0^x \sum_{k=0}^{\infty} t^k dt = \int_0^x \sum_{k=0}^{\infty} \frac{x^{k+1}}{k+1} dx = \sum_{k=1}^{\infty} \frac{x^k}{k}$$

将上式代入不等式（41），得

$$\sum_{k=1}^{\infty} \frac{\left(\frac{1}{n} \right)^k}{k} > -1 + n\sum_{k=1}^{\infty} \frac{\left(\frac{1}{h} \right)^k}{k} > \sum_{k=1}^{\infty} \frac{\left(\frac{1}{2n} \right)^k}{k}$$

而上式又等价于

$$\sum_{k=1}^{\infty} \frac{1}{kn^k} > \sum_{k=1}^{\infty} \frac{1}{(k+1)n^k} > \sum_{k=1}^{\infty} \frac{1}{2^k kn^k}$$

又当 $k>1$ 时，$k<k+1<k\cdot 2^{k}$，所以上面的不等式成立. 因此不等式(41)成立，从而式(40)成立.

下面我们利用微分学的方法再给出式(40)的一种解法.

不等式 $\dfrac{1}{e}-\left(1-\dfrac{1}{n}\right)^{n}<\dfrac{1}{ne}$ 等价于

$$\left(1-\frac{1}{n}\right)\ln\left(1-\frac{1}{n}\right)+\frac{1}{n}>0 \tag{42}$$

而不等式 $\dfrac{1}{2ne}<\dfrac{1}{e}-\left(1-\dfrac{1}{n}\right)^{n}$ 等价于

$$\frac{1}{n}\ln\left(1-\frac{1}{2n}\right)-\ln\left(1-\frac{1}{n}\right)-\frac{1}{n}>0 \tag{43}$$

由于 $n>1$，若令 $x=\dfrac{1}{n}$，因而只要证明，当 $0<x<1$ 时，有

$$f(x)=(1-x)\ln(1-x)+x>0$$

$$g(x)=x\ln\left(1-\frac{x}{2}\right)-\ln(1-x)-x>0$$

因为 $f'(x)=-\ln(1-x)>0\,(0<x<1)$，所以 $f(x)$ 在 $[0,1]$ 上单调递增，又 $f(0)=0$，故当 $0<x<1$ 时，$f(x)>f(0)=0$. 因此

$$\left(1-\frac{1}{n}\right)\ln\left(1-\frac{1}{n}\right)+\frac{1}{n}>0$$

因为

$$g'(x)=\ln\left(1-\frac{x}{2}\right)-\frac{x}{2-x}+\frac{1}{1-x}-1 \quad (0<x<1)$$

$$g''(x)=\frac{-1}{2-x}-\frac{2}{(2-x)^{2}}+\frac{1}{(1-x)^{2}}=\frac{x(x^{2}-5x+5)}{(2-x)^{2}(1-x)^{2}}>0 \quad (0<x<1)$$

所以 $g'(x)$ 在 $[0,1]$ 上单调递增，又 $g'(0)=0$，故当 $0<x<1$ 时，$g'(x)>g'(0)=0$，从而当 $0<x<1$ 时，$g(x)$ 在 $[0,1]$ 上单调递增，而 $g(0)=0$，故当 $0<x<1$ 时，$g(x)>g(0)=0$，因此

$$\frac{1}{n}\ln\left(1-\frac{1}{2n}\right)-\ln\left(1-\frac{1}{n}\right)-\frac{1}{n}>0$$

由式(42)，(43)知不等式(40)成立.

众所周知，数列 $\left\{\left(1-\dfrac{1}{n}\right)^{n}\right\}$ 单调递增收敛于 $\dfrac{1}{e}$，所以不等式(40)实质上是给出了 $\dfrac{1}{e}$ 与 $\left(1-\dfrac{1}{n}\right)^{n}$ 之差的一种估计，又由于数列 $\left\{\left(1+\dfrac{1}{n}\right)^{n}\right\}$ 单调递增收敛于 e，因

而我们自然地联想到应该存在 e 与 $\left(1+\dfrac{1}{n}\right)^n$ 之差的估计式. 事实上,我们可以在更广的范围内讨论这些问题,相关结论以命题形式陈述如下.

命题 4 设整数 $n>1$,t 为实数且 $0<t\leq 2$,则有

$$\frac{t^2}{2n}\mathrm{e}^{-t}<\mathrm{e}^{-t}-\left(1-\frac{t}{n}\right)^n<\frac{t^2}{n}\mathrm{e}^{-t} \tag{44}$$

命题 5 设整数 $n>1$,t 为实数且 $1<t\leq 2$,则有

$$\frac{t}{2n+2}\mathrm{e}^t<\mathrm{e}^t-\left(1+\frac{t}{n}\right)^n<\frac{t^2}{2n+1}\mathrm{e}^t \tag{45}$$

注 据作者所知,对 $\mathrm{e}^{-t}-\left(1-\dfrac{t}{n}\right)^n$ 的单边估计已有结果是:

若 a 和 t 是实数,$a\geq 1$ 且 $|t|\leq a$,则有

$$0\leq \mathrm{e}^{-t}-\left(1-\frac{t}{a}\right)^a\leq \frac{t^2}{a}\mathrm{e}^{-t} \tag{46}$$

若整数 $n>1$,t 为实数且 $0\leq t\leq n$,则有

$$\frac{t^2}{n^2}\mathrm{e}^{-t}\leq \mathrm{e}^{-t}-\left(1-\frac{t}{n}\right)^n \tag{47}$$

式(46),(47)可分别参见:D. S. Mitrinović,P. M. Vasić著,赵汉宾译,分析不等式,广西人民出版社,南宁,1986;周民强,数学分析习题演练(第一册),科学出版社,2006.

对 $\mathrm{e}^t-\left(1+\dfrac{t}{n}\right)^n$ 的单边估计已有结果是:

若 n 为自然数且实数 $t>0$,则有

$$\mathrm{e}^t-\left(1+\frac{t}{n}\right)^n<\frac{t^2}{2n}\mathrm{e}^t \tag{48}$$

式(48)可参见:谢惠民等,数学分析习题讲义(下册),高等教育出版社,北京,2004.

命题 4 的证明

不等式

$$\mathrm{e}^{-t}-\left(1-\frac{t}{n}\right)^n<\frac{t^2}{n}\mathrm{e}^{-t} \tag{49}$$

等价于

$$\frac{t^2}{n}+\mathrm{e}^t\left(1-\frac{t}{n}\right)^n>1 \tag{50}$$

当 $0 < t \le n$ 时,易知 $e^{\frac{t}{n}} > 1 + \frac{t}{n}$,从而

$$e^t > \left(1 + \frac{t}{n}\right)^n, \quad e^t\left(1 - \frac{t}{n}\right)^n \ge \left(1 - \frac{t^2}{n^2}\right)^n$$

由著名的 Bernoulli 不等式知

$$\left(1 - \frac{t^2}{n^2}\right)^n > 1 - \frac{t^2}{n}$$

故

$$e^t\left(1 - \frac{t}{n}\right)^n > 1 - \frac{t^2}{n}$$

由 $n > 1$,所以当 $0 < t \le 2$ 时

$$\frac{t^2}{n} + e^t\left(1 - \frac{t}{n}\right)^n > 1$$

不等式(50)也可用下面的方法证明.

令 $h(t) = \frac{t^2}{n} + e^t\left(1 - \frac{t}{n}\right)^n \ (0 \le t \le n)$,则

$$h'(t) = \frac{t}{n}\left[2 - e^t\left(1 - \frac{t}{n}\right)^{n-1}\right]$$

解 $h'(t) = 0$ 可求得函数 $h(t)$ 在 $(0, n)$ 内的稳定点为 t_0,由此知

$$e^{t_0}\left(1 - \frac{t_0}{n}\right)^{n-1} = 2$$

于是

$$h(t_0) = \frac{t_0^2}{n} + 2\left(1 - \frac{t_0}{n}\right) = \frac{1}{n}\left[(t_0 - 1)^2 + 2n - 1\right] \ge 2 - \frac{1}{n} > 1$$

又 $h(0) = 1, h(n) = n$,故连续函数 $h(t)$ 在 $[0, n]$ 上的最小值为 1,所以当 $0 < t \le 2$ 时,不等式(50)成立,因而不等式(49)成立.

不等式

$$e^{-t} - \left(1 - \frac{t}{n}\right)^n > \frac{t^2}{2n}e^{-t} \tag{51}$$

等价于 $e^t\left(1 - \frac{t}{n}\right)^n < 1 - \frac{t^2}{2n}$,或

$$\ln\left(1 - \frac{t^2}{2n}\right) - t - n\ln\left(1 - \frac{t}{n}\right) > 0 \tag{52}$$

令 $l(t) = \ln\left(1 - \frac{t^2}{2n}\right) - t - n\ln\left(1 - \frac{t}{n}\right) \ (0 < t < 2)$,则

$$l'(t) = -\frac{2t}{2n - t^2} - 1 + \frac{n}{n-t} = \frac{t^2(2-t)}{(2n-t^2)(n-t)}$$

由于 $n \geq 2$，所以当 $0 < t < 2$ 时，$l'(t) > 0$，从而 $l(t)$ 在 $[0,2]$ 上单调递增，又 $l(0) = 0$，所以 $l(t) > l(0) = 0$，从而当 $0 < t < 2$ 时，不等式(52)成立.

又数列 $\left\{ \left(1 - \frac{2}{n} \right)^{n-1} \right\}$ 单调递减收敛于 e^{-2}，故 $\left(1 - \frac{2}{n} \right)^{n-1} < e^{-2}$，从而当 $t = 2$ 时不等式(51)也成立.

由不等式(49)，(51)知不等式(44)成立. 特别在命题 4 中取 $t = 1$ 即可得到不等式(40).

命题 5 的证明

当 $t = 1$ 时，不等式(45)为

$$\frac{e}{2n+2} < e - \left(1 + \frac{1}{n} \right)^n < \frac{e}{2n+1} \tag{53}$$

式(53)左边不等式等价于

$$\left(1 + \frac{1}{n} \right)^{n+1} < e \left(1 + \frac{1}{2n} \right)$$

上式两边取对数，得

$$(n+1)\ln\left(1 + \frac{1}{n} \right) < 1 + \ln\left(1 + \frac{1}{2n} \right)$$

因此式(53)左边不等式等价于

$$\left(\frac{1}{n} \right)\ln\left(\frac{1}{n} \right) < \frac{1}{n} + \frac{1}{n}\ln\left(1 + \frac{1}{2n} \right) \tag{54}$$

考虑函数

$$p(x) = x + x\ln\left(1 + \frac{x}{2} \right) - (1 + x)\ln(1 + x) \quad (0 < x < 1)$$

因为

$$p'(x) = \frac{x}{x+2} + \ln\left(1 + \frac{x}{2} \right) - \ln(1 + x)$$

$$p''(x) = \frac{2}{(x+2)^2} + \frac{1}{x+2} - \frac{1}{x+1} = \frac{x}{(x+1)(x+2)^2} > 0$$

所以当 $0 < x < 1$ 时，$p'(x)$ 单调递增，而 $p'(0) = 0$，故 $p'(x) > 0$，从而 $p(x)$ 单调递增，又 $p(0) = 0$，因此 $p(x) > 0$. 特别取 $x = \frac{1}{n}(n > 1)$，则不等式(54)成立.

式(53)右边不等式等价于

$$\left(1 + \frac{1}{n}\right)^n \left(1 + \frac{1}{2n}\right) > e$$

上式两边取对数,得

$$n\ln\left(1 + \frac{1}{n}\right) + \ln\left(1 + \frac{1}{2n}\right) > 1$$

因此式(53)右边不等式等价于

$$\ln\left(1 + \frac{1}{n}\right) + \frac{1}{n}\ln\left(1 + \frac{1}{2n}\right) > \frac{1}{n} \qquad (55)$$

考虑函数

$$q(x) = \ln(1 + x) + x\ln\left(1 + \frac{x}{2}\right) - x \quad (0 < x < 1)$$

因为

$$q'(x) = \frac{1}{x+1} + \ln\left(1 + \frac{x}{2}\right) - \frac{2}{x+2}$$

$$q''(x) = -\frac{1}{(x+1)^2} + \frac{1}{x+2} + \frac{2}{(x+2)^2} = \frac{x(x^2 + 5x + 5)}{(x+1)^2(x+2)^2} > 0$$

所以当 $0 < x < 1$ 时,$q'(x)$ 单调递增,而 $q'(0) = 0$,故 $q'(x) > 0$,从而 $q(x)$ 单调递增,又 $q(0) = 0$,因此 $q(x) > 0$. 特别取 $x = \frac{1}{n}(n > 1)$,则不等式(55)成立.

由不等式(54),(55)知不等式(53)成立,即不等式(45)当 $t = 1$ 时成立.

不等式

$$e^t - \left(1 + \frac{t}{n}\right)^n < \frac{t^2}{2n+1}e^t \qquad (56)$$

等价于

$$e^t\left(1 - \frac{t^2}{2n+1}\right) < \left(1 + \frac{t}{n}\right)^n$$

或

$$n\ln\left(1 + \frac{t}{n}\right) - t - \ln\left(1 - \frac{t^2}{2n+1}\right) > 0 \qquad (57)$$

令 $r(t) = n\ln\left(1 + \frac{t}{n}\right) - t - \ln\left(1 - \frac{t^2}{2n+1}\right)(1 \leqslant t \leqslant 2)$,则

$$r'(t) = \frac{n}{n+t} - 1 + \frac{2t}{2n+1-t^2} = \frac{t(t^2 + 2t - 1)}{(2n+1-t^2)(n+t)}$$

由于 $n \geqslant 2$,故当 $1 \leqslant t \leqslant 2$ 时 $r'(t) > 0$,从而 $r(t)$ 在 $[1, 2]$ 上单调递增,又由式(55)知 $r(1) > 0$,所以 $r(t) > r(1) > 0$,故当 $1 \leqslant t \leqslant 2$ 时不等式(57)成立,从而不等

式(56)成立.

不等式

$$e^t - \left(1 + \frac{t}{n}\right)^n > \frac{t}{2n+2}e^t \tag{58}$$

等价于

$$e^t \left(1 - \frac{t}{2n+2}\right) > \left(1 + \frac{t}{n}\right)^n$$

或

$$t + \ln\left(1 - \frac{t}{2n+2}\right) - n\ln\left(1 + \frac{t}{n}\right) > 0 \tag{59}$$

令 $s(t) = t + \ln\left(1 - \dfrac{t}{2n+2}\right) - n\ln\left(1 + \dfrac{t}{n}\right)(1 \leqslant t \leqslant 2)$,则

$$s'(t) = 1 - \frac{1}{2n+2-t} - \frac{n}{n+t} = \frac{2nt + t - t^2 - n}{(n+t)(2n+2-t)}$$

因为分子 $> nt + t - t^2 - n = (t-1)(n-t) \geqslant 0$,又 $n \geqslant 2$,所以当 $1 \leqslant t \leqslant 2$ 时 $s'(t) > 0$,从而 $s(t)$ 在 $[1,2]$ 上单调递增. 又由式(55)知 $s(1) > 0$,所以 $s(t) > s(1) > 0$,故当 $1 \leqslant t \leqslant 2$ 时不等式(59)成立,从而不等式(58)成立.

由不等式(56),(58)知不等式(45)成立.

最后,我们仅举两例说明命题4、命题5的应用.

例1 证明:函数项级数 $\displaystyle\sum_{n=1}^{\infty} \frac{1}{n}\left[e^{-x} - \left(1 - \frac{x}{n}\right)^n\right]$ 在 $[0,1]$ 上一致收敛.

证 将命题4中的 t 换成 x,可知,当整数 $n > 1$,x 为实数且 $0 < x \leqslant 2$ 时,有

$$\frac{x^2}{2n}e^{-x} \leqslant e^{-x} - \left(1 - \frac{x}{n}\right)^n < \frac{x^2}{n}e^{-x} \tag{60}$$

当 $x = 0$ 时,式(60)右端不等式等号成立,故由式(60)知,对任意的 $x \in [0,1]$,有

$$\frac{1}{n}\left[e^{-x} - \left(1 - \frac{x}{n}\right)^n\right] \leqslant \frac{x^2}{n^2}e^{-x} \leqslant \frac{1}{n^2}$$

由于数项级数 $\displaystyle\sum_{n=1}^{\infty} \frac{1}{n^2}$ 收敛,故由函数项级数一致收敛的 Weierstrass 判别法知级数 $\displaystyle\sum_{n=1}^{\infty} \frac{1}{n}\left[e^{-x} - \left(1 - \frac{x}{n}\right)^n\right]$ 在 $[0,1]$ 上一致收敛.

注 由于式(44)右端不等式为 $0 \leqslant t \leqslant n$ 时也成立,故对 $\forall b > a \geqslant 0 (b \leqslant n)$,级数 $\displaystyle\sum_{n=1}^{\infty} \frac{1}{n}\left[e^{-x} - \left(1 - \frac{x}{n}\right)^n\right]$ 在 $[a,b]$ 上一致收敛.

例2 证明

$$\lim_{n \to \infty} n^{\alpha}\left[e - \left(1 + \frac{1}{n}\right)^n\right] = \begin{cases} 0 & \alpha < 1 \\ \dfrac{e}{2} & \alpha = 1 \end{cases}$$

证 由式(45)[式(53)]知

$$\frac{e}{2n+2} < e - \left(1 + \frac{1}{n}\right)^n < \frac{e}{2n+1}$$

所以当 $\alpha < 1$ 时

$$\lim_{n \to \infty} n^{\alpha}\left[e - \left(1 + \frac{1}{n}\right)^n\right] = 0$$

而

$$\lim_{n \to \infty}\left[e - \left(1 + \frac{1}{n}\right)^n\right] = \frac{e}{2}$$

因而要证的等式成立.

九、第六十七届美国大学生数学竞赛的一道试题

第六十七届美国大学生数学竞赛(2006年)试题的 B－5 题为:

设 $f(x) \in C[0,1]$,令

$$I(f) = \int_0^1 x^2 f(x)\,\mathrm{d}x,\quad J(f) = \int_0^1 x f^2(x)\,\mathrm{d}x$$

求 $I(f) - J(f)$ 的最大值.

解答如下

由积分形式的 Cauchy 不等式

$$\left[\int_0^1 x^2 f(x)\,\mathrm{d}x\right]^2 = \left[\int_0^1 x^{\frac{3}{2}} x^{\frac{1}{2}} f(x)\,\mathrm{d}x\right]^2 \leqslant \left[\int_0^1 x f^2(x)\,\mathrm{d}x\right]\left[\int_0^1 x^3\,\mathrm{d}x\right]$$

所以

$$[I(f)]^2 \leqslant \frac{1}{4}J(f) \text{ 或 } J(f) \geqslant 4[I(f)]^2$$

从而 $I(f) - J(f) \leqslant I(f) - 4[I(f)]^2 = -\left[2I(f) - \dfrac{1}{4}\right]^2 + \dfrac{1}{16} \leqslant \dfrac{1}{16}$,故 $I(f) - J(f)$ 的最大值为 $\dfrac{1}{16}$,且易知 $f(x) = \dfrac{x}{2}$ 时,$I(f) - J(f) = \dfrac{1}{16}$.

由于 Cauchy 不等式的一般形式为著名的 Hölder 不等式,因此我们对此问题可作如下推广.

设 $f(x)$ 为 $[0,1]$ 上的非负连续函数,令

$$I(f) = \int_0^1 x^p f^q(x)\,\mathrm{d}x,\quad J(f) = \int_0^1 x^r f^s(x)\,\mathrm{d}x$$

其中 $p > r > 0, s > q > 0$，试求 $I(f) - J(f)$ 的最大值.

由积分形式的 Hölder 不等式(可参阅:裴礼文,数学分析中的典型问题与方法(第 2 版),高等教育出版社,2006)可得

$$\int_0^1 x^p f^q(x)\,\mathrm{d}x = \int_0^1 (x^r)^{\frac{q}{s}}[f^s(x)]^{\frac{q}{s}} x^{p-\frac{r}{s}q}\,\mathrm{d}x$$

$$\leqslant \left[\int_0^1 x^r f^s(x)\,\mathrm{d}x\right]^{\frac{q}{s}}\left[\int_0^1 x^{(p-\frac{r}{s}q)\frac{s}{s-q}}\,\mathrm{d}x\right]^{1-\frac{q}{s}}$$

而

$$\int_0^1 x^{(p-\frac{r}{s}q)\frac{s}{s-q}}\,\mathrm{d}x = \int_0^1 x^{\frac{ps-qr}{s-q}}\,\mathrm{d}x = \frac{s-q}{sp-rq+s-q}$$

所以

$$\int_0^1 x^p f^q(x)\,\mathrm{d}x \leqslant \left(\frac{s-q}{sp-rq+s-q}\right)^{1-\frac{q}{s}}\left[\int_0^1 x^r f^s(x)\,\mathrm{d}x\right]^{\frac{q}{s}}$$

或

$$\int_0^1 x^r f^s(x)\,\mathrm{d}x \geqslant \left(\frac{s-q}{sp-rq+s-q}\right)^{1-\frac{s}{q}}\left[\int_0^1 x^p f^q(x)\,\mathrm{d}x\right]^{\frac{s}{q}} \tag{61}$$

若记 $\lambda = \left(\dfrac{s-q}{sp-rq+s-q}\right)^{1-\frac{s}{q}}$，则由 $I(f), J(f)$ 的定义及式(61),知

$$I(f) - J(f) \leqslant I(f) - \lambda\left[I(f)\right]^{\frac{s}{q}} \tag{62}$$

且由 Hölder 不等式等号成立条件知式(62)中等号当且仅当 $f(x) = kx^{\frac{p-r}{s-q}}$($k$ 为常数)时成立.

作函数 $\varphi(t) = t - \lambda t^{\alpha}$，其中 $t > 0, \alpha > 1$.

令 $\varphi'(t) = 1 - \lambda\alpha t^{\alpha-1} = 0$，解得 $t = (\lambda\alpha)^{\frac{1}{1-\alpha}}$ 为 $\varphi(t)$ 的唯一驻点. 又 $\varphi''(t) = -\lambda\alpha(\alpha-1)t^{\alpha-2} < 0$，故 $\varphi(t)$ 在 $t = (\lambda\alpha)^{\frac{1}{1-\alpha}}$ 处取最大值,且最大值为

$$\varphi\left[(\lambda\alpha)^{\frac{1}{1-\alpha}}\right] = (\lambda\alpha)^{\frac{1}{1-\alpha}} - \lambda(\lambda^{\alpha})^{\frac{1}{1-\alpha}} = \lambda^{\frac{1}{1-\alpha}}\left(\alpha^{\frac{1}{1-\alpha}} - \alpha^{\frac{\alpha}{1-\alpha}}\right)$$

取 $t = \int_0^1 x^p f^q(x)\,\mathrm{d}x > 0, \alpha = \dfrac{s}{q} > 1$，则由前面的讨论及式(62)知

$$I(f) - J(f) \leqslant \frac{s-q}{sp-rq-s-q}\left[\left(\frac{s}{q}\right)^{\frac{q}{q-s}} - \left(\frac{s}{q}\right)^{\frac{s}{q-s}}\right]$$

即

$$I(f) - J(f) \le \frac{(s-q)^2}{s(sp - rq + s - q)} \left(\frac{q}{s} \right)^{\frac{q}{s-q}} \tag{63}$$

由 $\int_0^1 x^p f^q(x) \, dx = t = (\lambda \alpha)^{\frac{1}{1-\alpha}}$ 知

$$\int_0^1 x^p f^q(x) \, dx = \frac{s-q}{sp - rq + s - q} \left(\frac{q}{s} \right)^{\frac{q}{s-q}}$$

将 $f(x) = kx^{\frac{p-r}{s-q}}$ 代入可解得 $k = \left(\frac{q}{s} \right)^{\frac{1}{s-q}}$，从而 $f(x) = \left(\frac{q}{s} \right)^{\frac{1}{s-q}} x^{\frac{p-r}{s-q}}$，所以不等式（63）中

等号当且仅当 $f(x) = \left(\frac{q}{s} \right)^{\frac{1}{s-q}} x^{\frac{p-r}{s-q}}$ 时成立.

综上可知，$I(f) - J(f)$ 的最大值为 $\frac{(s-q)^2}{sp - rq + s - q} \left(\frac{q}{s} \right)^{\frac{q}{s-q}}$，且当 $f(x) = \left(\frac{q}{s} \right)^{\frac{1}{s-q}} x^{\frac{p-r}{s-q}}$

时，$I(f) - J(f)$ 取到此最大值.

特别在式（63）中取 $p = 2, q = 1, r = 1, s = 2$，可得 $I(f) - J(f) \le \frac{1}{16}$ 且 $f(x) = \frac{x}{2}$

时，$I(f) - J(f) = \frac{1}{16}$. 此即前面第六十七届美国大学生数学竞赛 B – 5 的结果.

十、第七十二届美国大学生数学竞赛的一道试题

第七十二届美国大学生数学竞赛（2011 年）试题的 B – 3 题为：

设实函数 $f(x), g(x)$ 在包含 $x = 0$ 的开区间内有定义，$g(x)$ 在 $x = 0$ 处连续且 $g(x) \ne 0$. 若 $f(x)g(x)$ 与 $f(x)/g(x)$ 在 $x = 0$ 处可微，问 $f(x)$ 是否在 $x = 0$ 处可微？

问题的解答如下.

设 $r, s, \in \mathbf{R}$，由题设可设

$$\lim_{x \to 0} \frac{f(x)g(x) - f(0)g(0)}{x} = r \tag{64}$$

$$\lim_{x \to 0} \frac{f(x)/g(x) - f(0)/g(0)}{x} = s \tag{65}$$

由 $g(x)$ 的连续性及式（65）知

$$\lim_{x \to 0} \frac{f(x)g(0) - f(0)g(x)}{x} = s[g(0)]^2 \tag{66}$$

式（64）+（66），得

$$\lim_{x \to 0} \left\{ [g(x) + g(0)] \cdot \frac{f(x) - f(0)}{x} \right\} = r + s[g(0)]^2$$

因为 $\lim\limits_{x\to 0}[g(x)+g(0)]=2g(0)\neq 0$，所以

$$\lim_{x\to 0}\frac{f(x)-f(0)}{x}=\frac{r}{2g(0)}+\frac{s}{2}g(0)$$

故 $f(x)$ 在 $x=0$ 处可微.

这道试题启发我们提出如下问题：若将题中的 $f(x)g(x)$ 与 $f(x)/g(x)$ 在 $x=0$ 处可微改为 $f(x)g(x)$ 与 $f(x)+g(x)$ [或 $f(x)-g(x)$] 在 $x=0$ 处可微，或 $f(x)/g(x)$ 与 $f(x)+g(x)$ [或 $f(x)-g(x)$] 在 $x=0$ 处可微，则问题结论是否成立？下面我们以命题的形式给出相关结论.

命题 6 设实函数 $f(x),g(x)$ 在包含 $x=0$ 的开区间内有定义. 若 $f(x)g(x)$ 与 $f(x)+g(x)$ [或 $f(x)-g(x)$] 在 $x=0$ 处可导，$g(x)$ 在 $x=0$ 处连续且 $g(0)\neq f(0)$ [或 $f(0)+g(0)\neq 0$]，则 $f(x)$ 在 $x=0$ 处可导.

证 因为 $f(x)g(x)$ 与 $f(x)+g(x)$ 在 $x=0$ 处可导，由导数定义，可设

$$\lim_{x\to 0}\frac{f(x)g(x)-f(0)g(0)}{x}=\lambda \tag{67}$$

$$\lim_{x\to 0}\frac{f(x)+g(x)-[f(0)+g(0)]}{x}=\mu \tag{68}$$

由于

$$[g(x)-f(0)]\frac{f(x)-f(0)}{x}=\frac{f(x)g(x)-f(0)g(0)}{x}-$$
$$f(0)\frac{f(x)+g(x)-[f(0)+g(0)]}{x}$$

又 $g(x)$ 在 $x=0$ 处连续且 $g(0)\neq f(0)$，故由上式及式 (67),(68) 知

$$\lim_{x\to 0}\frac{f(x)-f(0)}{x}=\frac{\lambda-\mu f(0)}{g(0)-f(0)}$$

从而 $f(x)$ 在 $x=0$ 处可导.

用 $-g(x)$ 代替 $g(x)$ 即可证得条件 $f(x)g(x)$ 与 $f(x)-g(x)$ 在 $x=0$ 处可导的情形.

命题 7 设函数 $f(x),g(x)$ 在包含 $x=0$ 的开区间内有定义，$g(x)\neq 0$. 若 $f(x)/g(x)$，$f(x)+g(x)$ [或 $f(x)-g(x)$] 在 $x=0$ 处可导，$g(x)$ 在 $x=0$ 处连续且 $g(0)+f(0)\neq 0$ [或 $f(0)\neq g(0)$]，则 $f(x)$ 在 $x=0$ 处可导.

证 因为 $f(x)/g(x)$ 与 $f(x)+g(x)$ 在 $x=0$ 处可导，由导数定义，可设

$$\lim_{x\to 0}\frac{f(x)/g(x)-f(0)/g(0)}{x}=l \tag{69}$$

$$\lim_{x \to 0} \frac{f(x) + g(x) - [f(0) + g(0)]}{x} = m \tag{70}$$

由于

$$\frac{g(0) + f(0)}{g(0)g(x)} \cdot \frac{f(x) - f(0)}{x}$$

$$= \frac{f(x)/g(x) - f(0)/g(0)}{x} + \frac{f(0)}{g(0)g(x)} \cdot \frac{f(x) + g(x) - [f(0) + g(0)]}{x}$$

又 $g(x)$ 在 $x = 0$ 处连续且 $g(0) + f(0) \neq 0$,故由上式及式(69),(70)知

$$\lim_{x \to 0} \frac{f(x) - f(0)}{x} = \frac{[g(0)]^2 l + f(0) m}{g(0) + f(0)}$$

从而 $f(x)$ 在 $x = 0$ 处可导. 用 $-g(x)$ 代替 $g(x)$ 即可证得条件为 $f(x)/g(x)$ 与 $f(x) - g(x)$ 在 $x = 0$ 处的可导的情形.

十一、第十三届国际大学生数学竞赛的一道试题

第十三届国际大学生数学竞赛(2006 年)试题的 2.3 题为:

对于 $x \in \left(0, \dfrac{\pi}{2}\right)$,比较 $\tan(\sin x)$ 与 $\sin(\tan x)$ 的大小.

该试题还曾作为第十八届北京市大学生数学竞赛(2007 年)本科组的试题.

利用函数的单调性,函数的凸性等函数性质可以证明

$$\tan(\sin x) > \sin(\tan x) \quad \left(0 < x < \frac{\pi}{2}\right)$$

证明如下

设 $f(x) = \tan(\sin x) - \sin(\tan x)$,则

$$f'(x) = \sec^2(\sin x)\cos x - \cos(\tan x)\sec^2 x$$

$$= \frac{\cos^3 x - \cos(\tan x)\cos^2(\sin x)}{\cos^2(\sin x)\cos^2 x}$$

当 $0 < x < \arctan \dfrac{\pi}{2}$ 时,$0 < \tan x < \dfrac{\pi}{2}$,$0 < \sin x < \dfrac{\pi}{2}$,由余弦函数在 $\left(0, \dfrac{\pi}{2}\right)$ 内的凸性,有

$$\sqrt[3]{\cos(\tan x)\cos^2(\sin x)} \leqslant \frac{1}{3}[\cos(\tan x) + 2\cos(\sin x)] \leqslant \cos\frac{1}{3}(\tan x + 2\sin x)$$

设 $\varphi(x) = \tan x + 2\sin x - 3x$,则

$$\varphi'(x) = \sec^2 x + 2\cos x - 3 = \frac{1}{\cos^2 x} + \cos x + \cos x - 3$$

$$> 3 \sqrt[3]{\frac{1}{\cos^2 x} \cdot \cos x \cdot \cos x} - 3 = 0$$

故当 $0 < x < \dfrac{\pi}{2}$ 时 $\varphi(x)$ 单调递增. 又 $\varphi(0) = 0$,所以 $\varphi(x) > 0$,即

$$\tan x + 2\sin x > 3x$$

由此知 $\cos \dfrac{1}{3}(\tan x + 2\sin x) < \cos x$,从而有

$$\cos(\tan x)\cos^2(\sin x) < \cos^3 x$$

因此当 $x \in \left(0, \arctan \dfrac{\pi}{2}\right)$ 时,$f'(x) > 0$. 又 $f(0) = 0$,所以 $f(x) > 0$.

当 $x \in \left[\arctan \dfrac{\pi}{2}, \dfrac{\pi}{2}\right)$ 时,$\sin\left(\arctan \dfrac{\pi}{2}\right) < \sin x < 1$. 由于

$$\sin\left(\arctan \frac{\pi}{2}\right) = \frac{\tan\left(\arctan \frac{\pi}{2}\right)}{\sqrt{1 + \tan^2\left(\arctan \frac{\pi}{2}\right)}} = \frac{\frac{\pi}{2}}{\sqrt{1 + \frac{\pi^2}{4}}} = \frac{\pi}{\sqrt{4 + \pi^2}} > \frac{\pi}{4}$$

故 $\dfrac{\pi}{4} < \sin x < 1$,于是 $1 < \tan(\sin x) < \tan 1$. 所以当 $x \in \left[\arctan \dfrac{\pi}{2}, \dfrac{\pi}{2}\right)$ 时,$f(x) > 0$.

综上可得,当 $x \in \left(0, \dfrac{\pi}{2}\right)$ 时,有

$$\tan(\sin x) > \sin(\tan x) \tag{71}$$

当 $0 < x < \dfrac{\pi}{2}$ 时,易知 $\tan x > \sin x$,再由 $\sin x, \tan x$ 的单调性,有

$$\tan(\tan x) > \tan(\sin x) \tag{72}$$
$$\sin(\tan x) > \sin(\sin x) \tag{73}$$

由式 $(71),(72),(73)$,可得

命题 8 设 $0 < x < \dfrac{\pi}{2}$,则

$$\tan(\tan x) > \tan(\sin x) > \sin(\tan x) > \sin(\sin x)$$

若将三角函数改为反三角函数,我们还有:

命题 9 设 $0 < x < \dfrac{\pi}{4}$,则有

$$\arcsin(\arcsin x) > \arctan(\arcsin x) > \arcsin(\arctan x) > \arctan(\arctan x) \tag{74}$$

命题 10 设 $0 < x < \dfrac{\pi}{4}$,则有

$$\arcsin(\tan x) > \tan(\arcsin x) > \sin(\arctan x) > \arctan(\sin x) \qquad (75)$$

命题 9 的证明

由于 $0 < x < \dfrac{\pi}{4}$，因而 $0 < \arcsin x < 1$. 令 $\arcsin x = u$，则 $0 < u < 1$.

作函数 $g(u) = \arcsin u - \arctan u (0 < u < 1)$，则

$$g'(u) = \frac{1}{\sqrt{1 - u^2}} - \frac{1}{1 + u^2} > 0$$

从而 $g(u)$ 单调递增. 又 $g(0) = 0$，故当 $0 < u < 1$ 时，$g(u) > 0$. 即 $\arcsin u > \arctan u$，所以

$$\arcsin(\arcsin x) > \arctan(\arcsin x) \qquad (76)$$

类似可证，当 $0 < x < \dfrac{\pi}{4}$ 时，有

$$\arcsin(\arctan x) > \arctan(\arctan x) \qquad (77)$$

当 $-1 < x < 1$ 时，由 $\arctan x$ 与 $\arcsin x$ 的幂级数展开式知

$$\arctan x = x - \frac{1}{3}x^3 + \frac{1}{5}x^5 - \frac{1}{7}x^7 + \frac{1}{9}x^9 - \frac{1}{11}x^{11} + \cdots$$

$$\arcsin x = x + \frac{1}{6}x^3 + \frac{3}{40}x^5 + \frac{5}{112}x^7 + \frac{35}{1\,152}x^9 + \frac{63}{2\,816}x^{11} + \cdots$$

于是有

$$\arctan(\arcsin x) = \arcsin x - \frac{1}{3}(\arcsin x)^3 + \frac{1}{5}(\arcsin x)^5 +$$

$$\frac{1}{9}(\arcsin x)^9 - \frac{1}{11}(\arcsin x)^{11} + \cdots$$

$$= x - \frac{1}{6}x^3 + \frac{13}{120}x^5 - \frac{173}{5\,040}x^7 + \frac{12\,409}{3\,662\,880}x^9 - \frac{123\,379}{13\,305\,600}x^{11} + \cdots$$

$$\arcsin(\arctan x) = \arctan x + \frac{1}{6}(\arctan x)^3 + \frac{3}{40}(\arctan x)^5 +$$

$$\frac{5}{112}(\arctan x)^7 + \frac{35}{1\,152}(\arctan x)^9 + \frac{63}{2\,816}(\arctan x)^{11} + \cdots$$

$$= x - \frac{1}{6}x^3 + \frac{13}{120}x^5 - \frac{341}{5\,040}x^7 + \frac{18\,649}{3\,662\,880}x^9 - \frac{177\,761}{443\,520}x^{11} + \cdots$$

从而当 $0 < x < \dfrac{\pi}{4}$ 时，有

$$\arctan(\arcsin x) > x - \frac{1}{6}x^3 + \frac{13}{120}x^5 - \frac{173}{5\,040}x^7$$

$$\arcsin(\arctan x) < x - \frac{1}{6}x^3 + \frac{13}{120}x^5 - \frac{341}{5\,040}x^7 + \frac{18\,649}{3\,662\,880}x^9$$

容易验证，当 $0 < x < \dfrac{\pi}{4}$ 时，有

$$x - \frac{1}{6}x^3 + \frac{13}{120}x^5 - \frac{173}{5\,040}x^7 > x - \frac{1}{6}x^3 + \frac{13}{120}x^5 - \frac{341}{5\,040}x^7 + \frac{18\,649}{3\,662\,880}x^9$$

故当 $0 < x < \dfrac{\pi}{4}$ 时，有

$$\arctan(\arcsin x) > \arcsin(\arctan x) \tag{78}$$

由式 (76)，(77)，(78) 知不等式 (74) 成立.

命题 10 的证明

由于 $\tan(\arcsin x) = \dfrac{x}{\sqrt{1-x^2}}$，$\sin(\arctan x) = \dfrac{x}{\sqrt{1+x^2}}$，故当 $0 < x < \dfrac{\pi}{4}$ 时，有

$$\tan(\arcsin x) > \sin(\arctan x) \tag{79}$$

令 $h(x) = \arcsin(\tan x) - \tan(\arcsin x) \left(0 < x < \dfrac{\pi}{4}\right)$，则有

$$h(x) = \arcsin(\tan x) - \frac{x}{\sqrt{1-x^2}}$$

$$h'(x) = \frac{1}{\sqrt{1-\tan^2 x}} \cdot \frac{1}{\cos^2 x} - \frac{1}{(1-x^2)^{3/2}}$$

$$= \frac{1}{\sqrt{2\cos^2 x - 1}} \cdot \frac{1}{\cos x} - \frac{1}{(1-x^2)^{3/2}}$$

$$= \frac{(1-x^2)^{3/2} - \cos x \sqrt{2\cos^2 x - 1}}{(1-x^2)^{3/2} \cos x \sqrt{2\cos^2 x - 1}}$$

由于 $0 < x < \dfrac{\pi}{4}$ 时，有

$$\cos x = 1 - \frac{x^2}{2!} + \frac{x^4}{4!} - \frac{x^6}{6!} + \cdots < 1 - \frac{x^2}{2!} + \frac{x^4}{4!}$$

$$\cos^2 x < \left(1 - \frac{x^2}{2!} + \frac{x^4}{4!}\right)^2 = 1 - x^2 + \frac{x^4}{3} - \frac{x^6}{24} + \frac{x^8}{24^2}$$

$$< 1 - x^2 + \frac{x^4}{3} - \frac{x^6}{24} \tag{80}$$

$$\cos^2 x (2\cos^2 x - 1) < \left(1 - x^2 + \frac{x^4}{3} - \frac{x^6}{24}\right)\left(1 - 2x^2 + \frac{2}{3}x^4 - \frac{x^6}{12}\right)$$

$$= 1 - 3x^2 + 3x^4 - \frac{35}{24}x^6 + \frac{7}{18}x^8 - \frac{1}{18}x^{10} + \frac{1}{288}x^{12}$$

$$< 1 - 3x^2 + 3x^4 - \frac{35}{24}x^6$$

而 $(1 - x^2)^3 = 1 - 3x^2 + 3x^4 - x^6$，故当 $0 < x < \frac{\pi}{4}$ 时，有

$$(1 - x^2)^3 > \cos^2 x (2\cos^2 x - 1)$$

从而当 $0 < x < \frac{\pi}{4}$ 时

$$(1 - x^2)^{3/2} > \cos x \sqrt{2\cos^2 x - 1}$$

于是 $h'(x) > 0$，$h(x)$ 当 $0 < x < \frac{\pi}{4}$ 时单调递增. 又 $h(0) = 0$. 因此当 $0 < x < \frac{\pi}{4}$ 时，$h(x) > 0$，即

$$\arcsin(\tan x) > \tan(\arcsin x) \tag{81}$$

令 $l(x) = \sin(\arctan x) - \arctan(\sin x) \ (0 < x < \frac{\pi}{4})$，则

$$l(x) = \frac{x}{\sqrt{1 + x^2}} - \arctan(\sin x)$$

$$l'(x) = \frac{1}{(1 + x^2)^{3/2}} - \frac{\cos x}{1 + \sin^2 x} = \frac{1 + \sin^2 x - \cos x (1 + x^2)^{3/2}}{(1 + \sin^2 x)(1 + x^2)^{3/2}}$$

由于 $\sin x = x - \frac{x^3}{3!} + \frac{x^5}{5!} - \frac{x^7}{7!} + \cdots > x - \frac{x^3}{6}$，所以 $\sin^2 x > x^2 - \frac{x^4}{3} + \frac{x^6}{36}$，由此知

$$(1 + \sin^2 x)^2 > \left(1 + x^2 - \frac{x^4}{3} + \frac{x^6}{36}\right)^2$$

$$= 1 + 2x^2 + \frac{1}{3}x^4 - \frac{11}{18}x^6 + \frac{1}{6}x^8 - \frac{1}{54}x^{10} + \frac{1}{36^2}x^{12} \tag{82}$$

由式(80)知

$$\cos^2 x < 1 - x^2 + \frac{x^4}{3} - \frac{x^6}{24}$$

而 $(1 + x^2)^3 = 1 + 3x^2 + 3x^4 + x^6$，故

$$\cos^2 x (1 + x^2)^3 < \left(1 - x^2 + \frac{x^4}{3} - \frac{x^6}{24}\right)(1 + 3x^2 + 3x^4 + x^6)$$

$$= 1 + 2x^2 + \frac{1}{3}x^4 - \frac{25}{24}x^6 - \frac{1}{8}x^8 + \frac{5}{24}x^{10} - \frac{1}{24}x^{12} \tag{83}$$

容易验证,当 $0 < x < \dfrac{\pi}{4}$ 时

$$1 + 2x^2 + \frac{1}{3}x^4 - \frac{11}{18}x^6 + \frac{1}{6}x^8 - \frac{1}{54}x^{10} + \frac{1}{36^2}x^{12}$$

$$> 1 + 2x^2 + \frac{1}{3}x^4 - \frac{25}{24}x^4 - \frac{1}{8}x^8 + \frac{5}{24}x^{10} - \frac{1}{24}x^{12}$$

故由式(82),(83)知

$$(1 + \sin^2 x)^2 > \cos^2 x(1 + x^2)^3$$

从而 $l'(x) > 0$,于是当 $0 < x < \dfrac{\pi}{4}$ 时,$l(x)$ 单调递增. 又 $l(0) = 0$,所以当 $0 < x < \dfrac{\pi}{4}$ 时,$l(x) > 0$,即

$$\sin(\arctan x) > \arctan(\sin x) \tag{84}$$

由式(81),(79),(84)知不等式(75)成立.

十二、几道数学竞赛试题的统一解法

首先介绍几道关于定积分计算的数学竞赛试题.

(A)计算定积分 $\displaystyle\int_{-\pi}^{\pi} \frac{x\sin x \cdot \arctan e^x}{1 + \cos^2 x}dx.$ (四川省大学生数学竞赛(2010 年)试题;第五届全国大学生数学竞赛(2013 年)预赛试题)

(B)计算 $\displaystyle\int_{0}^{\frac{\pi}{2}} \frac{dx}{1 + (\tan x)^{\sqrt{2}}}.$ (第四十一届美国大学生数学竞赛(1980 年)试题(A - 3)).

(C)计算 $\displaystyle\int_{2}^{4} \frac{\sqrt{\ln(9 - x)}}{\sqrt{\ln(9 - x)} + \sqrt{\ln(x + 3)}}dx.$ (第四十八届美国大学生数学竞赛(1987 年)试题(B - 1))

(D)求值 $\displaystyle\int_{0}^{1} \frac{\ln(x + 1)}{x^2 + 1}dx.$ (第六十六届美国大学生数学竞赛(2005 年)试题(A - 5))

(E)求积分 $\displaystyle\int_{-1}^{1} \frac{dx}{(e^x + 1)(x^2 + 1)}.$ (前苏联大学生数学奥林匹克竞赛试题)

(F)设 n 为自然数,计算定积分

$$\int_{-\pi}^{\pi} \frac{\sin nx}{(1 + 2^x)\sin x}dx$$

(第三届国际大学生数学竞赛(1996 年)试题)

我们将利用一个关于定积分的命题给出以上几道试题的统一解法.

命题 11 设 $f(x),g(x)$ 为 $[a,b](b>a)$ 上的连续函数,若 $f(x)=f(a+b-x)$, $g(x)+g(a+b-x)=m$(常数),则有

$$\int_a^b f(x)g(x)\,\mathrm{d}x = \frac{m}{2}\int_a^b f(x)\,\mathrm{d}x \tag{85}$$

证 令 $x=a+b-t$,则

$$\begin{aligned}
\int_a^b f(x)g(x)\,\mathrm{d}x &= \int_a^b f(a+b-t)g(a+b-t)\,\mathrm{d}t \\
&= \int_a^b f(a+b-x)g(a+b-x)\,\mathrm{d}x
\end{aligned}$$

于是

$$\int_a^b f(x)g(x)\,\mathrm{d}x = \frac{1}{2}\int_a^b [f(x)g(x)+f(a+b-x)g(a+b-x)]\,\mathrm{d}x$$

由于 $f(a+b-x)=f(x)$,所以

$$\int_a^b f(x)g(x)\,\mathrm{d}x = \frac{1}{2}\int_a^b f(x)[g(x)+g(a+b-x)]\,\mathrm{d}x = \frac{m}{2}\int_a^b f(x)\,\mathrm{d}x$$

试题(A)的解答

在式(85)中取 $a=-\pi,b=\pi,f(x)=\dfrac{x\sin x}{1+\cos^2 x},g(x)=\arctan \mathrm{e}^x$,则有 $f(-x)=f(x),g(-x)=\arctan \mathrm{e}^{-x}=\arctan \dfrac{1}{\mathrm{e}^x}$,由于

$$g(x)+g(-x)=\arctan \mathrm{e}^x+\arctan \frac{1}{\mathrm{e}^x}=\frac{\pi}{2}$$

故由式(85)可得

$$\int_{-\pi}^{\pi}\frac{x\sin x\cdot \arctan \mathrm{e}^x}{1+\cos^2 x}\,\mathrm{d}x=\frac{\pi}{4}\int_{-\pi}^{\pi}\frac{x\sin x}{1+\cos^2 x}\,\mathrm{d}x=\frac{\pi}{2}\int_0^{\pi}\frac{x\sin x}{1+\cos^2 x}\,\mathrm{d}x$$

再次在式(85)中取 $a=0,b=\pi,f(x)=\dfrac{\sin x}{1+\cos^2 x},g(x)=x$,则有 $f(\pi-x)=f(x),g(x)+g(\pi-x)=\pi$,故由(85)可得

$$\int_0^{\pi}\frac{x\sin x}{1+\cos^2 x}\,\mathrm{d}x=\frac{\pi}{2}\int_0^{\pi}\frac{\sin x}{1+\cos^2 x}\,\mathrm{d}x=-\frac{\pi}{2}\int_0^{\pi}\frac{\mathrm{d}\cos x}{1+\cos^2 x}=-\frac{\pi}{2}\arctan \cos x\Big|_0^{\pi}=\frac{\pi^2}{4}$$

因此

$$\int_{-\pi}^{\pi}\frac{x\sin x\cdot \arctan \mathrm{e}^x}{1+\cos^2 x}\,\mathrm{d}x=\frac{\pi^3}{8}$$

试题(B)的解答

在式(85)中取 $a=0,b=\dfrac{\pi}{2},f(x)=1,g(x)=\dfrac{1}{1+(\tan x)^{\sqrt{2}}}$,则有 $f\left(\dfrac{\pi}{2}-x\right)=$

$f(x),g\left(\dfrac{\pi}{2}-x\right)=\dfrac{(\tan x)^{\sqrt{2}}}{1+(\tan x)^{\sqrt{2}}},g(x)+g\left(\dfrac{\pi}{2}-x\right)=1$,故由式(85)可得

$$\int_0^{\frac{\pi}{2}}\frac{\mathrm{d}x}{1+(\tan x)^{\sqrt{2}}}=\frac{1}{2}\int_0^{\frac{\pi}{2}}\mathrm{d}x=\frac{\pi}{4}$$

试题(C)的解答

在式(85)中取 $a=2,b=4,f(x)=1,g(x)=\dfrac{\sqrt{\ln(9-x)}}{\sqrt{\ln(9-x)}+\sqrt{\ln(x+3)}}$,则有

$f(6-x)=f(x),g(6-x)=\dfrac{\sqrt{\ln(x+3)}}{\sqrt{\ln(9-x)}+\sqrt{\ln(x+3)}},g(x)+g(6-x)=1$,故由式

(85)可得

$$\int_2^4\frac{\sqrt{\ln(9-x)}}{\sqrt{\ln(9-x)}+\sqrt{\ln(3+x)}}\mathrm{d}x=\frac{1}{2}\int_2^4\mathrm{d}x=1$$

试题(D)的解答

令 $x=\tan t$,则有

$$\int_0^1\frac{\ln(x+1)}{x^2+1}\mathrm{d}x=\int_0^{\frac{\pi}{4}}\ln(1+\tan t)\mathrm{d}t=\int_0^{\frac{\pi}{4}}\ln(1+\tan x)\mathrm{d}x$$

在式(85)中取 $a=0,b=\dfrac{\pi}{4},f(x)=1,g(x)=\ln(1+\tan x)$,则有

$$f(\frac{\pi}{4}-x)=f(x)$$

$$g(\frac{\pi}{4}-x)=\ln\left[1+\tan\left(\frac{\pi}{4}-x\right)\right]=\ln\left(1+\frac{1-\tan x}{1+\tan x}\right)=\ln 2-\ln(1+\tan x)$$

$$g(x)+g(\frac{\pi}{4}-x)=\ln 2$$

故由式(85)可得

$$\int_0^{\frac{\pi}{4}}\ln(1+\tan x)\mathrm{d}x=\frac{\ln 2}{2}\int_0^{\frac{\pi}{4}}\mathrm{d}x=\frac{\pi}{8}\ln 2$$

因此

$$\int_0^1\frac{\ln(x+1)}{x^2+1}\mathrm{d}x=\frac{\pi}{8}\ln 2$$

试题(E)的解答

在式(85)中取 $a=-1, b=1, f(x)=\dfrac{1}{x^2+1}, g(x)=\dfrac{1}{e^x+1}$,则有 $f(-x)=f(x)$,

$g(-x)=\dfrac{e^x}{e^x+1}, g(x)+g(-x)=1$,故由式(85)可得

$$\int_{-1}^{1}\frac{\mathrm{d}x}{(e^x+1)(x^2+1)}=\frac{1}{2}\int_{-1}^{1}\frac{\mathrm{d}x}{x^2+1}=\int_{0}^{1}\frac{\mathrm{d}x}{x^2+1}=\frac{\pi}{4}$$

试题(F)的解答

在式(85)中取 $a=-\pi, b=\pi, f(x)=\dfrac{\sin nx}{\sin x}, g(x)=\dfrac{1}{1+2^x}$,则有 $f(-x)=$

$f(x), g(-x)=\dfrac{2^x}{1+2^x}, g(x)+g(-x)=1$,故由式(85)可得

$$\int_{-\pi}^{\pi}\frac{\sin nx}{(1+2^x)\sin x}\mathrm{d}x=\frac{1}{2}\int_{-\pi}^{\pi}\frac{\sin nx}{\sin x}\mathrm{d}x=\int_{0}^{\pi}\frac{\sin nx}{\sin x}\mathrm{d}x$$

记 $I_n=\displaystyle\int_{0}^{\pi}\frac{\sin nx}{\sin x}\mathrm{d}x$,则当 $n\geqslant 2$ 时,有

$$I_n-I_{n-2}=\int_{0}^{\pi}\frac{\sin x-\sin(n-2)x}{\sin x}\mathrm{d}x=2\int_{0}^{\pi}\cos(n-1)x\mathrm{d}x=0$$

故 $I_n=I_{n-2}(n=2,3,\cdots)$.

由于 $I_0=0, I_1=\pi$,所以

$$I_n=\begin{cases}0 & n\text{ 为偶数}\\\pi & n\text{ 为奇数}\end{cases}$$

注 以上各试题可能还有其他解法.

下面再举几个例子进一步说明命题11在某些积分计算中的应用.

例1 计算定积分 $\displaystyle\int_{0}^{\pi}\frac{x|\sin x\cos x|}{1+\sin^4 x}\mathrm{d}x$.(西安交通大学高等数学竞赛试题,1989年)

解 在式(85)中取 $a=0, b=\pi, f(x)=\dfrac{|\sin x\cos x|}{1+\sin^4 x}, g(x)=x$,则有 $f(\pi-x)=$

$f(x), g(x)+g(\pi-x)=\pi$,故由式(85)可得

$$\int_{0}^{\pi}\frac{x|\sin x\cos x|}{1+\sin^4 x}\mathrm{d}x=\frac{\pi}{2}\int_{0}^{\pi}\frac{|\sin x\cos x|}{1+\sin^4 x}\mathrm{d}x$$

易知

$$\int_{0}^{\pi}\frac{|\sin x\cos x|}{1+\sin^4 x}\mathrm{d}x=\int_{0}^{\frac{\pi}{2}}\frac{|\sin x\cos x|}{1+\sin^4 x}\mathrm{d}x+\int_{\frac{\pi}{2}}^{\pi}\frac{|\sin x\cos x|}{1+\sin^4 x}\mathrm{d}x$$

$$= \int_0^{\frac{\pi}{2}} \frac{\sin x \cos x}{1 + \sin^4 x} dx - \int_{\frac{\pi}{2}}^{\pi} \frac{\sin x \cos x}{1 + \sin^4 x} dx$$

令 $x = \pi - t$，则

$$\int_{\frac{\pi}{2}}^{\pi} \frac{\sin x \cos x}{1 + \sin^4 x} dx = - \int_0^{\frac{\pi}{2}} \frac{\sin t \cos t}{1 + \sin^4 t} dt = - \int_0^{\frac{\pi}{2}} \frac{\sin x \cos x}{1 + \sin^4 x} dx$$

故

$$\int_0^{\pi} \frac{|\sin x \cos x|}{1 + \sin^4 x} dx = 2 \int_0^{\frac{\pi}{2}} \frac{\sin x \cos x}{1 + \sin^4 x} dx = \int_0^{\frac{\pi}{2}} \frac{d \sin^2 x}{1 + (\sin^2 x)^2}$$

$$= \arctan(\sin^2 x) \Big|_0^{\frac{\pi}{2}} = \frac{\pi}{4}$$

因此

$$\int_0^{\pi} \frac{x |\sin x \cos x|}{1 + \sin^4 x} dx = \frac{\pi^2}{8}$$

例2 计算 $I = \int_0^{n\pi} x |\sin x| dx$，其中 n 为正整数.（上海交通大学高等数学竞赛试题,1994 年）

解 在式(85)中取 $a = 0, b = n\pi, f(x) = |\sin nx|, g(x) = x$，则有 $f(n\pi - x) = f(x), g(n\pi - x) = n\pi - x, g(x) + g(n\pi - x) = n\pi$，故由式(85)可得

$$I = \frac{n\pi}{2} \int_0^{n\pi} |\sin x| dx$$

由于

$$\int_0^{n\pi} |\sin x| dx = \int_0^{\pi} |\sin x| dx + \int_{\pi}^{2\pi} |\sin x| dx + \cdots + \int_{(n-1)\pi}^{n\pi} |\sin x| dx$$

$$= n \int_0^{\pi} |\sin x| dx = n \int_0^{\pi} \sin x dx = 2n$$

因此所求积分 $I = n^2 \pi$.

例3 证明

$$I = \int_{-\frac{\pi}{2}}^{\frac{\pi}{2}} \frac{e^x \sin^2 x \cos^2 x}{1 + e^x} dx = \int_0^{\frac{\pi}{2}} \sin^2 x \cos^2 x dx$$

并求 I 的值.（陕西省第八次大学生高等数学竞赛试题,2010 年）

解 在式(85)中取 $a = -\frac{\pi}{2}, b = \frac{\pi}{2}, f(x) = \sin^2 x \cos^2 x, g(x) = \frac{e^x}{1 + e^x}$，则有

$f(x) = f(-x), g(-x) = \frac{e^{-x}}{1 + e^x} = \frac{1}{1 + e^x}, g(x) + g(-x) = 1$，故由式(85)可得

$$I = \frac{1}{2} \int_{-\frac{\pi}{2}}^{\frac{\pi}{2}} \sin^2 x \cos^2 x \mathrm{d}x = \int_0^{\frac{\pi}{2}} \sin^2 x \cos^2 x \mathrm{d}x$$

由于

$$\int_0^{\frac{\pi}{2}} \sin^2 x \cos^2 x \mathrm{d}x = \frac{1}{4} \int_0^{\frac{\pi}{2}} \sin^2 2x \mathrm{d}x = \frac{1}{8} \int_0^{\frac{\pi}{2}} (1 - \cos 4x) \mathrm{d}x = \frac{\pi}{16}$$

因此所求积分 $I = \frac{\pi}{16}$.

参 考 文 献

[1] 邹节铣,陈强.1978—1983 年全国招考研究生高等数学试题选解[M].长沙:湖南科学技术出版社,1983.

[2] 吉林大学高等数学教研室.研究生入学考试数学试题精选详解[M].长春:吉林科学技术出版社,1986.

[3] 《大学数学》编辑部.硕士研究生入学考试数学试题精解[M].合肥:合肥工业大学出版社,2013.

[4] 裴礼文.数学分析中的典型问题与方法[M].2 版,北京:高等教育出版社,2006.

[5] 钱吉林.数学分析题解精粹[M].武汉:崇文书局,2003.

[6] 叶国菊,赵大方.数学分析学习与考研指导[M].北京:清华大学出版社,2009.

[7] 德苏泽 P,席尔瓦 J.伯克利数学问题集[M].包雪松,林应举,译.北京:科学出版社,2003.

[8] 李心灿,季文铎,孙洪祥,邵鸿飞,吴纪桃,张后扬.大学生数学竞赛试题解析选编[M].北京:机械工业出版社,2011.

[9] 刘培杰.历届 PTN 美国大学生数学竞赛试题集[M].哈尔滨:哈尔滨工业大学出版社,2009.

[10] 许康,陈强,陈挚,陈娟.苏联大学生数学奥林匹克竞赛题解(上、下篇)[M].哈尔滨:哈尔滨工业大学出版社,2012.

[11] 王丽萍.历届 IMC 国际大学生数学竞赛试题集[M].哈尔滨:哈尔滨工业大学出版社,2012.

[12] 李重华,孙薇荣,景继良,郑麒海.上海交通大学 1982—1995 年高等数学竞赛试题精解[M].上海:上海科学普及出版社,1996.

[13] 卢兴江,金蒙伟.高等数学竞赛教程[M].4 版.杭州:浙江大学出版社,2011.

[14] 陈仲.高等数学竞赛题解析[M].南京:东南大学出版社,2008.

[15] 王仁宏.数值逼近[M].北京:高等教育出版社,1999.

[16] 拉森 L C.美国大学生数学竞赛例题选讲[M].潘正义,译.北京:科学出版社,2003.